W0235775

GELÄNDEWAGEN-ENZYKLOPÄDIE

Jiří Fiala

GELÄNDEWAGEN-ENZYKLOPÄDIE

DÖRFLER
AUTOTECHNIK

Im Buch verwendete Kennziffern:

❶ Straßenwagen

❷ Geländewagen

❸ SUV: Sport Utility Vehicle –
Sportwagen/-fahrzeug)

❹ Freizeit-/Beach-/Sportwagen

❺ Amphibienfahrzeug/Schwimmwagen

❻ Pick-up

❼ MPV: Multi Purpose Vehicle –
Mehrzweckfahrzeug

❽ Nutzfahrzeug, Lkw, Minivan

❾ Militär-/Panzer-/Polizeifahrzeug

❿ Testfahrzeug/Prototyp

Abkürzungen:

ABS: antilock brake system –
(Bremsen-)Antiblockiersystem

AC: Air-Conditioning – Klimaanlage

ASC: Anti Slip Control – Antischlupf-Kontrolle

CHT: Cylinder Head Temperature – Zylinderkopf-
Temperatur

CKD: Completely knocked down – völlig zerlegt

DOHC: dual cams – doppelte oben liegende
Nockenwellen

DSC (BMW): dynamische Stabilitätskontrolle

ESP: Electronic Stability Program
Elektronisches Stabilitäts Programm,
Fahrdynamikregelung

ETC: Electronic Traction Control –
Elektronische Antriebskontrolle

OHV: Overhead Valves (GM) – hängende Ventile

SAE: Society of Automotive Engineers –
Vereinigung der Automobil-Ingenieure

TRS: Transmission regulated Spark (Ford) –
getrieberegulierte Zündung

© Rebo International b.v., NL-Lisse
© der deutschsprachigen Ausgabe: Edition DÖRFLER
im NEBEL VERLAG GmbH, Eggolsheim

Text und Fotos: Jiri Fiala
Foto auf S. 300: Petr Zajícek, RNDr.
Übertragung aus dem Englischen: Dr. Michael Meyer
Umschlaggestaltung: Andreas Dorn

Alle Rechte vorbehalten.
Kein Teil des Werkes darf in irgendeiner Form (durch
Fotokopie, Mikrofilm oder ein ähnliches Verfahren) ohne
die schriftliche Genehmigung des Verlages reproduziert
oder unter Verwendung elektronischer Systeme verarbeitet,
vervielfältigt oder verbreitet werden.

ISBN 3-89555-192-9

1 2 3 4 5   9 8 7 6 5

Foto auf S. 3: Land Rover Defender G4 Challenge, 2002
Foto auf S. 300: Toyota Land Cruiser J6

Dieses Buch ist meinen Söhnen gewidmet: Radek
für die Kraft und Beharrlichkeit, mit der er die
Folgeschäden eines Autounfalls überwand, und
Marek für seine Hilfe bei der Auswahl und Auf-
bereitung des Materials; ferner meiner Gattin Zara
für ihre nicht enden wollende Hilfsbereitschaft und
schließlich meinem Freund Jean-Paul Salze.

Inhalt

Vorwort

Dieses Buch gibt einen Überblick über zivile Geländewagentypen, SUVs, Beachcars und leichte Nutzfahrzeuge europäischer (inkl. Filialen) und asiatischer Hersteller der Nachkriegsepoche-Fahrzeuge, die man gewöhnlich mit Führerscheinklasse III fahren darf. Wer ein Buch über vorwiegend in Europa gebaute Geländewagen schreibt, muss manchmal bis in die Anfangsphase des Zweiten Weltkrieges oder noch weiter zurückgehen. Viele Projekte wurden vom Militär initiiert; die Streitkräfte haben bei den meisten europäischen und asiatischen Wagen der 1950er- bis 1980er-Jahre ihre Spuren hinterlassen. Der Umfang dieses Buches verbietet es, auch US-Modelle zu berücksichtigen. Die Marktgesetze und Konzeptionen von Geländewagen folgen in den USA völlig anderen Regeln; das Gleiche gilt für die in Amerika, Australien, Japan (für den heimischen Markt), Afrika und Fernost gebauten „Klone" von US- und japanischen Modellen (wobei es schwer fiel, hier der Versuchung nachzugeben). Andererseits werden die hier behandelten klassischen Geländewagen durch Gelände-, Vergnügungs- und Nutzfahrzeuge ergänzt – vor allem durch Beachcars, Pick-ups

Links: ARO 244 LUX (2003, vorn) und ARO M 461 (1968, hinten)

Peugeot Hoggar – Versuchsmodell von 2003

und leichte Nutzfahrzeuge, die für den Einsatz in schwierigem Gelände oder auf teils schlecht befestigten Straßen wie Waldwegen, Äckern, Stränden, klimatischen Ungunsträumen oder höckrigen, gewundenen Altstadtgassen konstruiert sind. Ein Kapitel für sich stellen die Schwimmwagen dar. Trotzdem gilt noch immer, dass ein geübter Fahrer viel mehr wert ist als die ausgefeiltesten technischen Errungenschaften.

Geschichtliches

In den 1960ern wurden Geländewagen (v. a. militärische) für Bergbau, Prospektierungs- und Baufirmen sowie Landwirte interessant. Wenig später gesellten sich auch die ersten Privat-Autofahrer zu dieser Gruppe. Als sich der Trend verstärkte, wurden die erst nur als Nutzfahrzeuge konzipierten Geländewagen immer bequemer und leichter bedienbar – etwa durch bessere Ausstattung und Federung. Der „Ahnherr" der meisten (u. a. des Toyota Land Cruiser, GAZ und Land Rover – der anderen drei „Geländewagen-Ikonen" der Erde) war der US-Jeep. Die junge Generation der 1970er begeisterte sich für kalifornische Buggys – offene Wagen auf dem Chassis des VW-Käfers –, später auch für andere Kleingeländewagen (Daihatsu und Suzuki), die eher für Überlandfahrten und Ausflüge junger Leute als für

Die britische Firma Rickman baute 1987–1992 den Ranger auf der Grundlage des Ford Escort Mk I und II

schwere Einsätze gedacht waren. Als Alternative zu Geländewagen boten sich – vor allem rund ums Mittelmeer – leichte, anspruchslose offene Typen an, die ein „Notverdeck" aus Stoff und zumeist ein 2- bis 4-sitziges Cabrio- oder Pick-up-Chassis besaßen. Die meisten davon basierten auf kleinen Citroëns oder Renaults. Sie wurden in den Stammwerken und von Karosseriespezialisten gefertigt (vor allem in Italien auf Fiat-Chassis). Die wichtigsten Verkaufszentren der 1960er- bis 1980er-Jahre lagen in Italien, Grie-chenland, Monte Carlo, Marseille, Nizza, Lyon, Paris und Barcelona. Die Pyrenäenhalbinsel mit ihrer schwachen Infrastruktur und Bergregionen wie die Pyrenäen, die Alpen oder Skandinavien boten ein exzellentes Terrain. Geländewagen interessierten zunehmend nicht nur praktische Nutzer, sondern auch Käufer, die sie als sichere Alternative zu Straßenwagen betrachteten, außerdem Romantiker und Modenarren. Ihr größtes Vergnügen war es, über Schlammpisten zum Wochenendhaus zu fahren.

Der tschechische Tourenwagen ARO 328 MT von 2003

Immer mehr Menschen wollen dem ständigen Druck von Gesellschaft, Arbeits- und Infowelt der modernen Zivilisation entfliehen. Geländewagen sollen ihnen einen Hauch von Freiheit, Abenteuer und Unabhängigkeit verschaffen. Die Käufer stellen ähnliche Ansprüche an Komfort, Ausstattung, Sicherheit und Fahr- bzw. Bedienungseigenschaften wie bei Straßenwagen. Auch deshalb musste man viele elektronisch gesteuerte Komponenten entwickeln und einbauen. Die Wagen wurden so immer komplizierter und können oft nur von Expertenteams der Hersteller repariert werden. Die Zeiten, in denen man dazu nur ein Stück Draht oder die Hilfe eines Dorfschmieds brauchte, sind längst vorbei.

An die Stelle der ersten Typen (meist mit Stoffverdeck) traten später Kombi-Modelle, die Schutz vor Schlechtwetter boten. Die ersten echten SUVs (Sport Utility Vehicles) wurden aus den USA importiert; ihnen folgten Mittelklasse-SUVs – Kombi-Geländewagen mit sportlichem Outfit. Den neuesten Trend, der auch Europa erfasst hat, vertreten 2- oder 4-türige LUV-Pick-ups (Light Utility Vehicle), die Sportgeräte wie Mountainbikes, Surfbretter oder Skier befördern können, aber auch Luxus-SUVs (Range Rover, Porsche, VW, Audi, BMW, Mercedes und Lexus). Die Entwicklung des Maserati Buran und eines kleinen Alfa Romeo Kamal läuft bereits. Es gibt auch Kit Cars wie den Rickman Ranger oder den Schwimmwagen S2 Dutton Mariner. In die Zukunft verweisen u. U. Prototypen wie Italdesign Colon, Fioravanti YAK, Coggiola (Basis: Hummer H1) oder Peugeot Hoggar. Geländewagen sind sogar ins Weltall vorgedrungen: Im Oktober 1969 baute Boeing für die NASA 10 LRVs (Lunar Roving Vehicle, Spitzname „Lunar Rover") mit folgenden Merkmalen: Radstand 222,5 cm – Länge 310 cm – Höhe 210 cm. – Eigengewicht 208 kg – Nutzlast (inkl. 2 Astronauten) 245 kg. Das gefaltet transportierte LRV besaß ein Fahrgestell mit Rädern, deren „Reifen" aus mit Titansparren verstärktem Klaviersaitengewebe bestanden. Jedes von einem Elektromotor (0,18 KW) angetrieben. Die Achsen waren lenkbar. Die Astronauten saßen auf den Sitzen und steuerten das Fahrzeug per Hand. Im Rahmen von 3 Apollo-Missionen (1971 und 1972) gelangten 3 LRVs auf den Mond. Die Raumfahrer behandelten das erste sehr sorgfältig, die anderen hingegen lässiger. Jedes LRV kostete 3,8 Mio. US-Dollar.

Dutton vertrieb den in Portugal gefertigten Moke California und baute den Dreitürer-Kombi Sierra Estate sowie den Mariner-Schwimmwagen. Das Foto zeigt das Modell S2 (1998, basierend auf dem Ford Fiesta Mk 3).

Italienisches Design – ein Prototyp des Columbus-Tourenwagens (Turin 1992, Motor BMW V12 5,0 l quer liegender Zentralmotor (300 PS), 4WD, Radstand 382 cm, Maße 599,7 x 219 x 206 cm, 7–9 Sitze, 5 Türen)

Auf der Erde haben sich Geländewagen bei Expeditionen in ferne Regionen bewährt, aber auch bei den immer beliebteren Langstreckenrennen wie der Baja-Rallye oder der bekanntesten von allen, der jährlichen Rallye Paris–Dakar (ihr Name variiert je nach Start- und Zielort; hier wird sie Dakar-Rallye genannt).

Technisches

Zu den wichtigsten Merkmalen von Geländewagen gehört der auch Allradantrieb (AWD) genannte Vierradantrieb (4WD, 4x4), der diese Fahrzeuge von klassischen Autos unterscheidet – vor allem von solchen mit Frontmotor und Hinterradantrieb (4x2) oder dem neuesten Typ mit Frontmotor und Vorder-

2001 präsentierte das Coggiola-Studio in Genf einen auf dem Hummer H1 basierenden SUV-Prototyp

radantrieb (2x4). Die Anfänge des AWD reichen bis zum Spyker von 1904 zurück! Bei Wagen für schwieriges Terrain liegt der gewöhnlich längs angeordnete Motor vorn, und zwar als ständiger Vierradantrieb (4WD) mit oder ohne Zwischenachs-Differential (das überdies mit einer Differentialsperre ausgestattet sein kann, die sich beim Durchrutschen der Achse einschaltet) oder mit Differentialbremse. Eine gängigere Alternative bildet der ständige 4WD (Rückradantrieb) mit optionalem FWD (Frontan-

trieb), der während der Fahrt in Aktion tritt, bis 80 km/h erreicht sind. Echte Geländewagen verfügen über eine Handgangschaltung für langsame Geländefahrten, bei denen auch bei geringen Geschwindigkeiten viel Kraft erforderlich ist. Das Untersetzungssystem wird vom Fahrer bei Leerlauf aktiviert. Viele Typen haben auch Differentialsperren an Vorder- und Hinterachse. Freilaufnaben an den nicht angetriebenen Rädern oder ein zentraler Freilauf dienen dazu, die Kraftübertragung auf die Radnaben oder Antriebswellen und das Differential zu unterbrechen, so dass weniger Teile rotieren (wodurch sich auch der Verschleiß, der Geräuschpegel und die Abgasemissionen verringern).

Geländewagen haben ein robustes Leiter-Chassis, mit dem die Karosserie bis vor kurzem vernietet wurde. Die gewöhnlich starren Achsen waren mit Blattfedern, ausnahmsweise (bzw. später) auch mit Drehstab- oder Spiralfederung versehen. SUV-Kombis besitzen in der Regel einen geräumigen, bequemen und gut ausgestatteten Aufbau. Sie sind für aktive Freizeitgestaltung gedacht und eignen sich nur für weniger schwieriges Gelände. Ihr manchmal quer gelagerter Motor liegt vorn, gewöhnlich mit Vorder- bzw. optionalem Rückradantrieb. Das war früher Aufgabe des Fahrers, wird aber bei einigen neuen Modellen automatisch geregelt. Die Funktion

der Zwischenachs-Differentialsperre wird immer öfter von einer Viskokupplung übernommen. Die Übertragung kann automatisch erfolgen. Elektronische Komponenten sind Standard, so dass ältere mechanische durch elektromechanische, elektrohydraulische und hydraulische ersetzt wurden. Einige Elemente wurden auch von Personenwagen übernommen: Der Aufbau ist gewöhnlich selbsttragend, die Achsen – zumindest die vordere – sind separat montiert, und zwar mit Spiral- oder Drehstabfederung. Die luxuriösesten SUVs verfügen als über einen Aluminium-Unterboden, Druckluftfederung und verstellbare Bodenfreiheit. Die Fahrleistung im Gelände hängt von der Qualität der Reifen ab.

Allrad-Personenwagen oder -kombis basieren auf ihren „Straßen-Geschwistern". Der quer liegende Motor ist vorn eingebaut und wirkt auf die Vorderräder. Die Räder der Hinterachse werden gewöhnlich automatisch aktiviert. Die Räder sind in aller Regel separat gefedert, die stählernen Aufbauten sind selbsttragend und weisen eine überdurchschnittlich hohe Bodenfreiheit auf. Solche Wagen sorgen lediglich für eine sicherere Fahrt auf regennassen oder schneebedeckten Bergstraßen oder Schotterpisten.

Allrad-Pick-ups entsprechen in mechanischer Hinsicht entweder den Geländewagen oder besitzen ein vereinfachtes Antriebssystem vom 4x2-Typ. Viele leichte Pick-ups leiten sich direkt von Straßenwagen mit 4x2- oder 2x4-Antrieb ab.

Abkürzungen und Erläuterungen

Die Fahrzeuge in diesem Buch sind standardisiert nach einheitlichen Kriterien beschrieben, damit man sie (sofern möglich) leicht miteinander vergleichen kann. Aus Platzgründen habe ich zahlreiche Abkürzungen benutzt. Zur leichteren zeitlichen Orientierung führe ich die Städte an, in denen jene Autoshows stattfanden, bei denen die einzelnen Modelle debütierten. Ein Vorteil liegt darin, dass jene gewöhnlich jedes Jahr zur gleichen Zeit stattfinden – Los Angeles, Detroit, Brüssel (Januar), Genf (März), Turin (April, früher im Herbst), Leipzig (April), Brno/Brünn (Tschechien; die Internationale Brünner Handelsmesse vom September findet seit 1991 als Brünner Motorshow im Juni statt), Moskau (Sommer), Frankfurt (IAA, September), Paris (Mondial), London und Birmingham (The National Exhibition Centre, NEC, Oktober) Tokio (November). Die PS-Angaben erfolgen nach den DIN- bzw. SAE- (England, USA), JIS- (Japan) oder ECE-Normen (EU). Umdrehungen/Minute sind mit U/min bezeichnet. „D" steht für Diesel-, „TD" für Turbodiesel-Motor. Kupplungen mit Handbetrieb heißen „Kupplung". Teleskop-Stoßdämpfer werden normalerweise nicht erwähnt. Der in Zoll angegebene Radstand ist bei bestimmten Modellen im Namen enthalten. Im Bestreben, möglichst umfassende Informationen zu bieten, haben sich Vereinfachungen ergeben, die manchmal zu Ungenauigkeiten führten.

„Stumme" Santanas am Ende ihrer Fahrt – Spanien 1999

Markenübersicht

A.C.L./Teilhol

(Frankreich)

Die Autofirma Teilhol existierte von 1970 bis 19893; in dieser Zeit erlebte sie 5 Umstrukturierungen. Die sechste hatte fatale Folgen, doch andere kleine französische Firmen übernahmen die Produktion der TXA-Kleinwagen. In den 1980er-Jahren legte man ein Großprogramm mit Freizeit, Nutz- und Pick-up-Versionen des Citroën C 15 (2x4) auf. 1989 kam der Theva auf den Markt, ein Hardtop-Beachcar aus Fiberglas mit dem Getriebe des Citroën AX (2x4). Der Jahresausstoß des Montagewerks sollte in den 1980er-Jahren 10000 Fahrzeuge betragen, blieb aber weit dahinter zurück.

Links: Mitsubishi Pajero – Sieger bei der Rallye Paris–Dakar 2002

Teilhol Tangara (1989)

Renault R6 Rodéo, Annnecy (Frankreich) 2003

Renault Rodéo ❷ ❹

Die Firma A.C.L. (Atelier de Construction de la Loire) fertigte wohl schon in ihrem ersten Betriebsjahr für Renault die Rodéo-Beachcars; einige davon erwarb die französische Armee. Die letzten Rodéos liefen etwa 1986–1988 vom Band. Die Gesamtproduktion von Renault Rodéo, R4 Pick-up, Rodéo 6 und Rodéo 5 (ab 1982) betrug über 50000 Stück; pro Tag wurden mehr als 30 Autos gefertigt.

Teilhol Tangara, Tangara 1100 ❹

1987 brachte Teilhol einen Nachfolger des Citroën Méhari auf den Markt. Der Teilhol Tangara besaß das Chassis des Citroën 2CV (2x4) (optional Voisin-Allradantrieb). Für seine Beliebtheit sprechen die Produktionsziffern (800 Stück). Als Antrieb diente ein 2V-Motor von Citroën (602 cm^3, 29 PS, 5750 U/min, 115 km/h); der Wagen besaß Vierganggetriebe. Die zweisitzige Fiberglaskarosserie schützten massive Kunststoffstoßstangen und Seitenwülste. Die Fiberglassektion zwischen Frontscheibenrahmen und Überrollbügel war abnehmbar und ließ sich unter der Außenhaut verstauen. Es gab auch eine Softtop-Version, einen Fiberglas-Hardtop mit großen Seitenfenstern und eine Pick-up-Ausführung. Technische Daten: Eigengewicht 1330 kg, Nutzlast (mit Insassen) 590 kg, Länge 350 cm, Breite 154 cm, Bodenfreiheit 20 cm. Die 4x4-Version konnte Steigungen bis 70 %, 40° Seitenneigung und 40° Überhang bewältigen. In Genf zeigte man 1980 den 2- bis 4-sitzigen Tangara 1100 mit 4V-Motor Citroën AX 11 TRS (1124 cm^3, 55 PS, 160 km/h), Fünfganggetriebe und 405 kg Nutzlast.

ACM

(Italien)

Die Firma Ali Ciemme S.p.A. importierte rumänische AROs. Von November 1988 bis März 1991 versuchte sie, den ARO 10 mit Diesel zu bauen; es folgte der kurzlebige TD. Investitionen in den Bau neuer Montagehallen sollten die schlechte Verarbeitung und den normwidrigen Motor des ARO eliminieren. Leider hing ihm weiter der schlechte Ruf des Originals an, so dass das Projekt scheiterte. In Turin wurde 1991 der Beach-Prototyp Scorpion vorgestellt (den Namen verwendete die Firma schon 1988); er hatte nach oben öffnende „Flügeltüren", eine elegante Karosserie und das Chassis des ARO 10. Ciemme vertrieb auch den ARO Ischia (ARO 10).

ACM Enduro x4 ❷

Das Kühlergitter des ACM Enduro x4 war wie die Karosserie gefärbt. Er besaß mattschwarze Kunststoffkotflügel und viele andere mehr oder minder auffällige Verbesserungen. Er leitete sich vom ARO 10.4 (3-türiger Kombi) oder ARO 10.1 (2-türiger Softtop) mit 4V-Diesel von VW (1595 cm³, 75 PS, 5000 U/min) ab und besaß ein Vier- oder Fünfganggetriebe mit Untersetzung. Eine andere Version führte einen VW-D mit abweichender Leistung (1588 cm³, 53 PS, 4800 U/min) und besaß Vierganggetriebe. Als letzte Neuerung wurde ein VW-TD eingeführt (1,6 l, 69 PS, 4500 U/min). Technisch entsprach das Modell sonst dem ARO.

ACM Enduro x4, 1990

AIL L-240 Storm, 2000

AIL
(Israel)

AIL Storm ❹

Die Firma Automotive Industries Ltd. (Nazareth) baute ab 1966 zweitürig/viersitzige Cabrio- oder Softtop-Geländewagen. Sie ähnelten Land Rovern, jedoch mit Jeep-Komponenten. Angetrieben wurden sie von einem 4-l-Motor (182 PS). 2000 liefen 1250 Stück vom Band; die meisten erwarb die israelische Armee, und einige gingen nach Afrika und Mittelamerika. 2002 produzierte man ein neues Modell, den Storm. Er war im Kern identisch, ähnelte jedoch in Name und Aussehen dem Wrangler Jeep. Es gibt ihn mit 4x2- und 4x4-Antrieb. Man hat Motoren verschiedener Hersteller eingebaut z. B. den 2,5-l-Motor (107 PS, 4000 U/min, 130 km/h). Der Storm hat ein Fünfganggetriebe und 263 cm Radstand; er ist 415 cm lang, 167,6 cm breit und 192 cm hoch.

AIL M-240 Storm

AIL Storm-Jeep, 2003

Aixam-Mega

(Frankreich)

Die Firma Aixam (Aix-les-Bains, Savoyen) entstand
1983 aus Arola-Restbeständen und übernahm deren
typisch französische Aixam-Kleinwagen. Ihr größter
europäischer Produzent stellte 1992 in Paris die Frei-
zeitversionen Mega Club und Ranch vor.

Mega Club/Ranch ❹

Die Vorderräder trieb ein 4V-Benziner (OHC) an
(entweder 1124 cm³, 60 PS oder 1361 cm³, 75 PS; ab
1996 ein Diesel (1527 cm³, 58 PS). Die Wagen gab
es auch als 4WD mit 1,4-l- und Dieselmotoren. Das
Auto hat Fünfganggetriebe mit „langsamem erstem
Gang" für die 4x4-Version. Optional gibt es auch
RWD. Die Vorderräder sind einzeln an McPherson-
Federbeinen aufgehängt, und auch die Hinterachs-
aufhängung (Längslenker und Torsionsfeder) ist für
sich gestaltet. Als Basis dient das Chassis des
Citroën AX. Die Modular-Karosserie aus stoßfestem
Heißpräge-Kunststoff gibt es als viersitziges Beach-
Cabrio, Ausflugs- oder Nutz-Lkw, aber auch als
Kombi (Pick-up) mit abnehmbarem Dach. Ferner
gibt es den Club (Viersitzer-Reiseversion) und den
Ranch (Zweisitzer-Nutzfahrzeug). Merkmale der
4x4-/2x4-Version: Radstand 230 (228) cm; Länge
351 cm, Breite 162,5 cm; Höhe 150 cm; Bodenfreiheit 19 (14) cm; Eigengewicht. 815–920 kg; Nutzlast
390–435 kg; Höchstgeschwindigkeit 138 (145) km,
Seitenneigung 32°/46°. Vom Mega Club verkauften
sich 1993 ganze 1000 Stück. Die Mega-Specials mit
verstärktem 4V-Motor Ford Cosworth (2 l) und Allradlenkung siegten unter Fahrern wie Bernard Dar-
niche oder Jean-Paul Belmondo bei vielen Rennen,
etwa dem um die Andros-Trophée. Der Prototyp
Mega Concept (2x4), der sie ablösen sollte, wurde
1998 in Paris vorgestellt. Er hatte einen Radstand
von 238 cm. Die Kunststoffkarosserie war wieder
multifunktional-modular, z. B. als Pick-up, Cabrio
oder Kombi. Als Antrieb diente ein PSA-Benzin-
motor (1360 cm³, 75 PS, 168 km/h). Der Hersteller
warb auch für einen LPG-Motor.

Mega Ranch, 1995

Mega Track, 1996

Mega Track ❹

Der riesige Viersitzer-Luxusgeländewagen Mega Track Supersport debütierte 1992 in Paris. Technische Merkmale: vor der Hinterachse montierter V12-Motor von Mercedes (5987 cm³, 394 PS, 5200 U/min), permanenter AWD (Übertragungsrate v:h = 34:66), zentrales Planetendifferential mit Viskobremse und Fünfganggetriebe. Die Coupé-Version des Mega Track erreicht dank elektronischer Geschwindigkeitssperre maximal 250 km/h. Der Rahmen besteht aus Stahlprofilen und -röhren; er trägt eine Kevlar-Karosserie. Die Räder (mit Spiralfedern und Stabilisatoren) sind separat gefedert. Maße: Länge 508 cm; Breite 223 cm; Höhe 140 cm; Bodenfreiheit 22 cm; Eigengewicht 2280 kg. Für Fahrten in rauem Gelände lässt sich die Bodenfreiheit zur Federungsoptimierung hydraulisch um 10 cm erhöhen. „Kinderkrankheiten" bei der enormen Kraftübertragung verhinderten die Massenproduktion, doch konnte man den Wagen einzeln ordern.

Mega Concept, 1998

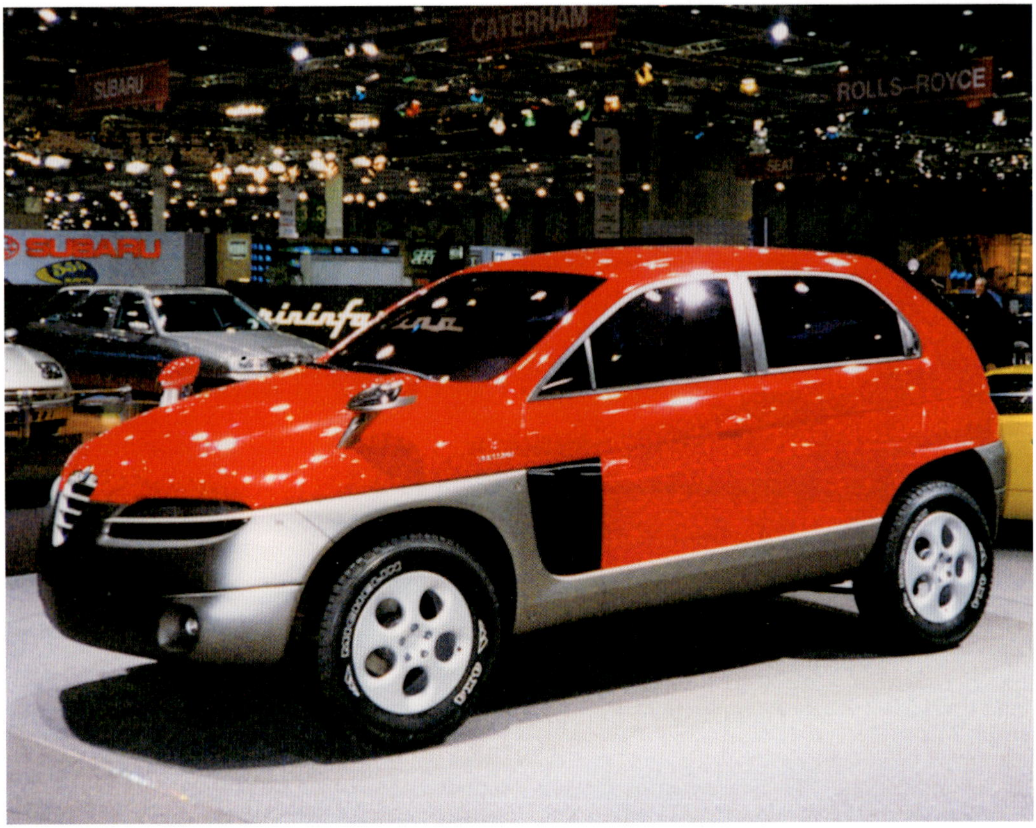

Alfa Romeo

(Italien)

Der erste Namensteil (A.L.F.A.) steht für die Firma Anonima Lombarda Fabbrica Automobili von 1910. Als Ing. Nicola Romeo sie 1918 erwarb, kam der zweite hinzu. Den Großteil ihres Ruhms verdanken die Autos und Motoren der Firma ihren Leistungen auf Straße und Rennbahn. 1933 wurde Alfa Romeo vom Staatsbetrieb IRI (Istituto Riconstruzione

Industriale) übernommen, das der Firma jedoch ihre Autonomie beließ. Im November 1986 erwarb Fiat Alfa Romeo von IRI (also vom Staat). Man baute auch Flugzeugmotoren, Autobusse und Nutzfahrzeuge – so im Zweiten Weltkrieg die französischen Franchise-Modelle Saviem A15 bis A40; gleichzeitig produzierte man die Lkw-Baureihe F 12 mit Benzinmotor (60 PS). Die Baureihen AR 8 (Kleinlaster), F 8 (Kleinbus) und F 12 (Pick-up) wurden verbessert und den Fiat-Standards angepasst. Den AR 8 4x4 mit Diesel- oder Fiat-Benzinmotor stellte man 1989 in

Alfa Romeo 1900 M in Ägypten

Alfa Romeo Matta

Turin vor. 1997 brachte Bertone den Prototyp des sportlichen Alfa Romeo Sportut heraus. Gerüchten zufolge will die Firma 2004 ein eigenes SUV auf den Markt bringen.

Alfa Romeo 1900 M – „Matta"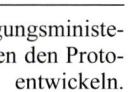

1950 erhielt die Firma vom Verteidigungsministerium den Auftrag, nach dessen Vorgaben den Prototyp des 1900 R „La Folle" zu entwickeln. 1952–1954 produzierte sie den leichten Geländewagen Alfa Romeo 1900 M, Tipo 51 (für das Heer) und 52 (für die Luftwaffe). Schließlich bekam der Wagen den Spitznamen „Matta" („verrückt"). Das Ministerium wollte die verschlissenen Armee- und Polizeijeeps durch landeseigene Fabrikate ersetzen. Die Typenbezeichnung erinnert an die legendären

Limousinen und Coupés der Vorkriegszeit, deren 4V-Ottomotor (DOHC) der Matta sozusagen erbte. Der Serienmotor (1884 cm³, 65 PS, 4400 U/min, CUNA-Standard, 105 km/h) wurde durch einen Typ mit 1995 cm³ ergänzt. Das Fahrzeug besaß Trommelbremsen, Vierganggetriebe und zwei Kupplungshebel, die dazu dienten, die Hinter- oder alle vier Räder anzutreiben. Der Leiterrahmen trug eine stählerne „Torpedokarosserie" (Hard- oder Softtop) mit Notausgang über Fahrgastzelle und Laderaum. Die Vorderachse besaß eine eigene Querlenkeraufhängung mit Längs-Torsionsfedern; die hintere Achse war starr mit Längsblattfedern. Neben Fahrer und Beifahrer konnte der Wagen bis zu 4 Fahrgäste fassen. Die Armee nutzte ihn bisweilen mit Anhänger. Weitere Merkmale: Länge 363,4 cm; Breite 220 cm; Höhe 157,5 cm; Eigengewicht 1250 kg; Nutzlast 650 kg. Es wurden insgesamt 1921 A.R.51 und 154 A.R.52 gebaut. 120 kamen bei den Carabinieri zum Einsatz. Matta-Expeditionen durch Nordafrika erfreuten sich großer Beliebtheit.

2003 präsentierte Alfa Romeo in Genf einen Prototyp des SUV Kamal

Dieser rumänische ARO 243 (2001) diente als Ausgangsbasis für das in Tschechien gebaute Modell ARO 324 XT.

ARO

(Rumänien)

Die Stadt Câmpulung-Muscel besaß eine Papiermühle und Werkstätten, wo die Forma IAR Brasov im Krieg Flugzeugteile und Waffen baute. Nach dem Zweiten Weltkrieg entwickelten einige Mitarbeiter das erste rumänische Motorrad. 1966 gründeten sie die als MICM bekannte Firma Uzina Mecanica Muscel. 1970 änderte sich der Name in Intreprinderea Mecanica Muscel (IMM), und in den 1990ern hieß sie ARO SA, Câmpulung. Sie war ab den 1960ern auf Geländewagen spezialisiert und sammelte erste Erfahrungen beim Bau von Ersatzteilen für GAZs und UAZs. Der Staatsbetrieb baute noch bis in die 1990er Autos. 1999 verkaufte ARO nur noch 279 Fahrzeuge, später wieder mehr. Es bereitete der Firma große Schwierigkeiten, die Altschulden bei den COMECON-Partnern abzutragen. Sobald die Finanzierung gesichert ist, könnte sie einen der Prototypen aus den 1980ern weiterentwickeln (oder eine Combo-Version des Kombi/Pick-up mit dem Arbeitstitel ARO 266). 1999 begann ARO in Namibia Autos zu montieren. 2003 wurde der Betrieb von der südamerikanischen Firma Crosslander gekauft.

ARO IMS-57

Ein vorbildlich restaurierter ARO 461 von 1968

IMS-57 ❹

Das erste rumänische Auto hieß IMS-57 und basierte auf der Sowjet-Baureihe UAZ-69. Die Produktion lief 1957 an (Name!); später verwendete man verbesserte russische und rumänische Bauteile. Das Chassis wurde in einem alten Rüstungswerk in Câmpulung montiert. Die Brauchbarkeit des Autos testete man auf einer Transportpiste zwischen Câmpulung und Colibasi. Die Karosseriebleche wurden von Hand über Holzkernen geformt; die gestrichenen Teile entstanden in der Motorenfabrik Pitesti (Rumänien). Das Chassis trug eine Zweitür-Karosserie mit Stoffverdeck. Der einzige Scheibenwischer war handbetrieben. Der 4V-Benziner (3260 cm³, 50 PS, 2800 U/min, 80 km/h) verbrauchte 24 l. In der 2-jährigen Produktionsphase entstanden 914 Stück.

M-59 und M-461 ❹

ARO steht für Automobil Romanescu (rumänisches Auto). Der M-59 (1959) war ein wichtiger Schritt in der Firmenchronik. Die Ingenieure veränderten den starren Rahmen, bastelten am Chassis, verbesserten den Motor und modernisierten die Karosserie. Sie

schnitten den Bucegi-Motor (Lizenzversion – 5024 cm³ – des Fiat-Autobusmotors) entzwei und erhielten so den D127 (2512 cm³, 56 PS, 90 km/h). Später entstanden ein Zwei- bis Viertürer und ein Pick-up, beide mit elektrischem Scheibenwischer. Die Karosserien wurden in Câmpulung lackiert (erst plante man, sie „roh" zur Endfertigung zu transportieren). Die Jahresproduktion stieg von 803 (1959) auf 3222 (1963); danach wurde der M-59 vom stark überlegenen M-461 abgelöst. Der neue 4V-Diesel (2512 cm³, 70 PS, 100 km/h) verbrauchte bei 80 km/h 17 l. Er diente als Modell für den Diesel L27 (2660 cm³, 68 PS, 3800 U/min). Beim Vierganggetriebe waren die Gänge 3–4 synchronisiert; es konnte alle vier Räder oder nur die hinteren antreiben. Das verbesserte Modell wurde ab 1965 exportiert. China und Kolumbien kauften 2000 Stück. Der robuste Wagen siegte 1970 bei der Forest Rallye (Belgien) und 1973 bei den „Sons of Beaches" (Oregon). Bis 1975 liefen 80 233 verbesserte Autos vom Band. 46 549 wurden exportiert; die meisten anderen übernahm die rumänische Armee.

Das in Tschechien gebaute „Übergangsmodell" ARO 324 XT besaß ein rumänisches Chassis, Brno/Brünn 2002

Die endgültige Version eines neuen tschechischen Geländewagens – „Projekt XT" 4x4 – wird von Auto Max mit Original-chassis, der Karosserie des ARO 324 und dem Motor Andoria E110 Di EURO 4 gebaut

ARO 24 ❷

Die Entwicklung eines modernen, rein rumänischen 4x4-ARO lief 1966 an. Den ARO 24 (1972) prägte sein kantiges Design. Fahrer- und Fahrgastzelle wurden sicherer, bequemer und geräumiger. Die 1. Generation besaß die quadratischen Scheinwerfer des Dacia, jüngere Modelle runde. Als Antrieb diente ein Lizenzbau des 4V-Benziners Renault L25 (2495 cm³, 83 PS, 120 km/h, Verbrauch 13,8 l) oder ein Diesel (3119 cm³, 68 PS, 115 km/h) der Traktorenfabrik Tractorul Brasov. Das Auto (800 kg Nutzlast) ist sehr geländegängig, bewältigt 70 % Gefälle und kann 61 cm tief waten. Die Spiralfedern der Vorderachse machen es sehr gut lenkbar. Die Hinterachse (auch spiralgefedert) blieb starr. Neu war auch das Untersetzungsgetriebe. 1972 veranstaltete Ford Europe einen Test, bei dem der Range Rover auf Platz 1 kam, gefolgt von ARO, Jeep, Ford Bronco und Land Rover. Zuerst baute man zweitürige Achtsitzer-(240) und viertürige Fünfsitzer-Kombis (244) – Vorlagen für lange (242) und kurze Pick-ups – sowie einen dreitürigen Viersitzer-Hardtop (243) und einen fünfsitzigen Viertürer-Softtop (241). ARO verwendete Teile des TV-Kleinlasters einer Bukarester Firma, die 4x2- und 4x4-Busse baute (sie hatten Frontlenkung – 1969 modernisiert – und 1250 kg Nutzlast; in England als Tudor verkauft). Der Radstand betrug 235/240 cm. Die kurze Version war 395 cm lang, 177,5 cm breit und 185,8 cm hoch; sie vertrug 43°/36° Neigung und konnte 60 cm tief waten.

1978 entwickelte man den Pick-up ARO 320, montiert bei einem Bukarester Busbauer. Das Auto erlebte viele Veränderungen. Der Diktator Ceausescu bestellte eine lange Kombi-Version. Mancherorts versahen die Importeure den Typ mit Perkins- oder Indénor-Dieselmotoren. Die 1980er-Jahre brachten Modernisierungen, etwa zwei Paar runder Frontscheinwerfer oder (auf einigen Märkten) Peugeot-Dieselmotoren. Bis 1985 wurden 125 000 ARO 24 gebaut, wovon 93 000 in den Export gingen. Preis und Fahreigenschaften ermöglichten den Export nach Kanada, in die USA und nach Australien. ARO siegte bei der Pharao's Rallye und wurde 1997–1999 Meister in der H-Gruppe der Rallye um die Karpathen-Trophäe. Auf dem „Umweg" über den in

ARO 328 TD „Fire Engine", 2001

Kleinlaster ARO 320, 1988

Portugal gefertigten und bei Hisparo (Spanien) montierten Portaro eroberte er sich indirekt auch anspruchsvollere Märkte. Der Ruf dieser Fahrzeuge wurde allerdings durch ihre mangelhafte Verarbeitung, die hohe Rostanfälligkeit und die unzuverlässigen Motoren stark beeinträchtigt. Nach 1989 versuchte die Firma, dieses Manko auszugleichen, indem sie 2,5-l-Motoren von Ford, Peugeot, Daewoo und Chrysler verwendete, die von den Importeuren vor Ort anstelle ihrer rumänischen Gegenstücke eingebaut wurden. Dazu kamen Fünfganggetriebe und Zweigangkupplungen; der 4x2-Antrieb wurde durch optionalen Frontantrieb ergänzt. Ein großer französischer Importeur handelte eine Ausnahmeregelung aus und ließ direkt im Werk einen TD von Toyota (2446 cm³, 90 PS, 3500 U/min) einbauen. In den 1990er-Jahren baute man einen Dreitürer (243), den

Kombi Forester (244), eine lange Kombi-Version (246 und 323), einen Pick-up (320), ein Chassis mit Kabine (324) und den luxuriösen ARO Hunter (Motor: Ford Cosworth oder Cross Lander). Der Pick-up 320 hatte einen Radstand von 320 cm; er war 505,5 cm lang, 177,5 cm breit und 190 cm hoch; seine Bodenfreiheit betrug 26 cm, das Eigengewicht 1900 kg und die Nutzlast 1200 kg. Er vertrug einen Überhang von 41°/35°; 45° Seitenneigung und 70° Gefälle; außerdem konnte er bis zu 50 cm tief waten. Der ARO Pick-up Double Cabine verfügt über vier Türen und fünf Sitze; er ist 4,5 cm länger und 75 kg schwerer als das Ausgangsmodell. Es existieren viele Werks- und lokale Varianten.

ARO 10

Die Entwicklung des ARO 10 nahm fünf Jahre in Anspruch; heraus kam dabei ein kleiner Geländewagen, der in Rumänien Dacia 10 heißt und in Arges gebaut wird. Typisch für das Auto waren die kantige, zweitürige Karosserie (Hard- oder Softtop). Die Vorderräder hatten eine Einzelaufhängung mit Lenkarmen und Spiralfederung, die starre Hinterachse vier halbelliptische Längsfedern. Der ARO 10 verwendete einige Bauteile des Lizenzmodells R 12 (Limousine Dacia 1300), u. a. den 4V-Motor des R5 (1,3 l). Es gab die Modelle 10.0, 10.1, 10.3 und 10.4. Ab 1984 besaß der Wagen den OHV-Motor des R5 (1397 cm³, 65 PS, 118 km/h). Das Getriebe hatte

Rennversion des ARO 10.2, 2001

fünf Gänge. 1985 stellte man den Pick-up 10.8 mit normalem und verkürztem Radstand und Doppelkabine vor. Die runden Einzelscheinwerfer wurden durch paarige ersetzt, später durch rechteckige. Die Stoßstangen wurden überarbeitet und Seitenwülste hinzugefügt. Von Anfang an exportierte man viele Wagen: In fünf Jahren erhöhte sich ihr Anteil auf 90 %, und zwar in Ländern wie Italien (ARO Ischia), Frankreich (ARO Trappeur), Deutschland, Griechenland, Spanien (Dacia) und Großbritannien (1982–1993, ab 1989 auch als Dacia Duster mit Diesel (1596 cm³, 57 PS, 4800 U/min). Außerdem gab es die Spezialmodelle Roadster Plus und Showman. Die Exportwagen besaßen Dieselmotoren (VW oder Pegasos). In Italien baute man den Wagen als ACM. Heute gibt es den ARO mit RWD oder AWD, entweder mit 1,3- oder 1,6-l-Motor (73 PS) von Renault oder mit 1,6-l-Motor (105 PS) von Daewoo. Verfügbare Aufbauten: drei- bis fünftüriger Kombi, zweitüriger Softtop-Pick-up, kurzer Pick-up. Der ARO 10 Spartana hat einen Renault-Diesel (1870 cm³, TD-Version mit 92 PS). Die Wagen besitzen Fünfganggetriebe mit Zweigangschaltung und permanenten RWD (mit optionalem FWD). Technische Daten (ältere Modelle in Klammern): Radstand 240 cm; Länge 385 (377,7) cm; Breite 160 (160) cm; Höhe 180 (174) cm; Bodenfreiheit 20 cm (22,5); Eigengewicht 1440 kg; Nutzlast 410 kg; Steigung 60°; Seitenneigung 35°; Anstell-/Abgangswinkel 55°/50°; Wattiefe 40 cm.

Ein neues Modell – der ARO 10 Super (10.9) – wurde 1999 vorgestellt; es besaß eine veränderte Karosserie und das Chassis des ARO 244, ging aber nie groß in Produktion. Zu den französischen Modellen der 1990er gehörte der Spartana, ein 4x2-Beachcar mit Renault Twingo-Motor (1239 cm³, 54 PS, 5300 U/min), der Stream Gulf (Beachcar), der Chasse (ein grüner Hardtop für Jäger) und der Hardtop Green City. Verlängerte Softtop-Pick-ups mit Einzel- oder Doppelkabine heißen Pancho; es gibt auch dreitürige Chasse- und Tolé-Kombis sowie zweitürige Softtops namens Baché und Baroudeur. Ferner baut die Firma Hardtop-, Ambulanz- und Feuerwehr-Versionen.

ARO 10.9 Double Cabine, 2000

Asia Motors

(Südkorea)

Asia besaß einen Montagebetrieb in Kwangju (Südkorea): Ab 1976 wurden 28,3 % der Firmenaktien von Kia (später teilweise von Mazda erworben) gehalten, und 1999 wurde der Hyundai-Konzern zu 51 % Eigentümer von Asia und Kia; das bedeutete praktisch das Ende für Asia Motors, die 1965 bis 2000 Autos gebaut hatten. Den Markennamen trugen eben Geländewagen auch Liefer- und Lastwagen sowie Busse.

Asia Rocsta ❷

1994 rollte der erste Asia Rocsta mit 4x2- oder 4x4-Antrieb – eine Jeep-Kopie – vom Band (sein Name klingt wohl für koreanische Ohren wie „Rockstar"). Eine Version mit FWD-Option wurde erfolgreich nach England exportiert. Es handelte sich um eine Zivilausführung der Vierteltonner-Variante des Militärjeeps CJ-5. Als Antrieb dienten 4V-Motoren – leichte, aber starke R2-Diesel (MAGMA; 2184 cm³, 72 PS, 4250 U/min, 138 km/h) – oder ein vom alten 626 (dessen Produktion 1992 auslief) übernommener Mazda-Benziner. Das Modell besaß eine Fünfgangschaltung und Freilaufsperren an den Vorderradnaben. Die starren Achsen waren mit Blattfedern und vorn mit einer Drehstabfeder versehen. Der 5+1-Sitzer (Hard- oder Softtop) hatte folgende Merk-

male: Radstand 213,2 cm, Länge 358,8 cm, Breite 168,8 cm, Höhe 182 cm, Bodenfreiheit 20,5 cm, Eigengewicht 1280–1320 kg, Nutzlast bis zu 480 kg; Gefälle 97 %, Seitenneigung 46°. In Korea gibt es eine Version mit größerem Radstand (273 cm), die 419 cm lang und 185 cm hoch ist. Außer nach Italien (Rocsta Telonato/Hardtop) wurde das Auto nach Deutschland, Großbritannien u. a. exportiert. Es wurde jedoch vom Hersteller nicht genug beworben. Das Modell war als Geländewagen für junge Leute eine attraktive, preisgünstige Alternative. Anfang der 1990er trat der Rocsta für Dakar an. 1994 kam der leicht veränderte Rocsta R2 auf den Markt. Spezielle leichte Geländewagen – den Vierteltonner Utility Truck und seinen größeren Bruder, der 1,25-Tonner Shop Van – verwendete die koreanische Armee.

Asia Retona ❷

Der ab Frühjahr 1997 gebaute Retona sah ähnlich aus, wirkte aber schnittiger und zeichnete sich durch einen größeren Radstand und den stärkeren Benziner (DOHC, 16V, 139 PS, 155 km/h) aus, optional auch mit TD gleicher Leistung (1998 cm³). Alternativ gab es – wie beim Rocsta – einen 2,2-l-D. Der Retona war 4 m lang, 1,75 m breit und 1,84 m hoch; er wog 1460 kg. Seine Produktion lief schon nach weniger als 12 Monaten aus. Er musste dem Kia Retona Platz machen – einem ähnlichen, aber moderneren „konzerntypischen" Auto, dessen Name von der Firma Asia entlehnt war.

Asia Rocsta, Andorra 2002

Asia Retona, 1997

Audi

(Deutschland)

Audi Allroad Quattro 4.2, 2002

Audi wurde 1910 von August Horch in Zwickau ge- gründet, nachdem er seine erste Firma im Streit mit den Partnern verlassen hatte. Er baute hochwertige Autos. 1928 wurde die Mehrheit der Anteile von Jurgen Skafte Rasmussen, einem in Dänemark gebo- renen Hersteller von Motorrädern und leichten DKW-Pkws erworben. Die frühen 1930er-Jahre wa- ren für Deutschland eine schwere Zeit, und vielen Autofirmen drohte der Bankrott. 1932 bildeten Audi, DKW, Horch und Wanderer das Jointventure Auto Union. Die meisten Fabriken ihrer Modelle lagen in der Sowjetzone, und erst 1965 wurde in Ingolstadt die Auto Union GmbH gegründet, die 1969 als Teil des VW-Konzerns mit der Audi AG fusionierte. Was den Allradantrieb betraf, verfügte VW über Erfah- rungen mit den Geländewagen DKW Munga und VW Iltis. 1977 führte Audi nördlich vom Polarkreis Testfahrten durch. Neben Limousinen stand den Technikern der VW Iltis mit Audi-80-Motor zur Verfügung. Auf schneebedeckten Strecken war der Iltis den viel stärkeren Limousinen überlegen. Ent- wicklungs-Ingenieur Jorg Bessinger beschloss daher, den 4x4-Antrieb auch in Pkws zu testen; dazu rüste- te er mehrere Audi 80 mit der Steuerung des VW Iltis aus. Es folgte ein Zweitürer-Renncoupé mit Audi- 80-Chassis und dem 5V-Kompressionsmotor (170 PS) des Audi 100. Das Drehmoment wurde durch ein integriertes Differential und eine zweiteilige Kardan- welle vom Motor auf die Hinterräder übertragen. Das Coupé Audi Quattro mit permanentem 4x4-An- trieb wurde 1980 in Genf vorgestellt; es besaß einen Turbomotor (2144 cm³, 200 PS, 5500 U/min) mit Ladeluftkühler. Im gleichen Jahr trat der Quattro (285 PS) bei Rallyes an; er siegte 21-mal beim Ren-

nen um den World Cup, den er 1982 und 1984 allein gewann. 1984 wich er dem extrem teuren Audi Quattro Sport mit 31,7 cm kürzerem Radstand und Vierventil-Kompressormotor (max. 500 PS). Er siegte nur zweimal beim World Cup. Am Steuer saßen Stars wie Hannu Mikkola, Stig Blomquist, Michelle Mounton und Walter Röhrl. Die meisten späteren Audi-Baureihen umfassten auch 4x4-Mo- delle: Coupé Quattro, 80, 90, 200, A3, A4, A6, A8, S2, S4, S6, S8, RS4, RS6, TT (auch als Limousine) und den Kombi Avant, der anfangs den Beinamen Quattro trug.

Audi Steppenwolf   ❿

Der Audi Steppenwolf debütierte 2000 in Paris. Er war kein Straßenwagen mit 4x4-Antrieb, sondern ein Dreitürer-Coupé für Touren auf extrem schwierigem Gelände, aber auch für Hochgeschwindigkeitsfahr- ten auf der Autobahn. Mit seinem V6-Motor (3,2 l, 225 PS, 230 km/h) beschleunigt er in 8 s von 0 auf 100 km/h. Die elektronisch gesteuerte Haldex-Kupp- lung verteilt die Kraft auf Vorder- und Hinterachse. Sobald die Vorderräder durchdrehen, wird ein Teil ihrer Kraft automatisch auf die hinteren verlagert.

Audi S 4 Avant, 2002

Überdies gibt ein EDL (Electronic Differential Lock, „elektronische Differentialsperre") den Rädern einer Achse mehr Drehmoment, und das ESP hilft dem Fahrer in kritischen Situationen beim Lenken. Zur Sonderausstattung gehörte auch die „Luftfederung" der Räder, die sich vierstufig in 6-cm-Intervallen einstellen ließ, so dass die Bodenfreiheit auch auf unebenem Terrain noch bis zu 22,3 cm betrug. Die Bremsscheiben der Hinterräder waren überdies mit kräftigen elektrohydraulischen Feststellbremsen versehen. Die Kohlefaser-Karosserie gibt es als Hard- oder Softtop. Ein Prototyp des viertürigen, 4+2-sitzigen SUV Audi Pikes Peak Quattro, der 2003 in Detroit debütierte, war davon inspiriert: Er besaß den auf alle Räder wirkenden 8V-Turbomotor des RS6 (500 PS) und verstellbare Stoßdämpfer.

Audi Allroad Quattro ❸

2000 lagen die Erwartungen in Genf sehr hoch, als Audi den Allroad Quattro vorstellte – ein dynamisches, fünftüriges, vom A6 Avant abgeleitetes Luxus-SUV, das hohe Standards setzte. Die Firma setzte lang erprobte Motoren ein – einen V6 (2671 cm³, 250 PS, 5800 U/min, 2x2 OHC, 30V, 2 Turbos, 2 Zwischenkühler, 234 km/h, Beschleunigung von 0 auf 100 in 7 s), einen V8 von BMW (4200 cm³, 300 PS, 6200 U/min, 2x2 OHC, 30V, 240 km/h, Beschleunigung von 0 auf 100 in 7,2 s) und schließlich einen V6-TD mit Direkteinspritzung (2496 cm³, 179 PS, 4000 U/min, 24V, Zwischenkühler, 205 km/h, Beschleunigung von 0 auf 100 km/h in 10,2 s). Dieser starke Audi hat permanenten 4WD, ein selbstsperrendes Torsen-Zwischenachsdifferential, ESP (Electronic Stability Program) und entweder Sechsgangschaltung oder Fünfgang-Automatik mit DSP (Dynamic Shift Program). Auf Wunsch lässt sich die Handschaltung mit einer praktischen „Low-Range"-Untersetzung ausrüsten. Die selbsttragende Stahlkarosserie ist bequem und sicher. Die Achsen tragen Hilfsrahmen mit einzeln aufgehängten Rädern, die über Stabilisatoren und regelbare Gasstoßdämpfer verfügen. Diese sorgen je nach Tempo oder Lenkverhalten für vier Bodenfreiheiten (14,2–20,8 cm). Der Wagen kann 5 Personen oder 650 kg Nutzlast befördern. Radstand 275,7 cm, Länge 481 cm, Breite 185,2 cm, Höhe 155,1 cm, Eigengewicht +1795 kg, Wattiefe 40 cm, Überhangwinkel 27°/25°.

Audi Steppenwolf, 2000

Audi Pikes Peak, 2003

Austin Gipsy als Feuerwehrauto,1963

Austin

(Großbritannien)

Als Herbert Austin, der bei Wolseley Erfahrungen gesammelt hatte, 1906 Austin Motor Co. gründete, konnte er kaum die Turbulenzen vorausahnen, die seine Firma noch erleben sollte. Nach Kriegsende wurde sie Teil der Austin-Morris-Sektion des BLMC-Konzerns; später gehörte sie nacheinander British Leyland, BL Cars und der Austin-Rover-Gruppe.

Morris Gutty

Der Prototyp des Morris Gutty 4x4 gilt als Ahnherr der Austin-Geländewagen, deren Karriere willkürlich beendet wurde. Im Zweiten Weltkrieg waren leichte Geländefahrzeuge unverzichtbar. 1947 schrieb die Regierung einen Vierteltonner für die Armee aus, den FV 1800. Die Firma Nuffield, zu der Austin und Morris gehörten, bemühte sich 1947, den Anforderungen mit einem Prototyp des Morris Gutty zu genügen. Von 2–3 gebauten Exemplaren blieb nur eines erhalten. Die selbsttragende, offene Rechteck-Karosserie aus Stahl trug ein Leinwandverdeck. Als Antrieb diente der 4V-Motor Morris Minor. Er wirkte auf ein Fünfganggetriebe mit Zweigang-Hilfsgetriebe, und die Räder waren einzeln aufgehängt.

Wolseley Mudlark, Austin Champ ❷

Die Konstrukteure des Austin Champ versuchten, ihre Erfahrungen mit dem Gutty für den FV1800 nutzbar zu machen. Sein direkter Vorgänger war der Wolseley Mudlark („Mispel") von 1948. Der Typ wurde zugelassen und in geringer Zahl gebaut. 1951 testete die US-Army den Mudlark, der zweifellos als Inspiration für Fords Geländewagenprogramm American M-151 MUTT diente. Zum Entwicklerteam gehörte sogar Alec Issigonis, der „Vater des Mini". 1952 unterschrieb Austin einen Vertrag über 15 000 Champs, deren Produktion sogleich anlief. Die Armee gab dem Vierteltonner die Codebezeichnung WN1, FV1801. Typisch war die einfache Stahlkarosserie mit „ausgeschnittenen" Vordertüren. Die vier-

Austin Gipsy als Feuerwehrauto,1963

Austin Gipsy mit „Flexitor"-Gummifederung

Austin Gipsy Mk II mit Stoffverdeck

köpfige Besatzung schützte ein schlichtes Leinwandverdeck. Bei der Einzelaufhängung der Räder verwendete man Lenkarme und Drehstäbe. Als Antrieb diente der 4V-Aluminium-Motor Rolls-Royce B-40 OHV (2803 cm³, 71 PS, 3750 U/min). Er war eingeschweißt und versiegelt; der Auspuff endete über dem Dach, damit der Wagen auch bei Schlechtwetter und im Wasser einsetzbar war. Einige erhielten den Limousinen-Motor Austin A-40. Das

Getriebe war mit einer Eingang-Schaltung verbunden, die die Hinterachse antrieb und auch die Rotationsrichtung ändern sollte. So besaß der Austin zum Umsteuern fünf Gänge! Eine Kardanwelle übertrug die Kraft auf das Getriebe und das damit verbundene hintere Differential. Von dort führte eine andere zur Kupplung im Vorderachsendifferential. Die Getriebe erzeugten furchtbaren Lärm. Leistungsmäßig war der Champ dem Land Rover vergleichbar. Reparatur und Wartung der komplexen Mechanik sorgten für Alpträume. Die Produktion wurde vor Vertragsablauf (1956) beendet. Bis dahin liefen ca. 11 700 Champs vom Band; einige gelangten in Privathand oder wurden u. a. in die Niederlande und die USA exportiert. Der Champ war bei 213,4 cm Radstand 367 cm lang, 156,2 cm breit und 185,4 cm hoch. Eigengewicht 1664 kg, Nutzlast 368 kg.

Austin Gipsy, 1963

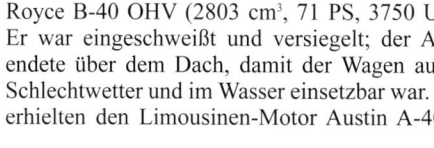

Austin Gipsy ❷

Der Gipsy wurde gebaut, um mit dem Land Rover den Bedarf an leichten Militär- und Zivilgeländewagen zu befriedigen. Er erbte viele Vorzüge des Champ, mehr noch vom LR Serie I. Den LR Serie II gab es ab 1958, den Gipsy (90″ Radstand) erst 1959. Die beiden unterschieden sich äußerlich kaum, aber man hoffte, die ausgereiftere Technik würde den Verkauf ankurbeln. Der Gipsy besaß einzeln gefederte Räder mit „Flexitor"-Gummifedern an den Lenkarmen; jene bestanden aus dicken, am Chassis befestigten Röhren, die sich bei Bewegungen der Arme verdrehten. Die Differentiale waren am Unterboden montiert. Die Gummifedern sorgten bei Überladung für geringere Bodenfreiheit: So konnte das Differential abbrechen, wenn ein rücksichtsloser Fahrer über Bodenwellen setzte. Der Wagen reagierte unvorhersehbar, weshalb man den Radstand 1960 auf 111″ erweiterte; ferner bekam er eine starre Standard-Achse mit Blattfedern. Die „Flexitor"-Federung war erst 1965 verfügbar. Man verwendete auch stärkere Motoren – den OHV-Benziner des A70 (2196 cm³, 62 PS, 4100 U/min) oder den Diesel des A90 (2180 cm³, 55 PS, 3000 U/min). Der Gipsy hatte ein Vierganggetriebe mit Zweigang-Hilfsuntersetzung. Maße: Radstand 228,6 cm (90″)/281,9 cm (111″), Länge 353,1/406,4 cm, Breite 169,6 cm, Höhe 186,7 cm; Eigengewicht 1533 kg (90″). Die starke Rostanfälligkeit schadete seinem Ruf (nur wenige Gipsys haben bis heute überlebt). Daran konnte auch die äußerliche Ähnlichkeit mit dem Land Rover nichts ändern. Der Typ wurde auch auf dem Zivilsektor vertrieben und exportiert, u. a. nach Kanada und in die USA. Ein Armeeauftrag hätte das hochwertige Auto retten können. Leider scheiterten die kurz vor dem Abschluss stehenden Verhandlungen im Jahr 1968, das für die britische Autoindustrie auch sonst ungünstig verlief: Viele kränkelnde Firmen wurden verstaatlicht. Austin wurde am Ende von Land Rover „geschluckt" und das Gipsy-Projekt auf Eis gelegt. Insgesamt entstanden 21 208 Stück.

Austin Mini Moke, St.-Tropez 2001

Austin/Morris Mini Moke

In den 1960er-Jahren war England im Mini-Fieber. Verlockt vom Vertrag über den Citroën 2 CV, den das Heer bei Luftlandungen einsetzte, entwickelte BMC in der Hoffnung auf weitere Militäraufträge neue Varianten. Sein Gewicht ließ den Mini fast überall hin kommen, doch die Armee erkannte bald die Schwachstellen: zu kleine Räder, geringe Bodenfreiheit und ein 2x4-Antrieb, der auf rauem Gelände kaum Wunder wirken konnte. Als Retter in der Not kam 1962 Alec Issigonis, der den Radstand auf 184 cm vergrößerte sowie Radaufhängung und Bodenfreiheit änderte – aber es war zu spät. Indes war die Arbeit am Reißbrett nicht vergeblich, da aus ihr der Moke (Slangausdruck für „Esel") hervorging. Die Montagefirma gab nicht auf, und Issigonis entwarf den Prototyp des Twin Moke mit zwei Motoren – je einem für Vorder- bzw. Hinterräder. Ihre Koordinierung war kein leichtes Unterfangen, so dass man das Projekt einstellte. Die einzige Alternative war, den Mini Moke als Freizeitwagen anzubieten. Heute trifft man die winzigen Autos überall am Mittelmeer an (manchmal mit reinem Stoffverdeck). Die türlose, selbsttragende Stahlkarosserie bietet 4 Personen ohne Gepäck Platz. Die Räder waren einzeln an Gummikegeln aufgehängt (vorn mit Trapezen, hinten mit Gräten). Das Konzept unterschied sich von dem des Mini. Vorn war ein BMC-Motor der A-Serie (848 cm³, 34 PS, 105 km/h) quer eingebaut; der erste Gang des Vierganggetriebes war nicht synchronisiert. Der Antrieb wirkte auf die Vorderräder. Grundmaße: Radstand 202,9 cm, Länge 304,8 cm, Breite 130,8 cm, Höhe 142,2 cm, Eigengewicht 533 kg.

Ende der 1960er-Jahre wurde der Moke zum Symbol der britischen Jeunesse Dorée. 1968 schloss die Montagefabrik Longbridge; ihre Maschinen wanderten nach Australien und schließlich nach Portugal. Der Moke erlebte in den 1980er-Jahren ein Comeback und wurde weiter in Italien, Südafrika, Spanien und – als weit vom Original entfernte Kopie – Deutschland gefertigt. Die Portugiesen stellten den Bau erst 1993 ein. In Großbritannien entstanden 1964–1968 14 518 Mini Mokes.

Austin Ant

1968 entwarf Alec Issigonis den Prototyp des Austin Ant („Ameise") – einen Pick-up mit Mini-Maßen und Leinwandverdeck über Fahrgast- und Gepäckraum. Er besaß einen 1275-cm³-Frontmotor und 2x4-Antrieb (RWD-Option). Die Kosten waren aber viel zu hoch – fast wie bei einem größeren Land Rover.

Das Original des Austin Champ, Nottingham 2004

Autoland

(Frankreich)

Die Firma Autoland existierte 1983–1985. 1983 übernahm sie die Produktion von Cournil-Autos; 1985 wurde sie in Auverland umbenannt. Sie war weiter in St.-Germain-Laval ansässig, doch die Zentrale lag nun in Boulogne. Bis 1985 fertigte man 1000 schwere Nutzfahrzeuge, die Militärs und Zivilisten in Frankreich und andernorts verwendeten.

Autoland Cournil II

Bei der Serie II gaben die Konstrukteure ihr Bestes zur „Konvertierung": Die Karosserie behielt die typischen abgeschrägten Kanten, doch die Scheinwerfer wanderten auf die Vorderkotflügel beiderseits des Kühlergitters. Die Karosserie sitzt auf einem Leiterrahmen mit kastenförmigen Stahlquerholmen. Die starren Achsen haben Längsblattfedern. Als Antrieb dienten 4V-Motoren: ein Renault-Benziner (83 PS), ein Diesel (67,4 PS) und ein Peugeot-Diesel (85 PS, Höchstgeschwindigkeit 110 km/h). Laut Firmenauskunft besaß die Langversion 4x2- oder 4x4-Antrieb, während es die kurze nur mit 4x4 gab. Der Typ hatte eine hintere Differentialsperre und ein Vierganggetriebe mit Cross-Country-Untersetzung. Man vertrieb folgende Varianten: den Pick-Up, den Bâché (Cabrio mit Leinwandverdeck) und den Tôlé (Hardtop mit Polyester-Glas-Aufbau). Der Radstand variierte je nach Modell: 204 cm beim SC 200, 254 cm beim SC 250. Weitere Merkmale: Länge 360/423 cm, Breite 159,2 cm, Höhe 190 cm, Bodenfreiheit 23,2 cm, Eigengewicht 1430/1670 kg, Nutzlast 900 kg (bei der schweren Variante 970 kg). Auverland nannte den Typ nur SC II.

Autoland Serie 220/275

Obwohl das Auto von einem Typ mit dem verwirrenden Namen Cournil abstammt – den Simi bis kurz vor Schluss fertigte, nachdem man eine Lizenz für das erste Modell an Cournil verkauft hatte – ist es mit der ersten Geländewagen-Generation verwandt. Das zeigen neben der abfallenden Kühlerhaube und den Vorderkotflügeln auch die Scheinwerfer in der Frontstoßstange. Die Serie 220/275 erbte diese Züge. Die Zahlen im Namen verraten den Radstand (in cm). Weitere Maße: Länge 384/429,5 cm, Breite 190 cm, Bodenfreiheit 23,2 cm, Eigengewicht 1980/2035 kg, Nutzlast 870/1035 kg (bei der verstärkten Langversion 1390 kg). Es gab auch einen Pick-up mit Leinwandverdeck oder abnehmbarem Polyester-Hardtop. Als Antrieb dienten Renault-Motoren: ein Benziner (115 PS), ein Diesel (70 PS) oder ein TD (90 PS). Das Modell hatte Fünfganggetriebe mit Untersetzung und Hinterachs-Differentialsperre.

Autoland Serie 220/275

Autoland Serie 220/275

Autozávod Cesky Dub

(Tschechien)

Autozávod Cesky Dub entstand Ende der 1950er-Jahre als Reparaturbetrieb für die Militärfahrzeuge GAZ-69, UAZ-469 und UAZ-452. 1992 begann die Firma, den UAZ-469 zu importieren, den man verbesserte, um ihn an tschechische Standards anzupassen. Hauptziel war dabei, die eigene Armee mit Transportautos zu versorgen.

In den späten 1990ern handelte Autozávod eine Partnerschaft mit Land Rover aus, wobei man mit Typen wie Hummer-Tatra, Ross-Hoinker, Avia-Auverland und Taras-Sipox-Mahendra konkurrierte. Da es damals keinen modernen tschechischen Leichtgeländewagen gab, wollte man mit einer bekannten Marke kooperieren und selbst tschechische Produktionskapazitäten und Ortskenntnisse einbringen. Autozávod ging aus diesem harten Wettbewerb als Sieger hervor.

UAZ Cesky Dub

Autozávod rüstete die UAZs mit auf, achtete aber auch auf Sonderwünsche der Kunden. Neuerungen waren AVM, hydraulische Lenkhilfe, Vorderrad-Scheibenbremsen, Fiberglas-Hardtop, neue Sitze und Polster, Schutzrahmen und Heizung. Neben dem UAZ-Originalmotor (2445 cm³, 71 PS, 4000 U/min) gab es auch einen italienischen Diesel-VM (2498 cm³, 90 PS, 3200 U/min). Es war auch ein Peugeot-Diesel XD3P (2498 cm³, 67 PS, 4000 U/min) oder VM-TD verfügbar. Den Viertürer-Softtop UAZ 4x4 2,5 Maraton nutzte auch die UNO. Der UAZ 4x4 2,5 D Tuareg hatte weiße Accessoires und Räder, ein Stoffverdeck und einen Peugeot-Motor. Der lange Zweitürer UAZ 4x4 2,5 TD besaß einen VM-Motor. Später kam der UAZ 4x4 Tornado 2,5 TD mit VM-Motor (2498 cm³, 114 PS, 4200 U/min) hinzu. Die exzellenten AWD- oder RWD-Geländeeigenschaften wurden so nicht gemindert. Beide Achsen blieben

Land Rover Defender T5D Alena als Fahrzeug der tschechischen Armee, 2000

starr, mit halbelliptischen Federn. 1993–1996 entstanden ca. 150 Stück.

Land Rover Defender
(England, Tschechien)

Als Ersatz für die veralteten russischen UAZs holte das tschechische Verteidigungsministerium Gebote für Kleingeländewagen ein. Autozávod Cesky Dub siegte (wobei es die Konkurrenten in 6 von 7 Punkten schlug), und die ersten Wagen – Defender 90 TDi und 110 TDi – rollten 1995 vom Band. Entscheidend waren dabei Qualität, Zuverlässigkeit und NATO-Kompatibiliät. Bei der Ausstattung folgte Autozávod den Vorgaben des Ministeriums, auch bez. des Kühlergitters. Die Armee übernahm Februar 1996 die ersten Fahrzeuge. Der Vertrag verpflichtete Autozávod, die ersten 150 Wagen gebrauchsfertig zu liefern – 141 für die Schnelle Eingreiftruppe und 9 für die Militärpolizei. Man plante auch, in der zweiten Jahreshälfte 1996 mit der Montage von Autos aus importierten und heimischen Komponenten zu beginnen. In den folgenden Jahren eine völlige Umrüstung vorgesehen. Die tschechische Armee setzte als erste des ehemaligen Warschauer Pakts den Defender ein.

Autozávod Cesky Dub UAZ 4x4, 1993

Auverland (Sovamag)

(Frankreich)

Die Firma Auverland (St.-Germain-Laval) heißt seit dem 20. August 1984 so. Ab 1983 bis 1984/85 war sie als Autoland bekannt. In den folgenden 20 Jahren wurde sie ein sicherer Hafen für die Nachfolger des Cournil-Geländewagens von ca. 1960. Dieser hatte 204 oder 254 cm Radstand. 1970 verkaufte der Hersteller eine Lizenz an eine andere Firma, und erst das dritte Modell (S.I.M.I., später Simi) wurde ein Erfolg. 1978 erwarb UMM die Cournil-Lizenz – sicher nicht zum Nachteil des Markennamens. Die Produktionszahlen der letzten Jahre raubten jedoch allen den Atem: 2000 betrugen sie 140 Stück (mit dem Kleinwagen A5). Bis 1996 wurden 10 000 Auverlands hergestellt. Heute gehört Auverland, ein Spezialist für Gelände- und Armeefahrzeuge mit 500–2500 kg Nutzlast, zum Konzern Groupe Servanin. Neben Montagebetrieben in St.-Germain-Laval betreibt die Firma eine Teststrecke in Boën.

Auverland SC II ❷

1982 – in der Ära des Simi – präsentierte man dessen 2. Generation, den Cournil II. Autoland hatte ihn mit den nach dem Radstand benannten Modellen SC 200 und SC 250 als Cournil II übernommen. Renault-Benziner und Peugeot-Diesel sowie die Karosserien behielt man bei. In der zweiten Hälfte der 1980er-Jahre kam ein 3,6-l-Diesel (85 PS) hinzu. Die Produktion lief wohl schon vor 1990 aus.

Auverland Type A, A2 ❷

Am Ende der Simi-Ära erschien das zweite, deutlich „zivilere" Modell; es besaß eine weichere Federung und mehrere Karosserieteile aus Plastik. Die Entwicklung überwachte Ing. Benoît Contreau. Simi nannte den Typ Cournil, da der ursprüngliche Namensträger nicht mehr hergestellt wurde. Der Radstand betrug 220 oder 275 cm. Angeboten wurde nur

Auverland A 275, 1986

Auverland SC II, um 1986

ein Gelände-Cabrio mit Leinwandverdeck. Autoland nahm daran kleinere optische Korrekturen vor und taufte den Typ nach seinem Radstand Serie 220/275. Das Vierganggetriebe wurde durch ein fünfgängiges ersetzt. Der Auverland (220/275,4 cm) blieb in Produktion. Die Baureihe war auch als A-Serie bzw. A 220/275 bekannt. Damals bekam der Wagen diverse Motoren, u. a. einen atmosphärischen oder SOFIM-TD oder Fiat-Benziner. Nach 1988 – d.h. kurz vor dem Ende – wurde er in A2 umbenannt.

Auverland A3, A3 SL, A4 ❷

Der Auverland A3 von 1988 war eine modernere Version der A2-Serie. Kurz- und Langversion hatten – anders als ihre Vorläufer – beide den gleichen Radstand (225 cm). Die abweichende Gesamtlänge (365/385 cm) hing mit dem Hecküberhang von 65 bzw. 85 cm zusammen. Weitere Merkmale: Breite 154 cm, Höhe 170 cm, Bodenfreiheit 25 cm. Der Typ besaß einen Leiterrahmen und starre Achsen mit halbelliptischen Blattfedern, die von ihren älteren „Geschwistern" nur im Detail abwichen. Zuerst war er ein dreitüriger Zwei- oder Viersitzer-Kombi. Der A3 konnte bei 1185/1195 kg Eigengewicht 525/515 kg Nutzlast befördern. Überhangwinkel 50°/45°, Gefälle 100 %, Seitenneigung 40°, Wattiefe 58 cm, Höchstgeschwindigkeit 115 km/h. Der Typ wurde erst mit 4V-XUD-Diesel (1905 cm³, 64 PS, 4600 U/min) und Vierganggetriebe von Peugeot verkauft, später mit fünf Gängen (jeweils plus Untersetzungsgetriebe). Schließlich stellte man neben der Langversion (480 kg Nutzlast, 225 cm Radstand, 385 cm Länge) auch eine Variante mit auf 880 kg erhöhter Nutzlast und eine überlange mit 265 cm Radstand, 435 cm Länge und 850 kg Nutzlast her, die später als A4 bekannt war.

Mitte der 1990er-Jahre nahm man kleinere Änderungen vor. Während der Radstand der alte blieb, wurde der Vorderüberhang um 5 cm und der hintere auf 105 cm verkürzt. Das Gewicht stieg von 1330 auf 1360 kg, die Nutzlast sank von 570 auf 540 kg. Die Zwei- oder Viersitzer-Karosserie gab es als Softtop oder in Fiberglas mit erhöhtem Aufbau. Neben zivilen Modellen gab es auch Polizei- und Feuerwehrauto u. a. Einen weiteren Schritt in die Zukunft bedeutete die TD-Version des 1,9-l-Motors (90 PS, 4000 U/min). Später baute man stärkere Peugeot-Diesel- (2,1 l) oder -Benziner (1,6 l) ein. Alle Wagen besaßen permanenten 4WD, doch ab 1991 wurde eine 4x2-Version mit Zweiganggetriebe und FWD-Option eingeführt. Sie verfügte über ein Differential mit Bremsautomatik. Als Sonderausstattung gab es u. a. Unterbodenversiegelung, Drehstabfedern, Ölkühlung, Schutzgitter und „Halbtüren".

Ein verbesserter A3 wurde 1998 in Paris vorgestellt, und zwar als Bâché (Leinwand-Softtop), Hard Top, Pick Up und Pare Brise Panoramique (Beach-Pickup mit Fenster im Dach der Hardtop-Fahrgastzelle). Diese Wahl hatte man später auch beim Modell A4 (fast identisch, doch mit größerem Radstand). Die Höchstleistung des 1,9-l-TD (für alle Versionen) betrug nun 92 PS bei 4000 U/min. Den A4 gab es als Fünfsitzer-Viertürer-Kombi, Fünfsitzer-Packwagen oder offenen Doppelkabiner. Nach 2000 wurde die Auswahl noch größer, denn der Typ wurde bei gleicher Mechanik schneller. Der Abgangswinkel betrug

Auverland A3, um 1989

beim A3 SL 25°, beim A4 35°. Zur A3-Serie (225 cm Radstand) gehörten: ein zweitüriger, zwei- bis viersitziger Softtop (Canvas Top), der Bâché (L x B x H: 385 x 154 x 170 cm; Eigengewicht 1455 kg; Nutzlast 1055 kg), der Hard Top und der Compétition (ein leichtes, offenes Geländetest-Fahrzeug). Eine Kategorie für sich waren der Hard Top „Police" und das Modell „Sécurité Autoroute" für Polizei und Autobahn-Pannendienst. Die A4-Serie (Radstand 265 cm, Länge 446 cm) gab es als Viertürer-Pkw und -Nutzkombi mit Polyesterkarosserie und 910 kg Nutzlast. Der Anfahrwinkel war hier auf 35° gesteigert wor-

Der Auverland A3 wurde in Prag als Avia A11 Trend gebaut (hier mit dem Chassis 006 als Armee-Lkw von 1995)

den. Zur Baureihe A3 SL (Radstand 300 cm, Länge 485 cm) gehörte – paradoxerweise, angesichts des Namens A3 – das längste Modell (SL, „super long"). Das Chassis trägt eine Karosserie mit bis zu 1500 kg Nutzlast, als zweitüriger Pick-up, Viertürer Double Cabine oder Tri-Benne (Dreigang-Muldenkipper); es dient auch als Basis für Sondervarianten wie Feuerlösch-, Rettungs- und Gelände-Krankenwagen. Seit 1990 beteiligt sich die Firma auch an Testrallyes. Auverland wurde 1989–1998 französischer Testsieger, 1995, 1997 und 1998 französischer Meister, 1994 und 1998 Europameister sowie 1999 Europameister in der Prototypen-Klasse.

Auverland A4 als Kombi-Nutzfahrzeug, 1998

Auverland „Administration" ❷

Die Firma hat ihre Produktion je nach Verwendungszweck der Fahrzeuge kürzlich in drei Sparten gegliedert: Auverland „Civil" für Personenwagen und gewerbliche Zwecke, Auverland „Administration" für staatliche Dienste (mit Komponenten oder Chassis des Auverland A3, A3 SL und A4, auch als Kombi) sowie die erwähnten Varianten für Polizei, Feuerwehr, Rettungsdienste und Autobahn-Pannendienst.

Auverland „Militaire" ❾

Seit 1988 tragen die von Auverland für die Armee produzierten Fahrzeuge den Namen Sovamag, so dass nur die kleinste Version auf der Basis des A3/A3 SL noch Auverland heißt. Der A3 Baché für Luftwaffe und Marine ähnelt stark der Zivilversion. Vom leichten Luftlande-Armeefahrzeug A3 VLA, dem flugzeug- und helikoptertauglichen A3 SL VRI oder dem gepanzerten A3 SL Blindé Niveau 3 kann man das nicht behaupten. Eine Lizenzproduktion des A3 erfolgte 1993–1996 in Tschechien (siehe Avia) und 1997 bei Holba & Co. Als JPX wird er noch in Brasilien gebaut, ferner seit 2002 (als Magirus) in Ungarn (bisher nur ein Prototyp). Die meisten Teile der französischen Wagen entstehen in Tschechien.

Avia – Aeronautica Industrial

Jeep-Avia

(Spanien)

1923 gründete Ing. Jorge Loring Martinez in Madrid eine Flugzeugfabrik. Nach dem Krieg produzierte sie Dreiradmobile, später auch Lastwagen. Zur Typenserie gehörten ein Pick-up, ein Doppelkabiner („camion"), ein Kleinlaster und der Kleinbus Granjero. Später wurde das Angebot um Avia-Lastwagen und -Busse erweitert. 1970 kaufte sich Motor Ibérica in die Firma ein, um 1975 die Kontrolle zu übernehmen. Die ursprüngliche Produktionspalette lief unter dem Namen Ebro-Avia weiter. Avia-Pritschenwagen und -Kleinbusse sieht man heute noch auf dem Land. Avia vertrieb den Geländewagen Jeep-Viasa SV (unter dem Namen Jeep-Avia); er besaß eine Frontlenker-Kabine, 4WD und eine Kleinbus- oder Nutzfahrzeug-Karosserie (vgl. Willys-Viasa).

Jeep-Avia Campeador

Avia-Ebro 3500, Alcocebre (Spanien), 2002

Avia

(Tschechien)

Die Firma aus Prag-Letnany produzierte ab 1919 Flugzeuge, während der beiden Weltkriege hochwertige Sport- und Militärwaffen, 1946–1951 Skoda-Busse und ab 1961 Praga- und Tatra-Lastwagen (u. a. den unverwüstlichen Gelände-Lkw Praga V3S). 1967 erwarb sie eine Lizenz für den leichten Renault Saviem, und die ersten Avias liefen im Oktober 1968 vom Band. Es gab auch die Baureihen A15 für leichte und A30 für schwere Aufgaben, jeweils mit 1,5 bzw. 3 t Nutzlast und 3,3-l-Dieselmotor (72 PS beim A15, 80 PS beim A30). Mitte der 1990er erwarb Daewoo die Fabrik. Es gab über 20

Karosserievarianten. Nach der Modernisierung von 1994 baute man modifizierte Versionen: den A21 mit Diesel- und den A31 mit TD. Neben dem standardmäßigen 4x2- verfügt diese Generation auch über 4x4-Antrieb, der von spezialisierten Endmonteuren gebaut wird. Die Produktion der 4x4-Avias endete mit einem kurzen Kleinbus. Gebaut wurden davon

Avia A11 Trend als Fallschirmjäger-Fahrzeug auf der IDET, Brno/Brünn 1994

Avia A11 Trend – ein kurzes Hardtop-Modell, um 1994

Avia A11 Trend als Krankenwagen auf der IDET Brno/Brünn, 1994

80 Stück. 1998–2001 war eine verbesserte A60/A80-Serie geplant, jedoch ohne 4x4-Alternative. 2000 lief die Fertigung der neuen Modellreihe Daewoo-Avia 2000 an, und 2003 sollte – in Kooperation mit VOP Prelouc – ein A 4x4 auf den Markt kommen.

Avia A11 Trend ❷

1995 schrieb die tschechische Armee, deren UAZs pensionsreif waren, einen Vertrag für den Bau eines leichten Geländewagens aus. Die traditionsreiche

Avia A11 Trend als „lange" Ausführung mit erhöhtem Laminat-Aufbau, um 1994

41

40 Avia A60/A80

Fabrik sah ihre Chance, hatte jedoch kein geeignetes Modell anzubieten und suchte deshalb ausländische Partner. So erwarb sie von Auverland (Frankreich) eine Lizenz für den A3/A4, der sein Debüt im April 1994 auf der Prager COMA-Ausstellung hatte. Einen Monat später sah man ihn auf der IDET (International Defence Industry Trade Fair) in Brno (Brünn). Die Autos mit Radständen von 225 cm (Länge: 365 oder 385 cm) bzw. 265 cm (Länge 435 cm) wurden in Prag montiert. Als Motor diente der Peugeot XUD 9 D (1,9 l, 64 PS, 4600 U/min oder 70 PS, 4600 U/min) oder der Benziner Peugeot XU52C (94 PS, 6000 U/min). Das Fünfganggetriebe ergänzte ein Zweigang-Zusatzgetriebe (Auverland A80), so dass sich der FWD auskoppeln ließ. Die Hinterachse hatte eine Differentialsperre. Neben der 4WD- gab es auch eine 4x2-Version. Die starren Achsen besaßen Spiralfedern und hydraulische Stoßdämpfer. Die Karosserie gab es in kurzer, mittlerer und langer Ausführung für 2 Personen plus Ladung oder für 2–6 Personen, und zwar als Gelände-Cabrio, Soft- und Hardtop (mit normalem/hohem Dach oder Klappverdeck), Ambulanz, Luftlande-Version mit Überrollbügel oder A11 Trend Military SL (super long); alle entsprachen dem Original. Bei der Sonderausstattung gab es zwei Preisklassen, „Komfort" und „Standard" mit bis zu 20000 Kronen Differenz: das Spektrum reichte 1995 (ohne MwSt.) von 463600 bis 543400 Kronen. Lieferbar waren u. a. ein Pkw und ein Gelände-Lkw. Nach 1993 montierte man zunächst französische CKD-Bausätze, später arbeitete man auch mit heimischen Zulieferern. Nachdem die Defender von Autozávod Cesky Dub den Zuschlag erhalten hatten und sich zu wenig verkauften, stellte man die Produktion 1995 ein. Die Firma selbst behauptet, etwa 250 Avia 11 Trend gebaut zu haben, andere Quellen sprechen von 72. Die Franzosen wollten unbedingt auf dem tschechischen Markt Fuß fassen, um ihn als Sprungbrett für Mittel- und Osteuropa zu nutzen. Als Ergebnis ihrer Verhandlungen verkauften sie eine Lizenz für den A3/A4 an die Firma HOLBA & Co. aus Vsetín. Diese hatte ehrgeizige Produktions- und Expansionspläne, die sie auch einige Zeit durchhielt. Leider wurde sie 1997 Opfer einer Flutkatastrophe, die sie ruinierte.

AZLK – Moskwitsch

(UdSSR und Russland)

Die Firma AZLK – Avtomobilnyi Zavod Imeni Leninskogo Komsomola (Lenin-Komsomol-Auto-werke) mit dem Kreml-Logo ist besser als Moskwitsch bekannt. 1930 gegründet, produzierte sie nur Wagen für die breite Masse, die in den 1960ern recht häufig exportiert wurden. Die Moskwitschs wirkten veraltet und hatten sehr oft Pannen. Die Fabrik litt ständig unter Geldmangel und es fehlten Fachkräfte, was Fortschritt und Weiterentwicklung hemmte. AZLK ist neben GAZ die älteste russische Auto-firma. Sie begann als GAZ-Ableger (damals KIM) und montierte zuerst den Ford A und AA. 1939 stellte sie ihr erstes eigenes Modell vor, den Tudor KIM 10. Stalin selbst beeinflusste Konstruktion und Design des Wagens. Nach dem Krieg wurde die Fir-ma in MZMA (Moskauer Kleinwagenfabrik) umbe-nannt. Das Modell 400/420 hieß bereits Moskwitsch; es war eine Kopie des alten Opel Kadett. Vom Ent-wurf aus den 1930er-Jahren verabschiedete man sich erst 1956 mit dem 402, der noch den alten 1,2-l-Motor (35 PS) und Dreigangschaltung besaß. Dieses Handicap wurde beim 407 beseitigt, dessen Motor (45 PS, 4 Gänge) Aluminium-Zylinderköpfe besaß und mit minderwertigem Benzin (72 Oktan) lief. Neben einer Limousine gab es den Kombi 423N und den 403 mit eleganter Zweifarb-Lackierung (die auch andere erhielten). Die Vorderachse (separate Radaufhängung) besaß Spiralfedern und einen Stabi-lisator, die starre Hinterachse verstärkte halbellipti-sche Längsfedern. Die Wagen hatten Trommelbrem-sen und 20 cm Bodenfreiheit. Sie wurden bis Mitte der 1960er gebaut und besaßen sogar FWD.
Ende der 1980er schlitterte Moskwitsch fast in den Bankrott. Seit 1997 hält die Moskauer Stadtverwal-tung 59 % der Anteile von A. O. Moskwitsch. Heute steckt die Fabrik wieder in einer Krise. Die Autos

Moskwitsch 411N mit der Karosserie 423N – sowjetischer Werbeprospekt, 1958

montierte man in Moskau; der Pick-up 2335 wurde auch bei KPP (Omsk, Sibirien) und KARZ-5 (Kiew, Ukraine) gebaut.

Moskwitsch 410N und 411 ❷

Der 402 war Grundlage der neuen 410er-Generation, aus der eine robuste 4x4-Limousine hervorging. Der Moskwitsch 410 besaß einen alten 35-PS-Motor, der auf dem 407 basierende 410N (kyrillisch 410H) 4x4 einen moderneren (45 PS, 90 km/h). Ein Werbe-plakat von 1958 zeigt jedoch den 45er-Motor zu-sammen mit einem Dreiganggetriebe. Bei Fahrten über raues Terrain war das Zweigang-Untersetzungs-getriebe eine große Hilfe. Die Karosserie blieb die alte, nur die Bodenfreiheit stieg dank GAZ-Gelände-chassis und größerer Reifen mit mächtigen Stollen auf 22 cm. Ein Moskwitsch kann 55 cm tief waten und noch bei 30 cm Schneehöhe fahren. Das Modell 411 war ein Kombi mit der Karosserie des 423N (4x2). Alle 12 000 Wagen bewährten sich in dem un-wegsamen Land hervorragend. Der 410N wurde von 1958 bis 1960 gebaut. ACHTUNG: Bei den Typen-bezeichnungen herrscht große Verwirrung, da kyril-lische Buchstaben häufig falsch in lateinische trans-kribiert wurden!

Moskwitsch 410N – sowjetischer Werbeprospekt, 1958

Moskwitsch 410N

Moskwitsch – 4x4-Prototypen ❷ ❿

Ing. Igor Alexandrowitsch Gladilin erntete Lob für die vielversprechenden Prototypen 415 (Gelände-Cabrio mit Leinwandverdeck) und 416 (Hardtop). Den Motor (1360 cm³, 40 PS, 105 km/h) übernahm man vom 407; es gab Vierganggetriebe mit Zweigang-Untersetzung. Die Massenproduktion unterblieb – teils wegen der Produktionskapazität, die nicht einmal den Bedarf an Limousinen deckte, teils aufgrund der Finanzknappheit. Anfang der 1980er versuchte man, das Projekt wieder zu beleben. Das Modell 2150 hatte eine elegantere Karosserie und den 1,5-l-Motor des 412. Weitere Prototypen dieses Jahrzehnts waren der Ivan Susanin mit Fließheck (der wohl auf der Kalita-Limousine basierte) und der Mitbewerber von 1989, der 2141-KR (2-l-Motor); er entsprach den Sonderanfertigungen der B-Serie. Danach verfolgte man das Projekt X1, ein Luxus-MPV, abgeleitet vom teuren Moskwitsch Alexander Nevsky. Es verfügte und über V6- (3 l, 185 PS), V8- oder 4/5V-Diesel, 10 Jahre Korrosionsgarantie und 4WD.

Moskwitsch Pick-up ❻

1989 kamen die von der Limousine 2141 abgeleiteten Pick-ups 233500, 233522 und 23523 heraus. AZLK baute sie ab 1992 mit VAZ- und UZAM-Motoren (1,6 bis 2 l). Sie wiegen über 1,6 t und können 500–700 kg Nutzlast befördern. Im Dezember 2000 debütierte der auf dem 2141 basierende Pick-up 233521; er besaß eine lange Karosserie mit Platz für 5 Personen und sollte 2001 in die Massenproduktion gehen. Er verfügt über einen UZAM-Motor (2 l) und 4x2-Antrieb; Nutzlast 400 kg. Anders als der 4x2-Pick-up 2335 haben der Pick-up 2335-21, der Pick-up Double Cab 2444-21 und der Pick-up 2901 (ab 1994 gebaut) 4x4-Antrieb. Er hat ein abnehmbares Kunststoffdach, einen Kleinlaster-Aufbau, 4x2-Antrieb und kann 400 kg Ladung und 5 Personen befördern. Der Motor entspricht den Vorgängern.

Moskwitsch 2150

Bajaj Tempo

(Indien)

Der Werbeslogan von Bajaj Tempo lautet: „Heute stellt Tempo Indien auf Räder!" Die Bachraj Trading Corporation wurde 1945 gegründet; Anfang 1948 importierte sie Italienische Dreiräder und Piaggio-Scooter (die man später selbst baute). Gleichzeitig arbeitete sie mit den Tempo-Werken Vidal & Sohn (Hamburg) zusammen, deren Dreirad Tempo Hanseat sie ab 1951 in Lizenz fertigte. Sieben Jahre später erwarben die Deutschen 26 % der nun Bajaj Tempo genannten Firma. Bis heute stellt sie Minidor-Dreiräder her. 1976 gingen die Inder eine Partnerschaft mit Mercedes ein. Um 2000 besaß Daimler Chrysler 16,8 % der Aktien, während die Bajaj-Gruppe 83,2 % hielt. 1964 erwarb sie eine Lizenz zum Bau des vierrädrigen Tempo Viking. 1986 stellte sie den Geländewagen Trax vor. Zurzeit wird ein älteres Modell des Mercedes OM-616 weiterentwickelt, das mit G1-18-Getriebe zunehmend auch in Europa Käufer findet. Bis 2000 entstanden jährlich 5500 Geländewagen, 4000 Nutzfahrzeuge und 16 500 Dreiräder.

Tempo Trax

Der variantenreiche Tempo Trax ist ein robuster Geländewagen von 1986, der dem Mercedes G nicht nur zufällig ähnelt. Die Inder verwendeten und modifizierten viele deutsche Bauteile. Neben dem neuesten Modell – dem langen Fünftürer-Kombi Judo/Gama – gibt es auch ältere, u. a. den offene oder geschlossenen Town & Country, den Challenger (ein türloses Cabrio der späten 1990er), den Roughroad Master (Straßen-Hardtop mit kurzem oder weitem Radstand) und den Dual Cabin (Pick-up mit Einzel- oder Doppelkabine). Die Autos haben gewöhnlich 4x2-Antrieb, aber es gibt auch 4x4-Optionen, z. B. die 1996–1998 gefertigten Pick-ups. Bis 1998 bot man auch den seltsamen Sechstürer Trax Limo mit

übergroßem Radstand, 3 Sitzreihen und Leinwandverdeck an. Teile der Hardtop-Karosserie bestehen aus Fiberglas, die übrigen aus geprägten Stahlblechen. Das am besten ausgestattete Modell Judo verfügt über AC, hydraulische Lenkhilfe und Metallic-Lackierung. Angetrieben wird es von einem in Lizenz gebauten DOM-616-Motor (2,4 oder 2,6 l). Die Handschaltung verfügt über vier Gänge. Der Rahmen dieses Kombis mit vergrößertem Radstand wird durch eine Aluminiumplatte verstärkt. Die Vorderräder sind einzeln gefedert, während die Hinterachse starr ist. Das Gesamtgewicht des Kombis beträgt 2,5 t. 1998/99 erfolgte eine wichtige Modernisierung der Vorder- und Hinterpartie. Robustester Vertreter des Typs ist der Gurkha 4x4 – benannt nach einem nepalesischen Volksstamm, der für Mut, Ausdauer und Kampfgeist bekannt ist. Er ist für schwierigste Verhältnisse ausgelegt und wird auch von den Streitkräften verwendet. Beim Aussehen gab man der Nützlichkeit absolut Vorrang. Der Wagen ist leistungsfähiger (Vieranggetriebe, Cross-Country-Untersetzung, FWD-Option). Sein Gesamtgewicht beträgt 2350–2810 kg. Das 4x4-Modell hat 22 cm Bodenfreiheit, die Pick-ups Gama und Roughroad Master 21 cm und die Kombi-Version 19 cm. Im Himalaja unternahmen 4x4-Gurkhas Testfahrten bis in 5000 m Höhe.

Bajaj Tempo Trax Judo, 2001

Bajaj Tempo Trax Ghurkha 4x4, 2001

Barkas

(DDR)

P2M ❷

Der Name Barkas entspricht nicht exakt dem Gegenstand: Er gehört zu einer Firma, die Lkws, Kleinbusse, Barkas-Pritschenwagen und Gelände-P2M baute. Ein Werk lag in Eisenach. Mit Kriegsunterlagen und Teilen, die der Demontage entgangen waren, baute man einen Geländewagen. Er hieß H1. 1952 entstanden 161 Stück. Da der H1 groß und teuer war, konzentrierten sich die Anstrengungen auf den kleineren P1 mit 6V-Benziner (1971 cm³, 50 PS). Diese Kopie des Vorkriegs-BMW 325/3 war 360 cm lang, 168 cm breit und 193 cm hoch. Die „Nabelschnur" zum alten Entwurf kappte man erst beim Viersitzer P2M, den es als Limousine, Gelände- und Schwimmwagen P2S gab. Die Limousine war kein Erfolg, doch die anderen Typen wurden bis 1954 gebaut. Sie hatten viertürige Aufbauten und 6V-Horch-Motoren (2407 cm³, 65 PS, 3500 U/min, 95 km/h). Merkmale: Länge 376 cm, Breite 169 cm, Höhe 183 cm, Bodenfreiheit 30 cm, Eigengewicht

1170 kg, Nutzlast 400 kg, permanenter 4WD, Vierganggetriebe, Untersetzung, Hinterachs-Differentialsperre, starre Achsen mit Längsblattfedern. 1954–1958 entstanden ca. 2000 Stück, darunter nur 17 Amphibienfahrzeuge. Der P2M musste dem Trabant weichen. Um 1960 entwarf man den Sechssitzer P3 mit gleichem Motor, aber höherer Leistung (75 PS, 3750 U/min, 96 km/h); Länge 371 cm, Breite 175 cm, Höhe 195 cm, Bodenfreiheit 33 cm, Eigengewicht 1860 kg, Nutzlast 700 kg. 1962–1966 wurden fast 3000 Stück gebaut. Der COMECON-Entschluss, den Geländewagenbau in der UdSSR zu konzentrieren, setzte den Bemühungen ein Ende. Die DDR konnte nur eine offene Variante des Plastikautos Trabant (P 601 A) für Grenztruppen, Offiziere und ausgewählte Zivilisten wie Bauern oder Förster bauen. Um 1990 konnten einige Glückliche ihn als Trabant Tramp erwerben: dieser besaß einen luftgekühlten Zweitakter-2V-Motor (600 cm³, 26 PS). Das 4-türige Schwimmcabrio Wartburg 353/400 (Kunststoff, nur 7 Prototypen), war von höherem Anspruch: es hatte einen luftgekühlten 3V-Zweitakter (992 cm³, 55 PS) und folgende Maße: Länge 386 cm, Breite 175 cm, Höhe 155 cm. P1 und Wartburg wurden in Eisenach, der P2M im Barkas-Werk Karl-Marx-Stadt (heute wieder Chemnitz), der P3 in Ludwigsfelde und der Trabant in Zwickau gebaut.

Barkas P3 auf einem Treffen von Allrad-Oldtimern in Trebíci/Trebitsch (Tschechien)

Barkas P3

Bedford Brava 4x4

Bedford

(Großbritannien)

Bedford entstand 1931 als Teil der britischen Autofirma Vauxhall, die damals bereits fest mit General
Motors verflochten war. Die Amerikaner bauten in
ihrem britischen Werk Hendon schon seit 1929
Chevrolet-6V-Lkws. Die Million wurde bereits 1958
überschritten, und zehn Jahre später gab es schon 2
Millionen Bedfords.
In den 1980er- und 1990er-Jahren schmückte der
Markenname auch leichte japanische Isuzu-Ge-
ländewagen und -Pick-ups, die sich v. a. auf den Britischen Inseln verkauften.

Bedford Brava ❻

Der Bedford Brava aus den späten 1980er-Jahren hat
eine dreitürige Karosserie auf Leiterrahmen. Der
4x4-Pick-up verfügt über einen Schlammfänger zum
Schutz von Kühler, Getriebe und Tank. Die Vorderachse besitzt eine eigene Trapezaufhängung mit
Stabilisator und Drehstabfedern, die starre Hinterachse halbelliptische Federn. Den Antrieb besorgt
ein 4V-Motor – Benziner (2254 cm³, 89 PS, 4600
U/min) oder Diesel (2238 cm³, 53 PS, 4000 U/min)
– durch Fünfgang-Übertragung auf die Hinterräder.
Die 4x4-Version hat optional „schnelle" und „langsame" Gänge (bei Geländefahrten blockieren die
Naben der Vorderräder automatisch). Radstand 302
cm, Länge 492 cm, Breite und Höhe 169 cm, Bodenfreiheit 21 cm (beim 4x4 22 cm), Eigengewicht 1250
kg (beim 4x2-Benziner) oder 1460 kg (beim 4x4-
Diesel), Nutzlast 1200 bzw. 900 kg.

Bedford Brava 4x4

Bertone 127 Villager, um 1974

Bertone

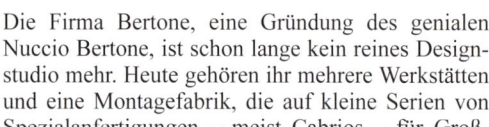

(Italien)

Die Firma Bertone, eine Gründung des genialen Nuccio Bertone, ist schon lange kein reines Design-studio mehr. Heute gehören ihr mehrere Werkstätten und eine Montagefabrik, die auf kleine Serien von Spezialanfertigungen – meist Cabrios – für Groß-

firmen spezialisiert ist. Eine davon war der Bertone-Geländewagen. Nebenher entwarf Bertone Proto-typen für Beachcars (z. B. den 2x4 Fiat 127 Villager mit türlosem Viersitzer-Aufbau) und Geländewagen (etwa den Shake, einen Buggy auf der Basis des Simca 1200 S, der 1980 in Paris debütierte und spä-ter die Mechanik des Fiat 128 bekam). 1996 entwarf er das auf dem 4x4 Opel Calibra basierende SUV Enduro und einen Prototyp des SUV Alfa Romeo Sportut.

Bertone Freeclimber (1. Generation)

Bertone Freeclimber ❷

1989 überraschte Bertone alle Welt mit dem Zwei-
oder Fünfsitzer Daihatsu Rugger/Rocky. Er veränderte Outfit, Frontscheibe und Innenraum des früheren Dreitürer-Hardtops. Die sportliche Note wurde
durch folgende 6V-Reihenmotoren von BMW be-
tont: Benziner (1990 cm³, 129 PS, 6000 U/min, 160
km/h bzw. 2693 cm³, 129 PS, 4800 U/min) oder TD
(2443 cm³, 116 PS, 4800 U/min, 152 km/h). Der Typ
besaß Fünfganggetriebe mit Untersetzung. Die starren Achsen hatten Blattfedern, Panhardstäbe, Querstabilisatoren und dreistufige Stoßdämpfer. Später
bekam der Typ nach Daihatsu-Vorbild separat gefederte Räder (vorn mit Drehstabfederung). Merkmale: Radstand 253 cm, Länge 399,5 cm, Breite und
Höhe 165 cm, Bodenfreiheit 18 cm, Eigengewicht
beim Softtop 1552 kg, beim Hardtop 30 kg mehr;
Nutzlast 435–493 kg, Überhangwinkel 42°/43°, Seitenneigung 43°, Wattiefe 60 cm.

Bertone Freeclimber 2 ❷

In Genf debütierte 1994 der (noch nicht straßentaug-
liche) Freeclimber 2; gebaut wurde er erst am Ende
des Frühlings. Obwohl sich Europäer mehr für 4x4
interessieren, werden die wenigsten Wagen auf rauem Terrain gefordert. Man muss wirklich nicht in einem unbequemen Nutzfahrzeug herumzuckeln – im
Großstadtdschungel sind komfortable Typen am
Platz, etwa der Freeclimber 2. Er ist heute kürzer
(378 cm), aber breiter, so dass er mehr Platz bietet
und leichter einparken kann. Neu sind auch Kühlergitter und Kunststoffstoßstangen bzw. -kotflügel.
Die Mechanik stammt von Daihatsu (bis auf den

Bertone Enduro, 1996

Bertone Freeclimber (1. Generation, 1989)

BMW-Motor). Bertone montiert die Autos – wie die
erste Version – im Turiner Vorort Grugliasco aus
Bauteilen von Daihatsu, BMW und anderen Zulieferern. Das ehrgeizige Jahresziel von 10 000 Wagen
wurde konjunkturbedingt verfehlt.

Bertone Freeclimber 2

BMW

(Deutschland)

Die Bayrische Motorenwerke AG (BMW) wurde im Jahr 1917 gegründet. Sie produzierte anfangs Flugzeugmotoren, ab 1923 Motorräder und übernahm 1928 die Firma Dixi, welche seit 1898 Wartburgs baute. Im Lauf der Jahre „schluckte" BMW zahlreiche Marken, u. a. Glas, Mini und Rolls-Royce. Geländewagen waren niemals im Programm – es sei denn, man rechnet die zwei- und viertürigen Limousinen, Zweitürer-Cabrios und Fünftürer-Kombis Touring BMW 325 iX/iX KAT (1985–1991), die Touring-Kombi/Limousine 325 iX/330 iX/330 dX (Frühjahr 2000; seit Herbst 2001 optisch aufgefrischt) oder die vorübergehend mit Rover übernommenen Land Rover (1984–2000) hinzu.

Innenraum eines BMW X5. NEC, 2000

BMW X5 (USA) ❸

Star der Detroiter Autoshow von 1998 war das Luxus-SUV BMW X5, das Elemente der Limousinen-Baureihe 5 aufwies. Dieses Modell eroberte Amerika im Sturm, während die Europäer sich noch bis Frühjahr 2000 gedulden mussten. Ihr Appetit wurde zusätzlich durch den BMW X5 Le Mans angeregt, den man 2000 in Genf vorstellte. Als Antrieb besaß dieser einen 12V-Motor (6 l, 700 PS, 278 km/h), der zuvor im Sieger der „24 Stunden" von Le Mans von 1995 eingebaut war; hinzu kamen Spoiler und anatomisch geformte Sitze. Dieser Serien-BMW ist ein gutes Straßenauto, aber kein eigentlicher Geländewagen. Gebaut wird er in Spartanburg, South Carolina. Seine selbsttragende, fünftürige Stahlkarosserie bietet fünf Personen Platz, während die Nutzlast 610 kg beträgt. „Vor Ort" bevorzugen die Käufer den V6-Einspritz-Benziner (24V, 2979 cm³, 231 PS, 5900 U/min, 202 km/h, Beschleunigung von 0 auf 100 in 8,5 s), den „durstigen" V8 (4398 cm³, 32V, 286 PS, 5400 U/min, 206 km/h, Beschleunigung von 0 auf 100 in 7,5 s) oder den Power-Typ (4619 cm³, 32V, 347 PS, 5700 U/min, 240 km/h, Beschleunigung von 0 auf 100 in 6,5 s). Europäer hingegen wählen eher den Common Rail, einen 6V-Direkteinspritzer-Reihenmotor (2926 cm³, 24V, 184 PS, 4000 U/min, 200 km/h, Beschleunigung von 0 auf 100 in 10,5 s). Theoretisch sollte der Hersteller beim 3.0i-Motor eigentlich eine Fünfgang-Handschaltung einbauen, doch seit Mitte 2002 werden alle Wagen mit Fünfgangautomatik ausgestattet. Dieser BMW hat permanenten AWD (38:62), ein Zwischenachsdifferential und ein durch leichten Bremsdruck aktiviertes elektronisches Antriebsschlupfregler-System mit HDC, DBC, ASC, ABS, CBC, DSC, ASC-X und ADB-X. Er besitzt Scheibenbremsen und an den hinteren Hilfsbremsen eine

Parktrommelbremse. Die Räder sind separat aufgehängt (Spiralfedern und Stabilisatoren). Als Sonderzugabe ist das Heck höhenverstellbar (wie beim
Chassis Sport Package). In Zukunft soll der elektronische Tempobegrenzer wegfallen; dazu gibt es
Rücksitz-Airbags und GPS mit DVD-Player. Merkmale: Radstand 282 cm, Länge 466,7 cm, Breite
187,2 cm, Höhe 171,5 cm, Bodenfreiheit 18,2 cm,
Eigengewicht +2190 kg, Wattiefe 50 cm, Überhangwinkel 30°/31°. Auf der IAA 2001 debütierte das
Testmodell X5 mit X5-Connect-Drive-Telematik.
Die Feinabstimmung besorgten AC Schnitzer, Alpina und Hamman.

BMW xActivity (X3) ❸
(Deutschland, Österreich)

Der X3 wird das Gegenstück zur Serie 3. Sein Vorgänger ist das 2003 in Detroit präsentierte viertürige
Versuchsmodell xActivity – ein 4x4-SUV mit elek-
tronischem Sportchassis, neuem Radschlupf-Kont-
rollsystem und 6V-Einspritz-Reihenmotor (3 l, 231
PS; in der M-Version auch mit 3,6 l). Ungewohnt,
aber praktisch sind die großen Fenster ohne Mittel-
säulen im zentralen und hinteren Dachbereich: So

BMW X5, Le Mans 2000

kann man das Auto fast in ein Cabrio und/oder zum
Transport sperriger Gegenstände wie Mountainbikes
oder Skier umwandeln. Der X3 wird wohl bei Steyr
gebaut werden. Er leitet sich vom 4WD-Kombi Serie
3 ab und hat eine veränderte Vorderachse sowie die
Fahrmechanik des X5. Vorgestellt wurde er 2003 auf
der IAA.

BMW xActivity, Genf 2003

Bremach Transporto Squadra, 2003

Bremach Cabina Dopla, 2003

Bremach Trek Furgonato 9 posti, 2003

Bremach

(Italien)

1956 entstand in Varese eine Fabrik, die seit 1971 kantige Unimogs mit überstehendem Iveco Diesel/TD und Rechteck-Kühlergitter baut (bis heute ca. 10000, darunter 2500 der ersten GR-Serie und ca. 2800 der NGR- und TGR-Serien). Etwa ab 2000 kamen zum neuen, schnittigeren Brio der variable 4x4 Brick, der Geländewagen Extreme und der Pkw Job mit modernen Kabinen; zu den etwa 200 Varianten zählen diverse Chassis, Pritschenwagen, Kleinbusse für max. 11 Fahrgäste und 4x4- oder 2x4-Kastenwagen für schwere Aufgaben. Die Nutzlast beträgt 1,4–2,8 t (siehe auch SCAM).

Bremach Trek Camper, Afrika 2002

Bremach Guado, 2002

Bronto

(Russland)

Ende der 1980er wurden einige VAZ-Facharbeiter zur „Experimental-Bauabteilung" des Entwicklungszentrums ernannt; hinzu kam eine weitere für Spezialmodifikationen. Mit Zustimmung des obersten Managements wurde der neue Bronto vom Konzern Lada Banka gefördert. Binnen Jahresfrist entstand so der Lada Niva VAZ 2121 B, der sogar den Beschuss der bei Terroristen beliebten Kalaschnikow aushält. Seit 1993 gibt es eine eigene Fertigungslinie für Spezialfahrzeuge in kleinen Stückzahlen. Damals wurde der VAZ 2121 B von Waffenexperten verbessert. Das Team stellte seine Kreationen 1995 in Moskau vor, wo Besucher die von AvtoVAZ finanzierten Proto-

Bronto VAZ 212182 Fors, 2002

typen Fors, Marsh, Gnom und Elf bestaunen konnten. AvtoVAZ strebt höchste Qualität an – der Slogan lautet: „Wir würden die Autos, die wir bauen, auch selbst kaufen!" Bis Ende 2002 produzierte man über 2500 Wagen.

VAZ 2121 B/Bronto Fors (VAZ-212182) ❷ ❾

In den ersten zwei Jahren entstanden 400 VAZ 2121 B. In Russland waren sie im Nu ausverkauft. Der Bronto Fors ist ein aufpolierter VAZ 2121 B für Werttransporte auf der Basis des Lada Niva. Der Radstand des Niva 4x4 wurde um 30 cm erweitert (auch die Seitentüren wuchsen). Der Wagen besaß ein automatisches Feuerlöschsystem, Rechtstür-Verriegelung, eine Panzerung, leichte Alufelgen, verborgene Luken und AC; als Sonderausstattung erhält

Bronto VAZ 1922 Marsh, 2002

Bronto Marsh 2

der Motor ein Abgas-Recyclingsystem, und es gibt eine Fluchtöffnung in der hinteren Trennwand. Das Auto hat nur einen Fahrer- und zwei Rücksitze, dazu einen separaten Gepäckraum im Heck. Sehr markant sind das erhöhte Dach und der Anstrich. Die flache Frontscheibe hat eine Mittelstrebe, und die vorderen Seitenfenster sind verkleinert. Das schusssichere Glas ist von außen undurchsichtig. Der Wagen kann inkl. Besatzung 400 kg Nutzlast tragen und erreicht max. 125 km/h. In Russland, den früheren Sowjet-republiken und außerhalb der ehemaligen UdSSR gibt es heute über 1000 Bronto Fors – 50 % davon im Großraum Moskau. 2002 fiel mir ein Bronto Fors (mit VAZ-Logo) auf, der für einen Sicherheitsdienst in Kosice (Kaschau, Slowakei) fuhr. Eine Foto-erlaubnis wurde strikt verweigert.

Bronto VAZ 212183 Landole, 2002

Fors Niva 212180 „VIP"/(Bronto) ❷

Dieses Auto ist für VIP-Transporte auf rauen Strecken konzipiert. Vom klassischen Niva unterscheidet es sich durch die Sicherheitselemente, den Fors-Radstand und das Dach; die Fenstergröße entspricht dem Niva. Die Mechanik und der Großteil der Ausstattung sind wie beim Fors gehalten.

Bronto Marsh (VAZ 1922) ❷ ❺

Der Marsh zählt zu den wenigen Serienautos mit Riesenreifen und ist für Schlamm, Sand, Sümpfe, Schneefelder und ähnlich schwieriges Gelände gedacht. Der VAZ-469 besitzt das Chassis des Lada Niva (mit größeren Kotflügeln und Schutzgitter) und eine bemerkenswerte Bodenfreiheit. Gegen Zuzahlung gibt es Rücksitze und hydraulische Stoßdämpfer. Der Bodendruck der TREKOL-Spezialreifen beträgt 0,1–0,4 kg/cm². Sie machen den Typ sogar schwimmfähig – dann wird er über die Reifenprofile angetrieben. Der Marsh trägt mit Besatzung 400 kg Nutzlast und erreicht max. 70 km/h.

Bronto Landole (VAZ 212183) ❷ ❹

Der offene Zweisitzer Landole kam 1998 als Reiseauto für südliche Länder bzw. Safaris heraus. Er basiert auf dem VAZ 21213 Niva; der Radstand ist 30 cm größer und die Originaltüren wurden durch starke Kunststoffteile ersetzt, die statt der Verglasung große Öffnungen besitzen; hinzu kamen Schutzgitter.

Bronto Inkas (Lada 2120) ❼ ❾

Der erste russische Minivan VAZ- 2120 Nadjeschda debütierte 1997 in Moskau. Drei Jahre später wurde er aufpoliert. Er bietet bis zu 7 Fahrgästen Platz und ist vom VAZ 2131 Niva abgeleitet. Die Bronto-Version heißt Inkas, ist gepanzert und bietet 0,6 m³ Stauraum für bis zu 400 kg Wertsachen.

Bronto VAZ 212090 Inkas, 2002

Vorfrühlings-Idyll mit einem Citroën in den Savoyer Alpen, Mitte der 1930er-Jahre

Citroën

(Frankreich)

1919 gründete Ing. André Citroën in Paris eine Firma, die nach manchen Wechselfällen Teil des Peugeot-Konzerns wurde. Der Doppelpfeil im Firmenlogo erinnert an das pfeilartige Verzahnungs-

system, das das Citroëns Werk herstellte. Außer durch technische Begabung wurde Citroën auch als Geschäftsmann und Organisator berühmt. Er erkannte, dass Qualität und Preis Schlüssel zum Erfolg sind. Bei Ford (USA) lernte er das effektive Fließbandsystem kennen, und er wagte es, eine Lizenz zum Bau aller aus Formblechen gefertigten Stahlkarosserien zu erwerben; seine Marketingstrategie zielte erstmals auf weibliche Kunden, und 1925

Citroën ZX Rallye Raid, 1997

Citroën Xsara WRC bei der Schweden-Rallye, 2002

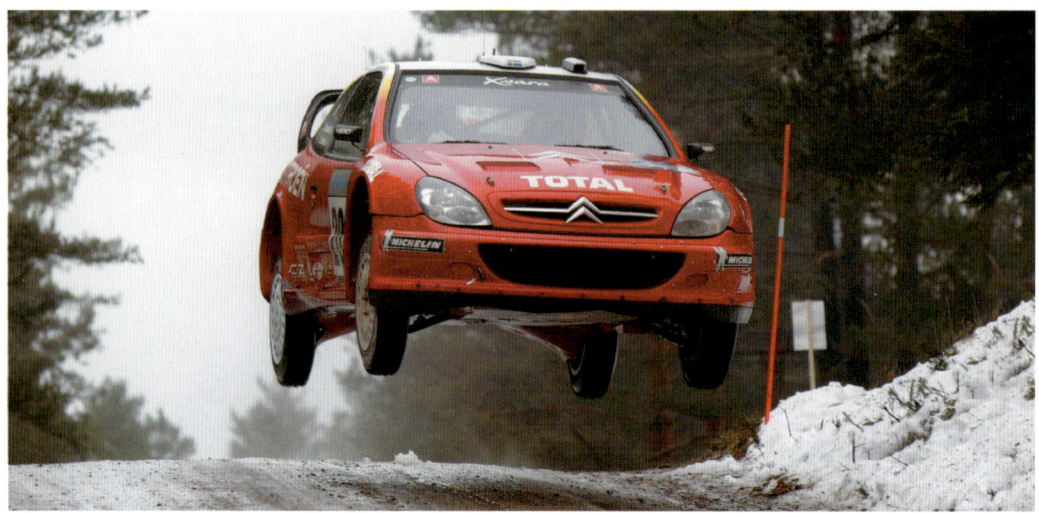

schmückte er den Eiffelturm mit dem Citroën-Logo. Er war nicht immer auf Rosen gebettet: Die Liquidation der Firma nach dem Bankrott (1934) verhindert nur das Reifenimperium Michelin, das Citroën übernahm. Damals führte man den Traction (2x4) ein. Der DS (1955) prunkte mit Hydropneumatik-Federung und Motorbremse. Das Design war fast immer ausgefallen. An den Geländeeigenschaften arbeitete die Firma, seit sie Traktoren baute, u. a. das nach dem Ersten Weltkrieg gebaute Testmodell Typ J (4x4, Allradlenkung). In den frühen 1920ern schloss sie einen Vertrag mit Ing. Adolphe Kégresse, einem Pionier auf dem Gebiet der Raupenkette. In Mont Revard testete man 1920/21 vom Citroën 10 HP abgeleitete Autos. Die Firma baute auch Muster-

Citroën Berlingo Coupé de Plage, 1997

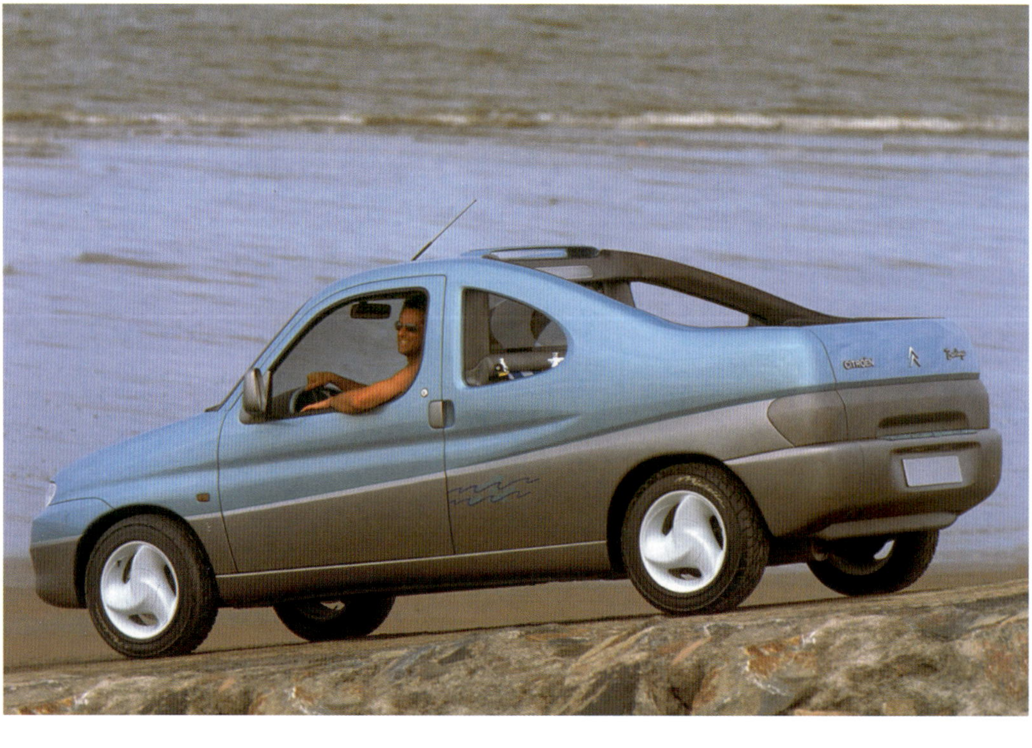

fahrzeuge für das Verteidigungsministerium. Ab 1921 verkaufte sie den B2 „Autoneige", ein Halb-kettenfahrzeug für Landwirte: Der offene Vier- bis Achtsitzer besaß ein neues Getriebe, Rückradfede-rung und einen Citroën-Kégresse-Hinstin-Motor. Es gab drei Versionen für verschneite Pfade (vorn mit Skiern), raue Pisten und Langstreckenfahrten. Als Antrieb diente ein 4V-Motor (1452 cm³, 20 PS, 2000 U/min). Das Getriebe hatte fünf Gänge. Spätere, vor dem Zweiten Weltkrieg gebaute Typen waren der C4, der C6 und der AC6-F (1931) mit 6V-SV-Motor (2442 cm³, 42 PS, 3000 U/min), Vierganggetriebe und Zweigang-Untersetzung. Das Auto von 1934 trieb ein 4V-Motor mit 1767 cm³ an. C4 und C6 (10 HP) wurden durch mehrere Afrika- (1922/23, 1924/25) und Asienexpeditionen (1930/31/32, 1934) bekannt. Später nutzte man den 4x4-Antrieb in Sportwagen wie dem Visa, dem 1000 Pistes (1982), dem BX (seit 1988 mit 4x4), der Spitzen-Rallye-version des BX 4 TC (1985) und kürzlich auch dem Xsara Kit Car WRC. Die Varianten des ZX Rallye ernteten 1990–1997 bei fast allen Rallyes Lorbeeren: Sie siegten fünfmal in Dakar, dreimal bei der Rallye Paris–Moskau–Peking, fünfmal bei der Tunesien- und dreimal bei der Atlas-Rallye. Beim World Cup errangen sie 36 Siege, bevor man 1997 die Regeln änderte und die Firma ausschied. Heute ist die Wei-terentwicklung des eleganten Berlingo (2x4), des Nutzfahrzeugs C15, des Jumpy und die des C25 (4x2, vom Jumper abgelöst) zum 4x4-Dangel im Gange. Der kompakte MPV Xsara Picasso (2x4) mit AWD wurde 2002 (als Modell) in Paris präsentiert. Das war weder dem MPV Evasion (4x2, 1994) noch seinem Nachfolger C8 (2x4, 2002) beschieden. 1997 stellte man in Genf den Prototyp des Beach-Pick-ups Berlingo Coupé de Plage vor, und 2002 kam in Paris der kleine C3 Pluriel (2x4) heraus. Auf der IAA 2001

debütierte das SUV C-Crosser mit Hpi-Motor (2 l) und abnehmbarem transparentem Dach. Dank „Drive-by-wire-System" werden alle mechanischen Verbindungen (Motor, Lenkung, Bremsen, AWD) elektronisch gesteuert. Das Auto besitzt eine Visko-kupplung bzw. Steuerung und AWD, einzeln aufge-hängte Räder und ein Chassis mit hydro-aktiver Fe-derung der 3. Generation (ESP und ABS), das für 14-20 cm Bodenfreiheit sorgt.

Citroën 2 CV 4x4 Sahara ❷ ❹

Die „Ente" 2 CV (2x4) wurde 1949–1990 gebaut (3 868 634 Stück in Frankreich, weltweit 5 114 961). Der bizarre 2 CV 4x4 Bimoteur debütierte im März 1958 am sandigen Ufer des Sees von Ermenonville bei Paris. Der für Wüstenfahrten gedachte 2 CV 4x4 Sahara wurde von Dezember 1960 bis 1966 gebaut. Es liefen 694 Stück vom Band. Das Auto schaffte sogar eine Steigung von 1:2,5. Sein Kennzeichen war das Reserverad auf der Kühlerhaube. Einzigartig waren die zwei luftgekühlten 2V-Motoren (425 cm³, 24 PS, 3500 U/min, 100 km/h). Der „normale" Frontmotor wirkte auf die Vorderräder, der im Rumpf auf die hinteren. Jeder besaß sein eigenes Vierganggetriebe. Ihre Wählgestänge waren verbun-den, und man schaltete mit einem Hebel, der neben dem Sitz aus dem Boden ragte. In Fahrt konnte man den RWD mithilfe des Hintergetriebes abschalten. Die Räder waren separat aufgehängt (mit Friktions-stoßdämpfern und Trommelbremsen). 1950 stellte man in Paris den 2 CV Fourgonnette vor, der später zur Ausgangsbasis eines ultraleichten Pick-ups wur-de. 65 davon erwarb die Royal Navy, die sie (türlos) als erste Autos der Geschichte 1960 bei Helikopter-Luftlandeoperationen in Suez, Kambodscha und Borneo einsetzte. Die 2x4-Wagen leisteten beim Transport von Wasser, Munition und Nachschub so-wie bei der Nachrichtentruppe gute Dienste, bis sie 1966 von Land Rovern abgelöst wurden.

Citroën Méhari

Ein Dromedarhengst heißt in der Tuareg-Sprache Méhari. Der Wagen entstand nicht auf dem Citroën-Reißbrett, sondern bei der Zinkspritzguss-Firma SEAB. Er wurde fast 19 Jahre nahezu unverändert gebaut. Der Prototyp von 1967 besaß das Gestell des 2 CV. Der Röhrenrahmen wurde auf das Stahlröhren-Gestell geschweißt und mit einer luftigen Hülle aus ABS-Kunststoff (Cycolac) verkleidet. Dieses leichte Nutzfahrzeug wurde 1967 dem Management präsentiert und danach produziert. Es debütierte im März 1968 in Deauville, im Grunde aber erst auf dem Pariser Autosalon von 1968. Als Antrieb diente der 2-V-Motor Dyane 6 (602 cm³, 26 PS, 5400 U/min oder – ab 1987 – 29 PS, 5750 U/min) mit Vierganggetriebe. Die Räder waren einzeln aufgehängt, und es gab Trommelbremsen. Weitere Merkmale: Radstand 240 cm, Länge 350 cm, Breite 153 cm, Eigengewicht 525 kg, Nutzlast 400 kg. Ein Jahr später kam eine Viersitzer-Version hinzu. 1978 bekam der Wagen eine neue Nase, 1979 ein LM-Armaturenbrett und Scheibenbremsen. Er wurde von Gendarmerie und Armee verwendet, die 1972–1987 11 457 Meharis bezogen. Sie transportierten 4 Mann Besatzung, Verwundete, Fallschirmjäger und Funker. Im Mai 1979 war die Zeit für eine 4x4-Version (29 PS) mit niedrigem Schwerpunkt und Untersetzung gekommen. Sie besaß ein Reserverad auf der Kühlerhaube, Einzelradaufhängung, Spiralfedern und hydraulische Stoßdämpfer. Merkmale: Radstand

Citroën Méhari, Alcocebre (Spanien), 2002

237 cm, Länge 368,5 cm, Breite 153 cm, Bodenfreiheit 23,8 cm (leer) bzw. 20 cm (beladen), Gewicht 715 kg, Nutzlast 400 kg. Die 2- oder 4-sitzige Karosserie entsprach – leicht abgeschrägt – der des 2x4. Der Méhari 4x4 bewährte sich 1980 bei der Rallye Paris–Dakar als Ambulanzwagen. Er und der limitierte Méhari Azur wurden bis 1987 in Nanterre und Rennes gebaut. Später verlagerte man die Montage nach Forest (Belgien), dann nach Vigo (Spanien) und Mangualde (Portugal, Méhari 4x4). Die 1213 4x4 (1979–1983) aus einer Gesamtproduktion von 144 953 sind heute Sammlerstücke.

Citroën A 4x4

Der erstmals im April 1981 präsentierte A 4 war an sich ein verbesserter Méhari. Er besaß das Fahrgestell des Dyane 6, den 2V-Motor des LN bzw. Visa (652 cm³, 34 PS, 5250 U/min, 110 km/h), Vierganggetriebe, Zweigang-Hilfsuntersetzung und eine Hinterachsdifferentialsperre. Insgesamt ähnelte er stark dem FAF. Der zweitürige Softtop bot 2 Personen Platz. Die Räder waren einzeln aufgehängt (mit Stabilisatoren, Spiralfedern und Scheibenbremsen). Weitere Merkmale: Radstand 237 cm, Länge 372 cm, Breite 153 cm, Höhe 168 cm, Bodenfreiheit 20 cm, Eigengewicht 840 kg, Nutzlast 400 kg, Gefälle 60 %. Der A 4x4 sollte bei der französischen Armee den Méhari ablösen. 1981 bestellte jene 5000 Stück, nachdem sie 1978–1980 10 Wagen getestet hatte. Die ersten 1000 Autos trafen bald ein. Nach Vertragsablauf wechselte man zum Peugeot P4.

Citroën 2 CV/Méhari (Klone)
(Weltweit)

Maurice Delignon aus Abidjan (Elfenbeinküste) hatte als Erster die Idee, den Citroën 2 CV zum Leichttransporter mit Ami-6-Motor umzubauen. 1963 fertigte er den offenen „Baby-brousse" („Buschbaby"). Ihm schwebten bereits Form, Konzept und Design des späteren Méhari vor. Von jenem wich der Typ

Citroën A 4x4

nur im Karosseriematerial (Stahl, Aluminium und Sperrholz) ab. In Serie gebaut wurde er bei den Axion-Werkstätten und -Eisenwerken (Delignon hatte geplant, selbst einen von Renault finanzierten 4L-Prototyp zu bauen, dies aber aufgegeben). 1969 erwarb Renault eine „Buschbaby"-Lizenz und ein Fließband. Die neue Fabrik hatte Finanzprobleme, so dass die lokale Niederlassung einspringen musste. 1969–1979 baute man 31 305 anspruchslose, auf den afrikanischen Markt zugeschnittene Nutzfahrzeuge; weitere 651 „Buschbabys" entstanden 1972–1976 in Yagan (Chile). Zwischen 1969 und 1975 wurde in Vietnam ein ähnliches Modell mit 602-cm³-Motor „geboren". 1936 baute Citroën im Rahmen der Entwicklungshilfe in einer früheren Zigarettenfabrik in Dalat (300 km nördlich von Saigon) ein Montagewerk. Den teils aus französischen Teilen montierten Dalat-Wagen gab es mit mehreren Aufbauten, u. a. als Fünftürer-Kombi und als Militärfahrzeug, das auch nach Indonesien und Laos ging. Die Firma Vancle versuchte sich in Belgien am Emmet, einem méhari-artigen Polyester-Hardtop (602 cm³, 120 km/h). 1987 präsentierte die französische SIFTT den Katar (652 cm³, 115 km/h, 630 kg), einen 2x4-Beach-Pick-up mit Überrollbügel; eine spätere Version besaß einen 4V-Diesel (Citroën/Peugeot), die vom Citroën C15 abgeleitete 4x4-Version einen 1124-cm³-Motor. Der Katar-Prototyp ging 1987 in Dakar an den Start, aber ein banaler Unfall brachte ihn 150 km vor dem Ziel zur Strecke. 1972 diente der Dyane als Basis für den Prototyp des Morvan (mit Polyesterkarosserie von der Firma Rocaboy & Kircher). 1976 entstand der offene, vor allem für das Militär gedachte Lohr FL 500. 1985 präsentierte die Haushaltstechnik-Firma Ponticelli-Gretz den Vux 600. Das Auto mit langem oder kurzem Radstand bzw. 2x4- oder 4x4-Antrieb besaß BX-Motoren (1,6-

l-Benziner oder 1,9-l-Diesel). Außer bei der Armee bewährte es sich als Polizei-, Feuerwehr-, Post-, Küstenwachen- und Zivilschutzfahrzeug. 1986 präsentierte man in Paris eine große Modellauswahl. 1985–1987 baute die britische Firma CVC den Bedouin, einen Dreitürer-Kombi auf dem Fahrgestell des 2 CV/Dyane. Der Éole mit zwei- oder viersitzigem Fiberglas-Beachaufbau hatte einen Peugeot-Motor (1360 cm³, 50 PS, 145 km/h) und wog 730 kg; GPM verhehlte nicht, dass er vom Méhari inspiriert war. Näheres zu anderen Marken (Dallas, Teilhol, Axiam-Mega, MX Cooperation, Namco, Poncin und Firefab) unter diesen Stichworten.

Citroën FAF (Portugal)

1973 testete Citroën einige Dalat und beschloss, ein ähnliches Fahrzeug auf dem Gestell des Dyane 6 zu bauen. Seine Entwicklung besorgte die Tochter in Mangualde (Portugal), die schon den 2 CV baute. Die FAF-Produktion auf Méhari-Gestell lief 1977 an, und der Wagen debütierte im November 1978 auf der Handelsmesse von Dakar. Angeboten wurden eine Limousine, ein Kombi, ein Kleinlastwagen (Fourgonnette), ein Pick-up, ein „geneigtes" Beachcar und ein 4x4-Beachcar. Jenes hatte einen 2V-Motor vom Méhari-4x4 (602 cm³, 29 PS, 5750 U/min, 100 km/h) und Vierganggetriebe mit Untersetzung. Merkmale: Radstand 240 cm, Länge 358 cm, Breite 156 cm, Bodenfreiheit 20 cm, Leergewicht Torpedo 720 kg, Hardtop 750 kg, Nutzlast 415 kg, Steigung 60 %. Kaum ein Jahr später schloss man wichtige Verträge mit Firmen aus Äquatorialafrika, Elfenbeinküste und Indonesien. In Elfenbeinküste montierte man den FAF 2x4 und 4x4. 200 davon übernahm die portugiesische Armee; die letzten der 2295 Autos wurden 1990 nach Indonesien exportiert.

Citroën FAF, 1981

Cournil, S.I.M.I.

(Frankreich)

Bernard Cournil eröffnete nach dem Krieg eine Hotchkiss-Filiale. Da er mit diesen Jeeps unzufrieden war, verstärkte er ihr Chassis, änderte den Aufbau und baute französische Hotchkiss- oder Ferguson-Diesel ein. Die Behörden und Hotchkiss bemerkten das jedoch. Man bestand auf einer Neuzulassung, und so wurde die Marke Tracteur Cournil geboren. Der Neuling erregte bald Interesse; der Prototyp entstand 1957, und ein Jahr später rollten mehrere vom Band. 1970 verkaufte Cournil die Rechte. In neuen Händen unternahm das Modell 2 missglückte Anläufe. Nun war ein neuer Motor vonnöten. Ferguson stellte die Dieselproduktion 1965 ein – so gab Cournil Indénor, Leyland und Saviem eine Chance, um in den frühen 1980ern doch wieder Peugeot-Diesel sowie Renault-Benziner und -Diesel zu verwenden. In den 1970ern entstanden etwa 1000 Autos. 1977–1981 hieß die Firma Société Gevarma und war in St.-Germain-Laval ansässig. 1981–1984 erwarb das ortsansässige Unternehmen S.I.M.I. SA eine Lizenz. 1983 nahm Autoland (bald darauf in Auverland umgetauft) die Fäden in die Hand. Die portugiesische Firma UMM erwarb 1978 eine Lizenz.

Cournil, Mittelfrankreich 2003

Cournil, Simi Cournil ❷

Bernard Cournil entwarf seine Autos als robuste 4x4-Geländewagen mit auf das stählerne Leiterchassis geschweißter Karosserie. Der Cournil besaß starre Achsen und halbelliptische Federbündel. Der Kunde konnte zwischen wassergekühltem 4V-Diesel von Peugeot (2304 cm³, 67,4 PS), Benzinern (Saviem: 2600 cm³, 69 PS, Renault: 1995 cm³, 83 PS) und Saviem-Diesel (3595 cm³, 85 PS) wählen. Das Vierganggetriebe hatte eine Untersetzung. Das Hinterachsdifferential besaß eine Sperre. Es gab folgende Aufbauten: Pick-up, Bache (Cabrio mit Leinwandverdeck, mit oder ohne hintere Plastik-Seitenfenster), Pick-up Bache (festes Kabinendach und Stoff-Heckverdeck, Aufbau mit oder ohne hintere

SIMI Cournil II

Plastik-Seitenfenster), Hard Top (Metalldach mit oder ohne hintere Seitenfenster) und Mines (türloses Cabrio mit Röhren-Schutzbügel). Sie alle gab es für Wagen mit folgenden Merkmalen: Radstand 204 oder 254 cm, Länge 360 oder 423 cm, Breite 159,2 cm, Höhe 190 cm, Bodenfreiheit 21,6 cm, Eigengewicht +1490/max. 1800 kg. Je nach Typ konnte der Wagen 650 bzw. 770 kg Nutzlast befördern.

Simi Cournil II ❷

Benoit Contreau entwarf eine modernisierte Version des Cournil II, die er 1982 präsentierte. Die Änderungen betrafen flexible Kunststoffstoßstangen mit eingebauten Scheinwerfern. Es gab 4x2- oder 4x4-Antrieb. Später wurde der Typ als Autoland gebaut.

Cournil

Simi Cournil, ❷
später Autoland Serie 220/275

Gegen Ende der „Simi"-Episode brachte der Hersteller (Simi) eine Serie von Geländewagen heraus, die er kurzerhand Cournil taufte. Tatsächlich war dies die erste Generation der unter dem Stichwort „Autoland Serie 220/275" beschriebenen Autos. Sie hatten 220 oder 275 cm Radstand. Typisch waren die biegsame Kunststoffstoßstange und das Kühlergitter aus kräftigem Drahtgeflecht (spätere besaßen vier Horizontalrippen). Als einzige Karosserie gab es einen offenen Wagen mit „Neigung". Weitere Merkmale waren ein Leiterchassis und starre Achsen mit halbelliptischen Federn. Die Hauptmerkmale beider Generationen differierten deutlich: Länge 364 cm (kurz)/429 cm (lang), Breite 161 cm, Höhe 190 cm, Bodenfreiheit 23 cm, Eigengewicht 1,8/2 t (bei der schweren Version 2,2 t), Nutzlast 850/900 kg (bei der schweren Version 1,75 t). Motoren: 4V-D von Peugeot (2498 cm³, 76 PS, 4500 U/min) und TD (2304 cm³, 80 PS, 4150 U/min), Renault-Benziner (1995 cm³, 80 PS, 5000 U/min) und V.I.-Diesel von Renault (ex-Saviem) (3595 cm³, 85 PS, 3000 U/min). Das Fahrzeug besaß Viergetriebe mit Untersetzung und Hinterachs-Differentialsperre.

Dacia

(Rumänien)

Die Firma Dacia (Pitesti-Colibasi) wurde vom Rüstungswerk IAR als ARO gegründet. 1952–1968 baute sie Auto- und Traktorteile. Dann erhielt sie eine Renault-Lizenz. 1968 rollte die erste Limousine Dacia 1100 (R8; Heckmotor, 4x2-Antrieb) durch das Fabriktor; 1969 folgte ihr größerer Bruder Dacia 1300 (R12; Frontmotor, 2x4-Antrieb). 1975 präsentierte man den Dacia 1302 Pick-up, 1982 den moderneren 1304 Pick-up und den Drop-side mit Metall-Seitenwänden. Ferner gab es 1986 den Doppelkabiner Dacia 1304 King Cab und 1992 den Dacia 1307 sowie den Doppelkabiner Dacia 1309 Double-Cab (alle 2x4). Auf einigen Märkten verkaufte die Firma Gelände-AROs als Dacias. 1999 betrug der Ausstoß 85851 Stück, darunter 16326 Pick-ups. Im gleichen Jahr erwarb Renault 51 % der Anteile; 2001 besaß dieses Unternehmen sogar 92,71 %.

Dacia 1304/1305/1307 ❻

1998 modernisierte die Firma ihre Pick-ups und bot nun auch einen 4x4-Antrieb an. Gebaut wurden der Zweisitzer 1304 Pick-up, der Zweitürer/Fünfsitzer 1304 King-Cab, der Zweisitzer 1304 Drop-Side und der Viertürer/Fünfsitzer 1307 Double-Cab. Als Antrieb diente ein 1397-cm³-Motor (69 PS, 140 km/h), alternativ ein Diesel (1870 cm³, 47 PS, 4500 U/min, 135 km/h). Das Fünfganggetriebe hat Handschal-

Dacia 1307 Double-Cab, 2001

tung. Merkmale: Radstand 267,5 cm (Double-Cab 279,5 cm), Gesamtlänge 467,4/479,4 cm, Breite 163,6 cm, Höhe 152,5 cm, Bodenfreiheit 16,5 cm, Eigengewicht 1550 kg, Nutzlast (4x4) 1100 kg.

Werbeplakat von 1991: Allradwagen Dacia (ARO)

Dacia 1304 Pick-up; Brno/Brünn (Tschechien), 2002

Daewoo

(Südkorea)

Daewoo Korando 2.3, 2000

1967 gründete Woo-Choong Kim die heute als Daewoo Motor Co. bekannte Firma. Er leitete sie 31 Jahre. Ihre Wurzeln reichen jedoch bis 1937 zurück: Damals begann die National Motor Co. mit der Montage japanischer Lkws. 1962 änderte man den Namen in Saenara Motor Co. um, und 1964 wurde der Betrieb Teil des Konzerns Shinjin Industrial Co., der seit den 1950ern Busse und Willys-Geländewagen baut. 1962 stellte man einen Pkw-Prototyp vor, und 1965–1972 montierte die Shinjin Motor Co. Toyotas. 1972 erwarb General Motors die Hälfte der Anteile, und man produzierte eine Zeit lang Opel- und Chevrolet-Derivate. 1976 wurden die Autos von Opel in Sachean umbenannt, und 1978 verkaufte Shinjin 50 % seiner Aktien an Daewoo Industrial Co. Ab 1983 hieß die Firma Daewoo Motor Co. GM. 1992 zog sich GM von den nun technisch selbstständigeren Modellen zurück. Daewoo entwickelte eine neue Autogeneration (oft auf Suzuki-Basis) und expandierte nach Tschechien (Avia), Polen (FSO), Rumänien, Usbekistan und in die Ukraine.

Daewoo Korando 2.3, 1999

Daewoo Musso 2.9 TD, 1999

1998–2000 erwarb Daewoo 51,7 % der Aktien von SsangYong (Südkorea). Im November 1999 wurde die bankrotte Firma von der Korean Bank for Development übernommen. Um die Autosparte bewarben sich Fiat und GM; Letztere erhielten den Zuschlag. Ein Prototyp des SUV DMS-I Mini wurde 1999 auf der IAA vorgestellt; ihm folgte zwei Jahre später ebendort der Daewoo VADA, der das Potenzial eines SUVs mit 262 cm Radstand zeigte (Maße: 428 x 180 x 167,5 cm). Er besaß eine „intelligente" 4x4-Mechanik mit elektronisch-automatischer Stabilitätskontrolle. Die Bodenfreiheit passte sich pneumatisch dem Geländeprofil an. Antrieb war ein 1998-cm^3-Motor (140 PS, 5300 U/min, 205 km/h). Alle Räder waren an McPherson-Federbeinen aufgehängt. Die MPVs Tacuma und Rezzo haben 2x4-Antrieb.

Daewoo DMS-I, IAA 1999

Daewoo Korando ❷

Etwa seit Mitte 1998 ist der SsangYong Korando mancherorts als Daewoo Korando erhältlich.

Daewoo Musso ❷

Den SsangYong Musso ereilte das gleiche Schicksal wie 1998 seinen Vorgänger. Der Daewoo Musso weicht vom Vorläufer durch das typische Kühlergitter und andere Details ab.

Daewoo Rexton ❸

Auch dem neuesten Modell, dem luxuriösen SsangYong Rexton, blieb ein Namenswechsel nicht erspart: Er wurde 2002 in Paris als Daewoo präsentiert.

Entwurf des Daewoo Tacuma Sport 2.0 auf der IAA, 1999

Daihatsu

(Japan)

Daihatsu F 10, 1977

Am 1. März 1907 taten sich Yoshiaki Yasunaga (Leiter der Technischen Hochschule Osaka) und Masahiro Tsurumi (ein dortiger Maschinenbau-Dozent) mit den Unternehmern Hiroyasu Oko, Masashi Kuwabarra und Zenjiro Takeuchi zu einer Firmengründung zusammen. Die Hatsudoki Seizo Co. baute zunächst Verbrennungsmotoren. Ihr erstes Radfahrzeug – das Dreiradmobil HA – lief 1930 vom Band. Das erste Auto FA folgte sieben Jahre später. 1951 änderte die Firma aus Hiroshima ihren Namen in Daihatsu Kogyo Co.; gleichzeitig kam ein weiteres Dreirad namens Bee („Biene"), auf den Markt. 1967 wurde Daihatsu Teil des Toyota-Autokonzerns. Dieser erwarb zunächst 20 % der Aktien, um seinen Anteil später auf 51 % auszubauen. 1974 benannte sich die Firma erneut in Daihatsu Motor Co. um. Beide Marken operieren unabhängig, doch Daihatsu verwendet viele Toyota-Komponenten. Die Firma bietet viele AWD-Pkws an: den Kleinwagen Mira 4WD, den Mira Turbo 4WD (1984), den größeren Charade, den Applause, den Sirion, den als Atrai exportierten HiJet (eine kleine Nutzfahrzeugserie) und den Delta-Kleinbus/Liefer-/Pritschenwagen. Seit 1984 produziert sie auch in China, und 1979 wurde in Belgien ein europäisches Zweigwerk eröffnet. Die Firma kooperiert seit 1990 mit Asia Motors Co. (Südkorea) und seit 1991 mit Piaggio (Italien).

Daihatsu Taft/Rocky 4WD/ Wildcat GL ❷

Den ersten Daihatsu-Geländewagen gab es 1974. Seine Konstruktion basierte auf dem einzig legitimen „Rezept" des Jeep. Der Daihatsu Taft (F10) entstand zu einer Zeit, in der man Geländewagen nur auf Farmen und in unzugänglichen Regionen benutzte. Der erste F10 (Herbst 1974) besaß einen 4V-Public von Toyota (958 cm^3, 45 PS, 5400 U/min), RWD und FWD-Option. Das Getriebe hatte 4 Gänge

Daihatsu F 50 JK, 1981

und Cross-Country-Untersetzung. 1975–1985 wurde er als Kombi oder Softtop gebaut. Weitere Merkmale: Radstand 202,5 cm, Länge 336 oder 348,5 cm, Breite 146 cm, Höhe 182 cm, Eigengewicht +1020 kg. Außerdem war er als F60 bekannt. Die deutsche Vertriebsfirma fand, dass sich ein Gewebename nicht für einen Geländewagen schicke, und wählte einen passenderen – Wildcat. In Großbritannien kam er 1976 als F10 Taft auf den Markt. Der Taft gehört zu den kleinsten Geländewagen aller Zeiten. Ein Jahr später debütierte der 1975–1984 gebaute F 20 mit 1587-cm³-Motor (66 PS, 4800 U/min.). F10 L und F20 L waren Langversionen; der F25 besaß wie der F55 und der F65 10 Sitze. Der F50 (1978–1984) hatte einen 2V-Motor (2530 cm³, 62 PS, 3600 U/min), der F60 (Debüt im Herbst 1982) einen Toyota-Diesel (2765 cm³, 69 PS, 3600 U/min). Die meisten der frühesten Wagen mit rechteckigem Küh-

lergitter hatten – genau wie später die mit flacherem – eine offene Karosserie mit Behelfsdach aus Leinen zum Schutz von Fahrgästen und Gepäck (im Gegensatz zur stählernen Kombi-Version). Die starren Achsen besaßen Längsblattfedern. Das RWD-Modell (mit optionalem FWD) verfügte über ein Vierganggetriebe mit Untersetzung.

Daihatsu Rocky/Rugger/Fourtrak

Im März 1984 kam der 4WD/Wildcat GL heraus. Der Rocky war eine zivilere, bessere und vielseitigere Version des robusten, unansehnlichen Taft. Auf dem Binnenmarkt bot man ihn als Rugger an, andernorts (z. B. in England ab Juni 1984) war er als Fourtrak bekannt. Neben dem SWB-Cabrio und Kombis gab es auch – viel seltener – den LWB-Pickup oder SWB-Lieferwagen. Der Rocky der 1. Generation (F80; 1984–1994/1993–2001) war ein Zwilling des Toyota Blizzard, der in Europa weniger be-

Daihatsu F 60 P, 1984

Daihatsu Rocky, 2000

kannt ist. Angetrieben wurde er von einem 1998-cm³-Benzinmotor (88 PS, 4800 U/min). Dieser Typ mit nur einem Radstand war länger (371,5 bzw. 410/384 cm) und breiter (158, 169 oder 178 cm). Bodenfreiheit 21 cm, Steigfähigkeit 100 %, max. Seitenneigung 100 %, Wattiefe 60 cm. Die italienische Firma Bertone leitete ihren Freeclimber vom Rocky ab, polierte ihn optisch auf und packte BMW-Motoren unter die Haube. 1989 baute ihre Entwicklungsabteilung den Prototyp des Rugger EV – wohl den ersten Geländewagen mit elektrischer Lenkung. Gleichzeitig kam 1984 die 2. Generation auf den Markt, der Rocky 4WD (F70/F75). Seine Maße (221/253 cm Radstand, 380/416,5 cm Länge) erlaub-

ten es ihm, als Mittelklassewagen durchzugehen. Er besaß den vom F60 bekannten Toyota-Dieselmotor – entweder als atmosphärische (73 PS) oder Kompressorversion (102 PS) – und einen stählernen Leiterrahmen. Zuerst waren beide Achsen starr mit Blattfedern (vorn zusätzlich mit Stabilisator). 1993 baute man vorn eine eigene (weichere) Federung ein, hinten Spiralfedern mit Panhardstab. Dank des luxuriöseren Innern eignete sich der Rocky besser für alltägliche Fahrten. Noch bessere Ausstattung und Zweifarb-Lackierung prägten den Rocky EI I (1987 blau-silbern, 1987 schwarz, 1990 schwarz-grau) und den grün-grauen Timberline (1995). Besitzer der Hardtops genossen einen praktischen Vorteil – das erhöhte Dach. Die folgenden Daten basieren auf Herstellerangaben: Bodenfreiheit 21 cm, Gefälle 100 %, Seitenneigung 45°, Wattiefe 60 cm.

Daihatsu Cab Pick-Up 1000 4WD, 1985

Daihatsu Rocky Pick-up, 1991

Daihatsu Feroza ❷

Im Herbst 1988 erweiterte Feroza die Palette seiner Kleingeländewagen mit Leiterrahmen. Sie wurden im März 1991 modernisiert und bis 1999 gebaut. Die Vorderräder waren einzeln mit Drehstäben und Stabilisator aufgehängt, während die starre Hinterachse halbelliptische Federn und – bis auf die EXi-Modelle – dreistufig regelbare Stoßdämpfer hatte. Vor März 1991 besaßen die Vorderräder Freilauf und Handbremsung; danach automatische Bremsen. Der Feroza entfremdete sich die unausrottbaren Geländewagenfans, als er in die Freizeitwagen-Kategorie eingestuft wurde. Für diesen Typ sprach seine zuverlässige Konstruktion. Das Auto leitete sich von der Rocky-Serie ab. In den USA wurde es als Rocky, in Japan als Rocky SX und in Großbritannien als Sportrak verkauft. Das Fahrzeug war für weniger raues Terrain konzipiert, besaß einen 1589-cm³-Motor (95 PS, 5700 U/min, 150 km/h), Fünfganggetriebe und folgende Maße: Radstand 217,5 cm, Länge 380 cm, Breite 158 cm, Höhe 172 cm und Eigengewicht +1180 kg. Als Karosserietypen gab es dreitürige Hard- und Softtops. Außer mit optionalem

FWD war das Auto auf einigen Märkten (Italien, Schweiz) auch mit permanentem 4x4 ohne Untersetzung erhältlich. Der Feroza EL II war ein Modell mit Zweifarb-Lackierung und teurerer Ausstattung: Es gab ihn z. B. 1990 schwarz, 1990 (EFi) schwarz, weiß oder blau oder 1995 (Timberline) grün-grau. Eine modifizierte Feroza-Version kam 1991 bei der Pharao's Rallye in die 3. Klasse; ein Jahr später wurde sie Erster in der T1-Klasse und Fünfter bei der Australian Safari.

Daihatsu ❼ ❽ ❶
Kleinlaster und LUV 4WD

Zur Kategorie der Kleinlaster gehören auch 4x4-City- und Gelände-Minivans. Sie werden meist von jüngeren Fahrern für Vergnügungsfahrten auf Asphaltstraßen benutzt. Diese Autos verfügen typischerweise über eine selbsttragende Karosserie, eine separate Vorderradaufhängung vom McPherson-Typ mit Querstabilisator, eine starre Hinterachse mit Panhardstab und Spiralfedern sowie starke Motoren geringerer Leistung. Der 1997 in Genf präsentierte Terios ist ein kompaktes Mini-SUV. Mitte 1988 kam der rasante schwarz-silberne Terios Black Magic auf den Markt, dem der kleinere Terios Kid, der Atrai (bester Minivan des Herbstes 1999) und Ende 1999 der Siebensitzer Delta Wagon folgten.

Der Hijet Truck – eine Serie von Ultraleicht-Lkws – wird seit 1960 gebaut, 1999 bereits in der 7. Generation. Diese kleinen Pritschen-Lkws oder Kasten-Minivans befördern bei 1,1–1,2 t Eigengewicht bis zu 350 kg Nutzlast. Es gibt sie mit 4x2- oder 4x4-Antrieb. Die schwerere Serie Hijet Cargo und das Schwergewicht Delta Van (ein Zwilling des Toyota Liteace Noah) weisen ähnliche Eigenschaften auf.

Daihatsu Feroza Soft Top El, 1991

Dallas

(Frankreich)

Dallas

Die Autofabrik Automobiles Dallas wurde 1981 in Neuilly-sur-Seine gegründet. Ing. Jean-Claude Hrubon trieb den Bau des Dallas-Freizeitwagens voran. Er basierte auf dem R4 GTL mit 4V-Motor (1108 cm³) und wurde als 2x4- (wie der R4) oder 4x4-Version mit Sinpar-Mechanik verkauft. Sein Eigengewicht betrug 650/720 kg. Er besaß eine selbsttragende khakifarbene Karosserie in folgenden Versionen: Pick-up (Hard- oder Softtop), Beachcar, Softtop und Hardtop. Maße: 297 cm (kurz) oder 338 cm (lang), Radstand 136 cm, Bodenfreiheit 21 cm. Die Produktion lief 1986 aus

Dallas II

1984 wurde die Firma vom Sänger Franck Alamo gekauft, der sie in Automobiles Grandin S.A. umbenannte. Für den Dallas II (siehe Fargo) war der Technische Direktor Patrick Müller verantwortlich. Das Werk übernahm die Mechanik des Peugeot 205 und dessen Benziner (1360 cm³, 75 PS, 6200 U/min) bzw. Diesel (1769 cm³, 59 PS, 4600 U/min – ab 1995). Das Getriebe hat fünf Gänge, und das Chassis besteht aus Stahl-Kastensegmenten. Die Fiberglaskarosserien – Beachcar, Soft- und Hardtop, Pick-up – sind alle gleich lang. Sie haben vier Sitze und drei Kunststoff- oder Leinwandtüren. Länge x Breite x Höhe: 310 x 160 x 163 cm, Radstand 195 cm. Das Beachcar Funtastic trägt bei 760 kg Eigengewicht 310 kg Nutzlast. In den frühen 1990ern kamen eine 2- bis 4-sitzige 2x4- und eine 2-sitzige 4x4-Version

Dallas, 1982

Dallas Pick-up Vescovato, 1996

heraus (in Frankreich wirkt sich die Sitzzahl auf die Mehrwertsteuer aus), beide mit 85 PS (6400 U/min). Leer wog der Wagen 630 (2x4) bzw. 660 kg (4x4); die Nutzlast (samt Insassen) betrug dabei 600 bzw. 660 kg. 1996 debütierte in Genf der Pick-up Vescovat mit zweisitziger Hardtop-Kabine und Leinen-Gepäckverdeck. Den modernisierten Dallas Phase 3 baute 1996/97 François Quirin, der später ebenfalls zu Fargo wechselte.

Dallas II, 1996

Dangel

(Frankreich)

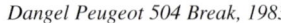

1978 begann Henri Dangel an einer 4x4-Version des Peugeot 504 zu arbeiten (er versuchte sich auch am Citroën D und Renault 16, doch der Peugeot erwies sich als ideal). Die komplexe Konstruktion des permanenten 4x4 für Autos mit quer liegendem Frontmotor (Peugeot 305) war 1984 abgeschlossen. Im Mittelpunkt stand dabei das Getriebe Dangel P07. 1988 und 1989 präsentierte man Experimentalversionen der 4x4-Limousinen Peugeot 205 S und 309 GTI 16 mit integriertem Getriebe, welches das Drehmoment auf alle vier Räder übertrug. Noch vor Ende 1992 stieg der Ausstoß der Dangels aus Senthiem auf 7500 an. Sie verdienten sich ihre Sporen bei der Tunesien-, Atlas- und Dakar-Rallye u. a. 1998 stellte man in Paris einen Prototyp des Peugeot 306 Break 4x4 Dangel aus.

Dangel baut Autos mit Erlaubnis der Hersteller und gewährt eine Fabrikgarantie. Ihre Existenz ist wohl ein Grund dafür, dass sich die PSA nicht direkt mit dem Bau von 4x4-Antrieben befasst. Die Gesamtzahl der Dangels steigt an: von 1994 bis zum 30. März 2002 entstanden 6200.

Dangel Peugeot 504 4x4

Der Kombi Dangel Peugeot 504 4x4 wurde 1980 in Paris vorgestellt; zwei Jahre später folgte ein Pickup. Ihre Größe und gute Verarbeitung machten diese Autos für Streitkräfte und Privatfirmen interessant, und sie bewährten sich auch als Freizeitwagen und Träger von Camping-Expeditionsaufbauten. Der Dreisitzer-Pick-up lief ebenfalls gut, während der Kombi bald dem Peugeot 505 wich. Neben den Ausstattungspaketen Entrepreneur und Comfort gab es auch ein Chassis mit Kabine. Beide Modelle hatten 4V-Benziner (1971 cm³, 96 PS, 5200 U/min); das billigere gab es auch mit 2304-cm³-Diesel (70 PS, 4500 U/min); der teurere Comfort besaß einen 2498-cm³-Diesel (76 PS, 4500 U/min).

Dangel Peugeot 504 Pick-up

Dangel Peugeot 504 Break, 1983

Die Original-Peugeots hatten 4x2-Antrieb und Fünfgang-Handschaltung. Dangel fügte ein Zwischenachs-Selbstsperrdifferential samt pneumatischer Untersetzung (Dangel P03) hinzu. Ein weiteres Sperrdifferential saß vorn unter dem Motor. Die starre, verstärkte Hinterachse trägt Längsblattfedern, die ebenfalls verstärkte McPherson-Vorderachse verstärkte „Fischgräten". Die Bodenfreiheit wurde auf 21,5 cm erhöht. Weitere Merkmale: Länge 475,8 cm, Breite 177 cm, Radstand 301,7 cm, Leergewicht +1405 kg, maximale Nutzlast (inkl. Crew) 1110 kg. Steigung 75 %, Böschungswinkel 45°/33°. Der Bau des brauchbaren Typs wurde Mitte der 1990er eingestellt, nachdem man 5533 Peugeot 504 Pick-up/Break und 505 Break Dangel gefertigt hatte.

Dangel Peugeot 505 4x4

1985 präsentierte man folgende Versionen des Fünftürer-Viersitzers 504 Dangel 4x4: den Familial/Break (Personen-/Nutzkombi), den Break Entreprise (Zweisitzer-Nutzfahrzeug) und einen Krankenwagen. Letzteren gab es auch mit Fiberglaskarosserie. Ein Jahr nach der Premiere wurde er vom Kombi 505 Dangel 4x4 abgelöst. Der modifizierte Antrieb entsprach dem des 504 – bis auf den 2-l-Benziner (108 PS, 5250 U/min), der den schwächeren 2,3-l-Diesel ersetzte. Das Auto war 491,1 cm lang und 179 cm breit; Radstand 292,5 cm, Bodenfreiheit 22 cm. Das leichteste Modell wog 1560 kg und trug 690 kg

Dangel Citroën C25, 1988

Nutzlast (inkl.). 1986 wurde für Nicolas Hulots Afrika-Expedition ein Prototyp des V6 PRV gebaut. CKDs des Peugeots 505 4x4 Dangel sandte man nach China, um sie dort in der Kantoner Niederlassung Guangzhou Peugeot Automobiles Company montieren zu lassen.

Dangel Peugeot J5/ Citroën C25 4x4   ❽

Dangel Peugeot Boxer/Citroën

Dangel Citroën C25 und C15 4x4, 1993

Jumper/Fiat Ducato (alle 4x4)   ❽   ❾

1987 stellte man die Peugeot- und Citroën-Lieferwagen J5/C25 vor. Dangel behielt den 2x4-Antrieb bei und sorgte für die Option, den RWD durch das Getriebe Dangel P08 pneumatisch zu übertragen. Man entschied sich für eine einfachere Modernisierung, da nur max. 5 % der Autos als Geländewagen geplant waren. Später gab es auf Wunsch ein Untersetzungsgetriebe. Bis einschließlich 1995 liefen 3200 J5/C25 Dangel 4x4 vom Band; 1800 über-

nahm die französische Armee, und 800 gingen an andere Regierungsbehörden. Nach 1995 trug Dangel zur neuen Generation Peugeot Boxer/Citroën Jumper/Fiat Ducato bei. Der 4x4-Antrieb besitzt ein Zweigang-Hilfsgetriebe mit Zwischenachs-Viskokupplung, das hintere Sperrdifferential ein elektropneumatisches Sperrsystem. Gendarmerie, Armee und Verwaltung bevorzugen durchweg den Peugeot Boxer HM3 mit verstärkter Karosserie auf Leiterrahmen. Er basiert auf dem Boxer 350 mit 2,5-l-Diesel/TD. Die Kraft wird durch ein Fünfganggetriebe und Untersetzungen auf ein zentrales Zwischenachsdifferential übertragen. Das Auto kann dank hoher Bodenfreiheit (40 cm), 38°/35° Böschungswinkel und Geländereifen auch auf wirklich rauem Terrain fahren.

Dangel Citroën C15 4x4　❽

Der leichte Citroën C15 4x4 Dangel wurde 1990 in Paris präsentiert. Es gab ihn unter den Namen 600 oder 675 als Viersitzer-Kombi, Lieferwagen oder Pick-up (Leinenverdeck) mit Diesel (1769 cm³, 60 PS, 4600 U/min). Das Original hatte 2x4-Antrieb,

aber mit dem Getriebe Dangel P012 auch RWD-Option. Das hintere Differential ließ sich sperren. Der Wagen besaß 21 cm Bodenfreiheit und 40°/50° Böschungswinkel. Die Gendarmerie Nationale erwarb 1991–1994 700 Stück. Es wurden 2013 Exemplare gebaut.

Dangel Peugeot Partner 4x4/ Citroën Berlingo 4x4　❽

1998 wurde in Paris der Peugeot Dangel Partner 4x4 vorgestellt, dem 2000 der Citroën Dangel Berlingo 4x4 folgte. Der 4x4-Antrieb war weiter verbessert und die Bodenfreiheit um 3 cm auf 20,5 cm erhöht worden. Hinzu kamen ein quer liegendes Hinterachsdifferential mit elektropneumatisch gesteuertem Sperrsystem. Das Getriebe ist mit einem Zwischenachsdifferential verbunden. Als Zugabe gibt es ein

Dangel Citroën Berlingo II bei seinem Debüt in Paris, 2002

elektropneumatisches Untersetzungsgetriebe in der Achse der Transmissionswelle. Der Partner 4x4 bewältigt 43° Steigung und 29°/28° Böschungswinkel. Dangel bezeichnet den Typ als erstes französisches SUV.

Das Nutzfahrzeug Berlingo 4x4 hat die gleiche Mechanik. Die zweite Generation des Partner/Berlingo wurde 2002 in Paris präsentiert. Dangel hatte den 4x4-Antrieb zur besseren Asphalttauglichkeit verbessert und das Gewicht reduziert. Eine Viskokupplung ersetzte das schwere Zwischenachsdifferential der 1. Generation. Auch der Radschlupf während der Beschleunigung wird elektronisch gesteuert. Die DGL-Differentialbremse ist vorn eingebaut. Seit Juli 2002 gibt es auf Wunsch auch ein Getriebe mit „langsamem" Gang. Der Böschungswinkel des Autos beträgt 29°/31°.

Dangel Berlingo II/Partner II mit „langsamem" 1. Gang

Ein Chassis des Peugeot Dangel Boxer HM3, 1998

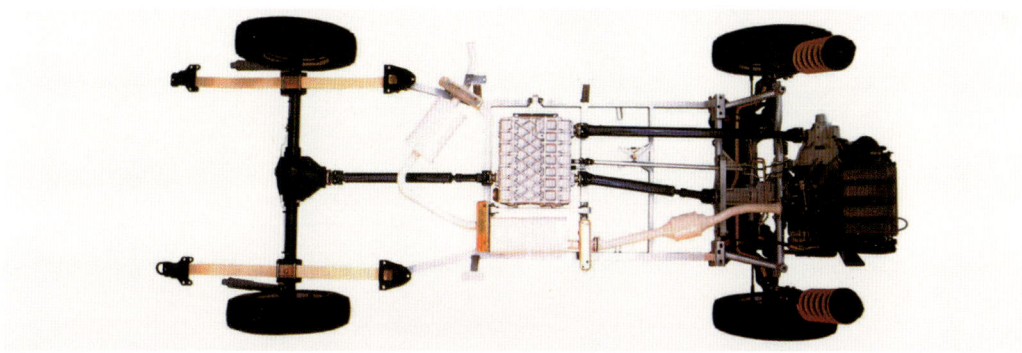

Delahaye

(Frankreich)

Die Firma Delahaye schaffte es bereits im Gründungsjahr 1895, ihr erstes eigenes Auto vorzustellen, und zwar in der Autoabteilung der Pariser Fahrradausstellung. 1897 verkaufte Ing. Emile Delahaye den Betrieb an zwei Pariser. Das Werk produzierte am laufenden Band elegante Modelle. Die Armut der Nachkriegsjahre und das ungünstige Steuersystem knickten die Blüte von Frankreichs Stolz, den Luxusautobauern. Delahaye, das angeblich auch Artilleriezugmaschinen an die Wehrmacht geliefert hatte, beschloss dem Sturm zu trotzen. 1954 fusionierte man mit Hotchkiss. Das Werk baute danach Autos der Marke Hotchkiss, musste aber dann doch vor Ende 1954 schließen.

Delahaye V.L.R. – Type 182

Die Firma setzte all ihre Hoffnungen auf den leichten Armeegeländewagen Type 182, besser bekannt als V.L.R. (Véhicule Léger de Reconnaissance, „leichter Spähwagen"). Die ersten Entwürfe lagen Ende der 1940er vor, und im Sommer 1950 wurde das Resultat nach 2¹/₂ Jahren Entwicklung auf einem Testgelände in Saumur einer Armeekommission präsentiert. Die Militärs waren im Prinzip zufrieden, wünschten aber einen einfacheren Entwurf. Um der Firma zu helfen, bestellte der Verteidigungsminister 4000 V.L.R.s. Der Öffentlichkeit zeigte man das Modell zur Jahreswende 1950/51 auf der Rallye

Delahaye Type 182, 1951

Méditerranée–Le Cap. Es machte keinen großen Eindruck und wurde später nur von wenigen Zivilisten gekauft. Als Antrieb diente ein 4V-Motor von Delahaye (OHV, 1995 cm³, 63 PS, 3800 U/min). Das Auto hatte Vierganggetriebe mit Zweigang-Hilfsuntersetzung, Differentialbremsen, RWD oder AWD und Trommelbremsen. Nur wenige Geländewagen konnten damals mit Einzelradaufhängung und Querdrehstäben aufwarten. Die offenen Softtop-Aufbauten aus Stahl lieferte die Karosseriefabrik Facel. Merkmale: Radstand 215 cm, Länge 346 cm, Breite 163 cm, Höhe 185 cm, Gewicht 1460 kg. Die Produktion lief 1953 aus, da der Wagen die Erwartungen nicht erfüllt hatte, und in den nächsten Jahren hielt die Armee am Lizenzjeep Hotchkiss M201 fest. Delahaye baute 9630 V.L.R.

Delahaye Type 182, 1951

DKW Munga 6

DKW, Auto Unio

(Deutschland)

Deutsche Geländewagen der 1940er und 1950er

In den 1940ern baute die Firma Stoewer fast 13 000 R2000 Spezial 4x4 in zahlreichen Versionen. Sie hatten einen Stoewer-Motor (1997 cm³, 50 PS, 3600 U/min), Fünfganggetriebe, Eingang-Hilfsgetriebe und ein Zwischenachsdifferential. Eine Schwesterserie von Allzweck-Geländewagen für leichte Aufgaben mit 240 cm Radstand wurde bei BMW (mit 6V-Motor) und Hanomag gebaut. Der leichte Geländewagen Tempo G1200 hatte 2 luftgekühlte 2V-Zweitakter (598 cm³, 19 PS) mit Vieranggetriebe. Jeder trieb die Räder einer Achse an. Der Wagen konnte mit einem oder beiden Motoren fahren. Die Räder waren einzeln aufgehängt. Der „Mittelklassen-Allzweckgeländewagen" (4x4) wurde bei Auto Union und Horch (901 Typ 40) sowie bei Wanderer und Opel gebaut. Die Autos hatten Dreiganggetriebe mit Zweigang-Untersetzung und Zwischenachsdifferential (mit Sperrsystem). Als Antrieb dienten Motoren von Opel (6V, 3,5 l) oder Horch (V8, 3,8 l). Die einzeln aufgehängten Räder besaßen Spiralfederung. Der Radstand betrug 310 cm. Mehrere der genannten Hersteller fusionierten später zur Auto Union. 1948

DKW Munga

brachten die Autowerke Salzgitter aus Reparaturen und Zivilmodifikationen hervorgegangene Jeeps heraus. Ihre dreitürigen Kombis wurden unter dem Markennamen AWS vertrieben.

DKW F91/M-Wagen/Munga ❷
(Deutschland, Brasilien)

1928 gründete Jürgen Skafte Rasmussen DKW. Vor 1939 baute man nur 2x4-Autos. Die meisten Werke lagen nach dem Krieg in der Sowjetzone. In der DDR lief die Produktion als IFA wieder an, während DKW in der BRD ab 1950 in Düsseldorf tätig war. Die Firma gehörte zum Audi-Vorgänger Auto Union (Ingolstadt). DKW rüstete die Bundeswehr mit dem Vierteltonner DKW M-Wagen (Mehrzweckwagen) und dem DKW/Auto Union F91/4 aus. Im März 1957 kam eine zivile Version auf den Markt. Die offene Karosserie hatte erst 4 (Munga 4), später 6 Sitze (Munga 6, ab 1960) und nach 1962 8 Sitze (Munga 8). Das Auto hieß Munga (Mehrzweck-Universal-Geländefahrzeug mit Allradantrieb). Die Bundeswehr erhielt im Dezember 1968 das letzte Exemplar. Es gab 46 750 DKM M-Wagen/Mungas. Ihr Nachfolger wurde der VW Iltis. Die DKWs hatten 2V-Dreitakter (896 cm³, 38 PS, 4200 U/min; 1957: 40 PS, 4250 U/min). 1958 stieg das Volumen auf 980 cm³ (44 PS, 4500 U/min, 96 km/h). Der Motor trieb über ein Vieranggetriebe mit Zweigang-Untersetzung alle Räder an. Vor 1956 bestand die Option, den RWD abzukoppeln. Der Stahlrahmen trug eine offene Ganzmetallkarosserie. Die Räder sind einzeln mit Querblattfedern aufgehängt. Weitere Merkmale: Radstand 200 cm, Länge 345 cm, Breite 150 cm, Höhe 133,5 cm, Bodenfreiheit 24 cm, Eigengewicht 1110 kg, Nutzlast 340 kg, Wattiefe 50 cm.

Ab 1956 kooperierte DKW mit Vemag (Brasilien), die neben DKW-Pkws den offenen Candango-Geländewagen bauten. 1958 stellte DKW-Vemag ihr 0,9-l-Geländefahrzeug vor, den F91/4. 1960 erhielt der 4x4-Wagen den Namen Candango und einen 1-l-Motor (50 PS). Ihm folgte der Candango-2 mit 4x2-Antrieb. Schließlich gerieten die Brasilianer finanziell unter Druck und stellten die Produktion 1963 ein – nach dem Verkauf von fast 8000 Candangos.

Stoewer AVZ im Armeefahrzeug-Museum von Lesany, Tschechien

Dong A Jeep 4x4 Family Wagon, 1981

Dong A

(Südkorea)

Dong A entstand 1977 und übernahm die Geschäfte von Ha Dong-Hwan, einem 1954 gegründeten Hersteller leichter Nutzfahrzeuge. 1984 wurde die Firma von der Keohwa Co. Ltd. übernommen, die eine koreanische Jeep-Variante baute. 1986 kaufte der SsangYong-Konzern Dong A und machte es als SsangYong Motor Company zu seiner Autoabteilung. Nach dem Krieg wurde in Korea auch der Willys Jeep CJ als Shival gebaut.

Dong A Jeep 4x4 SR-7, 1981

Keohwa Jeep 4x4 ❷

Die Koreaner bauten den Willys Jeep CJ mit 238,8 und 289,6 cm Radstand. Als Softtop war er 387 cm lang, als Dreitürer-Kombi 380,1 bzw. 463,3 cm. Die Breite des Fahrzeugs betrug 170 cm, die Höhe 181,5 cm (der lange Dreitürer-Kombi („Family Wagon") war 12,5 cm höher). Die kurze Softtop-Version (SR-7) trug 3 Fahrgäste und wog 1905 kg, der kurze Dreitürer-Kombi Patrol (1900 kg) fasste 6 Personen, und im Kombi (2270 kg) hatten 12 Personen Platz. Die Autos besaßen alle Diesel (2775 cm³, 85 PS, 4000 U/min, 127 km/h). Im Export wurden sie zum Teil als Stampede verkauft.

Eagle

(Großbritannien)

1981 drängte Eagle Cars, ein weiterer Produzent von Kit Cars, auf den Markt.

Eagle Rhino, Eagle 4x4 und RV, Milan RV

1981–1983 lagen die auf dem VW Beetle basierenden Rhino-Jeeps in den letzten Zügen. Eagle erwarb die Rechte und brachte sie verändert als RV neu heraus. Nach und nach entstanden weitere Modelle, doch Grundkonzept und Form blieben unverändert. Der RV hat ein Leiterchassis und eine offene Fiberglaskarosserie à la CJ/Wrangler Jeep. Es gibt ihn

auch als Hardtop. Diese Autos sind in Europa nicht zu kaufen, weil sie nirgends eine Zulassung bekommen haben. Der Eagle 4x4 benutzte Komponenten des Range Rover, u. a. den V8-Motor. Seine Produktion endete 1986. Der Eagle RV Series II verwendet Bauteile des Ford Cortina Mk III und IV bzw. des VW Beetle. Das neueste Modell – der Eagle DB50 – enthält Komponenten des Daihatsu F20 oder F50. Mitte der 1980er übernahm die Firma Milan Automobile (Lennep) Bau und Vertrieb der Fahrzeuge in Deutschland. Der Jeep Milan RV von 1987 setzte auf Ford-Bauteile, z. B. Benziner oder Diesel (4V oder 6V). Weitere Merkmale: Radstand 240 cm, Länge 368 cm, Breite 175 cm, Höhe 170 cm. Dieser Abklatsch eines Kit Cars besaß 4WD und eine Kunststoffkarosserie über Stahlrohrgerüst (optional mit Leinenverdeck).

Eagle RV 4x4

Milan RV

Fadisa Romeo – Ebro F 100

Ebro, Motor Ibérica

(Spanien)

EBRO

Die Firma Ford Motor Ibérica montierte 1920–1936 Pkws und Lkws, die sie gegen Ende dieses Zeitraums auch baute. 1954 zog sie aus Spanien ab. 1956 erhob sich aus ihrer Asche Motor Ibérica SA (Barcelona), um in Lizenz Ford-Lkws (Modell Thames) unter dem Markennamen Ebro zu bauen. Dieser leitet sich von dem ins Mittelmeer mündenden spanischen Fluss ab. 1966 fusionierte die Firma mit Perkins Hispania (einem spanischen Dieselbauer, dessen Produkte sie in ihre Autos einbaute) und dem Landmaschinenhersteller Massey-Ferguson. 1970 erwarb Motor Ibérica einen Teil der Aktien von Aeronautica Industrial SA, einer Madrider Flugzeugfirma. Seither vertreibt sie ihre Lkws unter dem Namen Avia Ebro. Der Erwerb des Madrider Unternehmens war 1975 abgeschlossen, doch die Marke blieb unverändert. 1967 begann man mit dem Verkauf von Alfa-Romeo-Lkws, denen 1972–1975 eine eigene Generation des Romeo-Ebro F100 bzw. die stetig wachsende F-Serie folgte. Letztere wurde bis in die frühen 1990er modernisiert: F 275, F 350 (die Ziffern bezeichnen das Gesamtgewicht) und Perkins (Diesel mit Vorkammer). Abgelöst wurden sie durch in Kooperation mit Nissan gefertigte Autos.

Gleichzeitig baute man Ebro-Siata-Kleinbusse und Lieferwagen (Siata hatte ab 1960 Pkws und Lieferwagen gebaut, bis die Firma 1973 in Motor Ibérica aufging). 1980 erwarb Nissan 36 % der Firma und stockte den Anteil 1986 auf 95 % auf. Die Japaner machten Spanien zur ihrem europäischen Stützpunkt für leichte Gelände- und Nutzfahrzeuge.

Jeep Ebro

1974 nahm Motor Ibérica die in Saragossa gefertigten Willys-Jeeps unter seine Fittiche. Diese als Jeep Ebro bekannten Autos blieben bis weit in die 1980er im Angebot; dann löste sie der in Lizenz gebaute Nissan Patrol ab.

Jeep Ebro Commando

Ebro Patrol

Ebro Patrol ❷

Die ersten Früchte der Kooperation mit Nissan erntete man 1983 mit dem Lizenzbau Nissan Patrol.
Dieses Arbeitspferd für schwieriges Terrain wurde
bis 2001 produziert. Der Ebro Patrol 4WD war nicht
gerade bequem, doch er machte schwere Aufgaben
zum Kinderspiel. In den frühen 1990ern war er bei
Bauern, Landhausbesitzern, Energieversorgern, Militär und Polizei sehr beliebt. Der schwerere Aus-
gangstyp hieß TH, die komfortablere Version mit hy-
draulischer Lenkhilfe TB. Die Karosserie bestand
aus geschweißten Stahlblechen. Das Auto besaß den
spanischen 4V-Reihenbenziner Perkins MD-27
(2710 cm³, 70 PS, 3600 U/min, 110 km/h [TH] bzw.
120 km/h [TB]). Es hatte Fünfganggetriebe. Der

Motor trieb entweder die Hinter- oder alle Räder an;
bei 4x4-Antrieb gab es optional auch Gelände-Untersetzung. Der Patrol hatte starre Achsen. Weitere
Merkmale: Radstand 235 cm, Gesamtlänge 407 cm,
Breite 169 cm, Höhe 184 cm (bei erhöhtem Dach 13
cm mehr), Bodenfreiheit 19,2 cm. Der Wagen konnte ohne weiteres 60 cm tief waren und bewältigte
90 % (TB) bzw. 85 % (TH) Steigung. Die Variante
mit Standarddach wog 1850 kg. Der Zweitürer-
Kombi konnte 2 Personen und bis zu 630 kg Gepäck
tragen oder max. 7 Personen, (davon 5 auf Wand-
klappsitzen). Nutzlast: 1500 bzw. 1700 kg. Ende der
1980er verschwand „Ebro" aus dem Markennamen.

Ebro Patrol

Ebro F 275

FAM Automobiles

(Frankreich)

FAM Automobiles (Departement Doubs) wurde 1986 gegründet. Man arbeitet großen Autowerken zu, entwickelt und verbessert Bauteile, baut Spezialvarianten und liefert Komponenten für kleine Serien. 1986–1990 baute man Jahr für Jahr 80 Peugeot P4 für den Staat. Die Abteilung Peugeot Sport besorgte bei Langstrecken- und Geländerallyes die Logistik der P4s. 1993–1995 baute man 4700 Lada Niva, 3000 Samar und 150 Pontiac-Transporter für den Dieselbetrieb um, ferner 20 000 Autos anderer Marken zu LPGs und CNGs. Man war außerdem am indischen Mahindra-Geländewagen sowie 2001–2003 an den 3000 Experts bzw. 300 Partners für den Transport französischer Polizeihunde beteiligt. Die Firma liefert auch Teile für das Herstellerteam des Peugeot Sport. 2000 begann sie mit dem Verkauf preiswerter Modelle für gelegentliche Geländefahrten, die keinen 4x4-Antrieb benötigen. Das Konzept beruht auf einer Differentialbremse, denn wenn bei Autos mit normalem Differential ein Antriebsrad auf schlüpfrigen Grund gerät und ins Rutschen kommt, werden 100 % des Drehmoments darauf übertragen, und der Wagen gerät außer Kontrolle. Die FAM-Differentialbremse stellt sicher, dass mindestens 25 % des Drehmoments auf das „sichere" Rad einwirken und das Auto Kurs hält. Weitere Änderungen betreffen die Bodenfreiheit, die Verstärkung von Motor-

wanne und Unterboden sowie die Ausstattung mit Geländereifen. FAM konzentriert sich auf Peugeot. Die Umbaumaßnahmen betreffen die Drei- oder Fünftürer-„Fahrschul"-Limousinen 260 (1,9-l-Diesel und 2-l-HDI), die Drei- oder Fünftürer-Limousine/Kombi 307 (2-l-ES, 2-l-HDI), das dreitürige Kombi/Nutzfahrzeug Partner (dto. und 1,6-l-ES-Benziner), den Drei- oder Fünftürer-Kombi/Lieferwagen Expert (dto.) und den Lieferwagen/Chassis/Kleinbus (2-l-ES und 2,8-l-HDI); die letzten drei gibt es mit verschiedenen Radständen.

Peugeot FAM 206 Break, 2002

Fargo

DF

(Frankreich)

Die Marke Fargo von Automobiles De Fremond (Bréhoust) wurde 1999 vorgestellt. Arnaud de Frémond und Patrick Müller (Hersteller des Dallas) hatten sich zwei Jahr zuvor durch eine Anzeige im „Le Parisien" kennen gelernt. Sie stellten Ing. François Quirin ein, den Entwickler des Dallas Phase 3. Inspirationsquelle war der Citroën Méhari. Seit 2000 produziert man den Fargo DF. Ein Prototyp entstand im März 2000 und wurde zuerst auf einer lokalen Auto-

show in Plongée vorgestellt. Sein internationales Debüt fand kurz danach in Paris statt. Die Mechanik stammt vom Peugeot 106/Citroën Saxo. Als Antrieb dient ein 1124-cm³-Motor (60 PS, 6200 U/min, 140 km/h). Das einfache Stahlchassis trägt eine zwei- oder viertürige Polyesterkarosserie. Die Vorderachse hat McPherson-Federbeine, die hintere Dreiecksquerlenker und Querdrehstäbe. Das 2x4-Auto trägt 4 Personen oder den Fahrer plus 360 kg Nutzlast. Der hintere Unterboden ist flach. Leergewicht: 790 kg, Maße (L x B x H): 361,5 x 158,5 x 167 cm.

Fargo DF

Felber

(Schweiz)

Felber Oasis, 1981

Die kleine Schweizer Firma aus Morges gehört W. H. Felber und war zunächst als Konzessionär für Edelmarken wie Rolls-Royce, Bentley, Ferrari und Lotus tätig. In den späten 1970ern und frühen 1980ern entwickelte sie dann auch Automodelle weiter. Der kleine Roberta (mit Fließheck) und der Pacha (eine große Limousine bzw. ein Coupé) waren auf die Bedürfnisse einer sehr zahlungskräftigen Kundschaft zugeschnitten. Herr Felber beschäftigte sich am liebsten mit Lancias. Anders als etwa Monteverdi achtet er dabei auch auf Details, wie Kühlergitter und Seitenprofile, um den Wagen einen edleren Touch zu verleihen.

Felber Oasis ❷

Im März 1979 präsentierte die Firma in Genf zum ersten Mal den Felber Oasis – einen Luxus-Kombi mit Automatik. Auch dieses Modell leitete sich vom dreitürigen US-Ganzstahlkombi International Scout (AT) ab (siehe Monteverdi). Der amerikanische V8-Motor (5,7 l, 165 PS) und das technische Gesamtdesign entsprechen dem Original bzw. dem Monteverdi Safari. Interessant ist die Wahlmöglichkeit zwischen mehreren Getrieben: Dreigang-Handschaltung, zwei unterschiedlich abgestufte Viergang-Handschaltungen und ein automatisches Dreigang-Planetengetriebe der Marke Chrysler. Als Krönung bot Felber einen anderen Rolls-Royce-Motor an. Weitere Merkmale: Radstand 254 cm, Länge 422 cm, Breite 178 cm, Höhe 168 cm, Bodenfreiheit 19,5 cm. Die Höchstgeschwindigkeit betrug laut Firmenprospekt 170 km/h, das Eigengewicht 1675 kg. Die Liste des Sonderzubehörs war lang, doch getönte Scheiben gehörten zur Grundausstattung, die für 46000 SF verkauft wurde. Die Chance, einem der wenigen Exemplare zu begegnen, ist praktisch gleich null.

Felber-Stand auf der Genfer Automobilausstellung, 1981

Fiat Panda SUV, Leipzig 2004 (ein im Vorjahr präsentierter Prototyp hieß Fiat Simba)

Fiat

(Italien)

Fiat steht für S.A. Fabbrica Italiana di Automobili, Torino, eine Gründung des 33-jährigen Giovanni Agnelli von 1899. So begann die Geschichte des auf vielen Sektoren aktiven Industriegiganten. Nach dem Krieg zeigte er, wie man in Massen Autos baut, denen man nachsagte, sie seien innen größer als außen. Fiat produzierte eine breite Nutzfahrzeugpalette, u. a. den Lieferwagen 900 E, mehrere Generationen des Ducato und die kleine Scudo-Serie (alle auch mit 4x4). Dies gilt nicht für das Original-MPV Multipla vom Herbst 1998. Das Herbstmodell 2000 – der Fünftürer-Minivan Dobló mit 1,2-l- (65/80 PS, 16V), 1,6-l- (103 PS/106 PS) oder 1,9-l-Diesel (63 PS, 101 PS beim Common-Rail-TD) (jeweils quer vorn) – erlebte noch seine 4x4-Version. 2002 stellte Fiat in Bologna den Dobló Sandstorm 4x4 mit Selbstsperr-Differential und Kunststoffkotflügeln vor. Nebenan war ein Prototyp des Fiat Simba zu sehen – ein kompaktes SUV mit der Fünftürer-AT-Karosserie des künftigen Panda und 4x4-Getriebe samt Viskokupplung. Schon 1976 sah man in Turin den Prototyp des 126 Cavalletta (Beachcar mit Torpedo- oder Hardtop-Karosserie auf Fiat-Chassis mit 594-cm³-Heckmotor, 21,5 PS). 1992 gab es den ähnlichen Panda Destriero mit großem Überrollbügel. In Genf zog 2003 ein Prototyp des Beachcars Fiat MorraTech die Besucher an.

Fiat Campagnola ❷

Der Fiat Campagnola mit permanentem 4x4 debütierte 1951 auf der Handelsmesse in Bari. Fiat verhehlte nicht, dass er vom Jeep inspiriert war. Das Wort „Campagnola" bezeichnet eine hübsche, aber lautstarke Landfrau. Neben der zivilen gab es eine militärische Version, den AR51 (Autovettura da Ricognizione, „Spähwagen") mit offener Stahlkarosserie auf einem Leiterrahmen. Der 4V Frontmotor (OHV, 1901 cm³, 53 PS, 3700 U/min, 100 km/h) wirkte auf ein Getriebe mit Synchro-Gängen (2, 3 und 4). Die Kraft wurde auf alle vier oder nur auf die Hinterräder verteilt. Das hintere Differential besaß eine Sperre. Die Hinterachse war vom 1-t-Lkw Fiat

Fiat Dobló Sandstorm, Bologna (Italien), 2002

Fiat Campagnola

Fiat Campagnola, 1971

1100 abgeleitet, die vordere von der Limousine Fiat 1100B. Die Vorderräder waren einzeln an Trapezarmen und Spiralfedern aufgehängt, die starre Hinterachse an halbelliptische Federn. Die Bremsen waren vom Trommeltyp. Nach 1953 gab es das Auto auch mit Dieselmotor gleicher Leistung (40 PS, 3200 U/min, 85 km/h). Weitere Merkmale des AR51: 85 % Gefälle, 1250 kg Eigengewicht, Nutzlast 2 Personen plus 330 kg oder 6 Personen plus 50 kg Gepäck, Radstand 225 cm, Länge 364 cm, Breite 148 cm, Höhe 180 cm, Bodenfreiheit 20 cm, Nutzlast 500 kg. Seine Sporen verdiente sich der Neuling, als er in 11 Tagen, 4 Stunden und 54 Minuten von Kapstadt nach Algier fuhr – ein Weltrekord! Viele Exemplare erwarb das Militär, 358 die Carabinieri. Die Generation AR51 wurde bis 1955 gebaut und dann vom Campagnola A (milit. AR55) mit anderer Leistung (63 PS, 4000 U/min, 116 km/h) abgelöst. Abgesehen von der besseren Verdrahtung war jener größer: Länge 363,4, Breite 154,6 cm, Höhe 194,5 cm, Eigengewicht 1290 kg, Nutzlast 480 kg, Gefälle über 90 %. Sein Dieselmotor Campagnola A wurde von 1953 (1955) bis 1960 (43 PS, 3200 U/min) gebaut und später durch den Diesel Campagnola B (51 PS, 3800 U/min, 95 km/h) ersetzt. Die Militärversion AR55 B besaß einen 56-PS-Motor. 1959 wurde der AR 59 aufpoliert (24-V-Verdrahtung, Motoren). Das Auto war an den Vierteltonner-AT-Standard der NATO angepasst und diente auch Venezuela und

Fiat Campagnola

Fiat Nuova Campagnola der Carabinieri

Mexiko als Truppentransporter. Letzte Version war der Campagnola C (1968) mit 1968-cm^3-Motor (47 PS). Bei den Carabinieri kamen über 3000 „B" und „C" zum Einsatz. Die Produktion des AR59 lief 1973 aus. Fiat stellte 31293 mit Benzin- und 7783 (1. Generation) mit Dieselmotor her. Montiert wurde das Auto bei der Firma Zastava (Jugoslawien).

Fiat Nuova Campagnola

1975 stellte man in Belgrad den Nuova Campagnola (2. Generation) vor (sein heimisches Debüt erfolgte schon im Juni 1974). Typisch für ihn war das „zivilere" Aussehen der selbsttragenden Karosserie mit integriertem I-Profilrahmen; größere Änderungen betrafen auch die Räder (die Hinterachse besaß nun Trapeze, Drehstäbe und doppelte Teleskop-Stoßdämpfer). Der 4V-Motor (OHV, 1995 cm^3, 80 PS, 4600 U/min, DIN, 115 km/h) wurde vom Fiat 132/125 übernommen. Das voll synchronisierte Getriebe hatte 5 Gänge. Hinzu kam eine zentrale Gelände-Untersetzung, die bis zu 150 % Gefälle bewältigte. Der FWD ließ sich auskoppeln. Weitere Merkmale: Radstand 230 cm, Länge 377,5 cm, Breite 158 cm, Höhe 195 cm, Bodenfreiheit 27,2 cm, Eigengewicht 1570 kg, Nutzlast 570 kg. Der Wagen konnte den Fahrer und 500 kg Zuladung oder 7 Personen mit 80 kg Gepäck befördern. Ab 1976 gab es auch Modelle mit 20 cm größerem Hecküberhang und einen Kombi. Die Wagen wurden bis 1979 gebaut.

Fiat Nuova Campagnola Diesel 2000–2500 ❷

Mitte November 1979 erschien endlich der neue, als Geländewagen konzipierte Campagnola mit Diesel (Sofim Italian). Typisch war seine gewölbte Karosserie. Es gab 4V-Benziner (2 l, 60 PS, DIN) und -Diesel (2,5 l, 72 PS, DIN). Die Gewichtszunahme um 100 (beim kurzen Torpedo-Softop) bzw. 210 kg (beim langen Hardtop) lag zum Teil an den Motoren, Accessoires und (beim letzten Modell) an der standardmäßigen Lenkhilfe. Bei kurzen und langen Torpedos resp. Hardtops war die Höchstgeschwindig-

keit auf 115 km/h begrenzt; sie schafften über 100 % Steigung. Der Überhangwinkel der Kurzversionen betrug 37°/28°. Ein Durchbruch bei Mechanik (Fünfganggetriebe, Differentialsperre – auf Wunsch auch vorn), Innenausstattung (bis zu 7 Sitze) und Outfit (verstellbare Scheinwerfer) brachte dem Typ den Namen Nuova Campagnola 2nd Series ein. Bei den Carabinieri fuhren 1910 Torpedos und 214 Hardtops. Nach dem Bau von 30000 Wagen lief die Produktion 1987 aus – leider ohne Nachfolger. Mechanisch konnte der Campagnola nicht mit den Japanern mithalten, und das Management verkannte das wachsende Interesse an 4x4-Fahrzeugen.

Fiat Nuova Campagnola Torpedo, 1974

Fiat Campagnola der Carabinieri

Fiat Panda 4x4

135 km/h und bewältigte 42 % Gefälle. Weitere Merkmale: Radstand 217 cm, Länge 339 cm, Breite 148,5 cm, Höhe 145,1 cm. Leer wog der Wagen 740 kg; die Nutzlast betrug 400 kg oder 5 Insassen plus 50 kg Gepäck. Es gab ihn nur mit zweitüriger verstärkter Zweiraum-Karosserie. Die neue 4x4-Spezialserie 5000 stand im September 1985 bereit. Fiat baute das Modell bis 1986, als der New Panda 4x4 mit neuen Fire-Motoren und starrer „Omega"-Hinterachse (Spiralfederung) in Turin debütierte. Einige dieser Merkmale besaß auch die 4x4-Version mit Benzinmotor (999 cm^3, 50 PS). Der alternative Diesel und die übrigen Autos von 1986 hatten keine Omega-Achse. Die italienische Polizei übernahm 1283 Wagen.

Fiat Panda 4x4

1980 folgte auf den Fiat 127 der noch kleinere, nach dem Bambusbären benannte Fiat Panda. Er besaß 2V- oder 4V-Motoren mit 652, 843 oder 903 cm^3. Ende 1983 kam eine 4x4-Version mit „Bullauge" heraus. Steyr steuerte dazu Chassis und Kraftübertragung bei. Als Antrieb besaß das Modell durchweg den quer angeordneten 965-cm^3-Motor (48 PS, 5600 U/min) des Lancia A 112. Zur Erleichterung der Fahrt im Gefälle besaß das Fünfganggetriebe „schwere" Gänge. Die Vorderachse behielt ihre separate Aufhängung mit Kreuzarmen und Spiralfedern, die starre Hinterachse besaß zwei Bündel aus je drei Blattfedern. Der Panda brachte es auf max.

Fiat New Panda 4x4

Im Frühjahr 1992 wurde der Panda 4x4 überholt; das betraf auch den Fire-Motor (1108 cm^3, 50 PS, 5250 U/min oder 54 PS, 5500 U/min, Einspritzer, Katalysator, 130 km/h). Nun konnte man auf der Straße mit 2x4- und im Gelände mit 4x4-Antrieb fahren. Die Vorderachse besaß McPherson-Federbeine. Der Wagen bewältigte bei 24° Rampenwinkel bis zu 45 % Steigung. 1992–1995 baute man ein Standardmodell, den Trekking, dem sich nach 1995 der limitierte Country Club anschloss, ein Ersatz für den früheren Sisley. Obwohl der bei Steyr montierte Wagen kaum im Programm von Fiat auftaucht, wird er bis heute fast unverändert gefertigt. Urlaubsorte in den Alpen oder Andorra zeigen zur Genüge, welch unauffälliger, aber brauchbarer Helfer der Panda 4x4 ist – eine „Einkaufstasche" für die Berge.

Fiat Panda 4x4, Andorra 2002

Fiberfab

(Deutschland)

Fiberfab Sherpa

Fiberfab Sherpa

Fiberfab Sherpa ❹

Die 1966–1973 und von 1974 bis ca. 1983 tätige Firma Fiberfab hatte sich ganz auf Fiberglaskarosserien
spezialisiert. In ihrer Anfangsphase gehörte sie zu
ihrem US-Namensvetter und war in Stuttgart ansässig, anschließend siedelte sie nach Heilbronn über. In
Mittelmeeranrainerstaaten wie Griechenland war sie
für den 1975 vorgestellten Pick-up Sherpa bekannt,
einen Zweisitzer-Fiberglas-Softtop mit stabilen Türen (Leergewicht 1115 kg, Nutzlast 625 kg). Sein
2V-Motor (602 cm³, 32 PS), das Vierganggetriebe
und die Einzelradaufhängung stammten vom Citroën
2 CV. Weitere Merkmale: Radstand 240 cm, Länge
352,5 cm, Breite 126 cm, Höhe 152 cm, Böschungswinkel 33°/45°.

Fissore Scout 127 „First Generation"

Fissore, Rayton Fissore, Magnum Automobili

(Italien)

Gründer der Turiner Firma (1920) waren die Brüder Fissore: Antonio, Bermando, Costanzo und Giovanni. Sie verlagerten sich von Pferdewagen auf Pkws und Lkws. Man entwarf und baute Karosserien für andere, z. B. für Monteverdi für Sport- und Luxusmodelle sowie Safari-Geländewagen. Das Armeemodell Military entstand 1984, nachdem die Firma von den Kindern der Gründer und einem Ex-Manager reorganisiert worden und als Rayton Fissore neu angetreten war. Managementwechsel, Rivalitäten und Generationskonflikte machten der Firma zu schaffen; als tödlich erwiesen sich die Krisen von 1973 und 1984. Die Autos wurden noch bis ca. 2000 produziert. Obwohl der Rayton Fissore 1988 auslief, baute man ihn 1988–1992 unter dem alten Namen, und von 1998 bis ca. 2000 hieß er Magnum Auto-

mobili. Ab etwa 1988 montierte man ihn bei Laforza Automobiles Inc. (Kalifornien) aus italienischen Teilen. Zu den interessantesten Projekten gehörten Gelände-Krankenwagen für heimische und auswärtige Kunden (Afrika, Asien) auf dem Chassis des Fiat Campagnola, Range Rover und Toyota.

Fissore Gipsy und Scout 127

Der Vier- oder Fünfsitzer Fissore Gipsy („Zigeuner") debütierte 1971 in Turin. Er war für leichtere Aufgaben und Reisen konzipiert. Man taufte ihn bald in Fissore Scout 127 um. Er wurde in viele Länder verkauft, v. a. im Mittelmeerraum. Die offene „gekippte" Kunststoffkarosserie saß auf einem Stahlröhrenrahmen. Vom Fiat 127 stammte der 4V-Motor (903 cm³, 47 PS, 6200 U/min, 140 km/h), der über ein Vierganggetriebe auf die Vorderräder wirkte. Die Achsen besaßen separate Federung (vorn McPherson-Federbeine mit Lenkarmen, hinten Spiralfedern). Der Scout 127 hatte 222,5 cm Radstand und 13 cm Bodenfreiheit. Er war 347 cm lang, 147 cm breit und 137 cm hoch. Gebaut wurde er bei Franco Maina; monatlich waren 180 geplant. Der Typ erlebte mehrere Veränderungen. Die originale Fiberglaskarosserie wurde später durch Stahlbleche verstärkt. Die letzten Exemplare entstanden 1982. Sie wurden als Samba bei Emelba (Spanien) und als Amico (Griechenland) in Lizenz gebaut.

Rayton Fissore Magnum ❷

Der Kombi Rayton Fissore Magnum trug den Spitznamen „Gelände-Rolls-Royce". Ein Vorserienmodell war für Ende 1984 geplant. Das offizielle Debüt fand 1985 in Genf statt; ein Jahr später folgte der Magnum VIP. Er hatte eine Fünftürer-/Viersitzer-Karosserie aus Stahl und Fiberglas. Die leicht gewölbte Kühlerhaube barg anfangs Motoren von Fiat (4V, 1995 cm³, 135 PS, 5500 U/min, 155 km/h), 2.0 VX Alfa Romeo (6V, 2492 cm³, 156 PS, 5600 U/min, 170 km/h), 2.5i V6 oder VIP (ab November 1986 bzw. Oktober 1986). Nach 1988 nutzte man kurz einen 6V von BMW, ebenso (ab November 1989) einen TD-Ladeluftkühler (VM, 2393 cm³, 110 PS,

Fissore Monteverdi 230 M

Fissore Scout 127

Fissore Scout (Hardtop)

Magnum American Limited, 1998

4200 U/min, 150 km/h), einen 2.4 TD und den 2.5 TD VIP mit 2498 cm^3 (120 PS, 4200 U/min, 160 km/h). Der Motor trieb die Hinterräder über ein Fünfganggetriebe mit Untersetzung an. Im Gelände trat bei Bedarf der FWD hinzu, die Freilaufnaben blockierten, und ein ZF-Selbstsperrdifferential trat an beiden Achsen in Aktion. Jene waren starr und besaßen Stabilisatoren und ausgerichtete Stoßdämpfer (vorn mit Spiral-, hinten mit Blattfedern). Weitere Merkmale: Radstand 270 cm, Länge 457 cm, Breite 201 cm, Höhe 188,7 cm, Bodenfreiheit 19,1 cm. Leergewicht 2230 kg, Nutzlast 650 kg, Wattiefe 50 cm, Gefälle 100 %. Forstwirtschaftsbetriebe und Polizei waren vom Magnum begeistert – aber auch die Zielgruppe eines Dreisitzer-Pick-ups mit Hardtop-Aufbau über dem Gepäckraum.

Magnum American Limited, 1998

Magnum, 1998

Laforza (USA)

In den USA wurde der Magnum in den Jahren 1988 bis 1992 bei der Firma Laforza montiert. Die meisten Teile stammten aus Turin; angetrieben wurden diese Wagen jedoch vom Fordmotor 5.0 V8 (4642 cm³, 185 PS, 3800 U/min, 163 km/h). Die Luxus-Magnums oder Laforzas exportierte man in zahlreiche Länder, unter anderem in die Vereinigten Arabischen Emirate.

Magnum Classic

Im Jahr 1988 erlebten mehrere Firmen (Magnum Automobili, Magnum Industriale) ihre „Auferstehung", und in Cherasco (50 km vor Turin) lief die Produktion einer aufpolierten Magnum-Version an. Es gab mehrere zivile und kommerzielle Varianten (u. a. für Polizei, Armee und Rettungsdienste). Die luxuriösen SUVs Classic Limited und (ab 1999) America Limited wurden noch besser ausgestattet,

die Militärversion Classic VAV hingegen wurde rustikaler. Die mehr als 1000 Wagen der 1. Generation erwarben sich bei Polizei und Lokalbehörden einen guten Ruf. Modelle: Classic Limited (Fünftürer-Geländekombi), Classic Armoured (gepanzerter Kombi), Classic VAV (Veicolo Attacco Veloce, „schnelles Angriffsfahrzeug"; Viertürer); Classic Pick-up und Classic Furgone. Sie wurden 1998 in Turin vorgestellt. Die Vorderachse erhielt eine separate Aufhängung mit Drehstäben, die starre Hinterachse halbelliptische Längsfedern und einen Stabilisator. Als Sonderausstattung gab es statt der Fünfgang-Handschaltung eine Viergang-Automatik. Die Hinterräder wurden ständig angetrieben, und für Geländefahrten stand FWD zur Verfügung. Zum Sonderzubehör gehörte ferner AWD. Das Auto besaß Scheibenbremsen. Die Firma vertraute auf wirtschaftliche TD mit Luftladekühlern (4V, 2,8 l, 122 PS oder 5V, 2,8 l, 150 PS) oder Benzinmotoren (V6, 2,8 l, 185 PS oder V8, 5 l, 225 PS). Dabei änderte sich lediglich die Höhe der Fahrzeuge (172,2 cm). Die Wirtschaftsflaute der späten 1990er knickte allerdings auch diese Blüte.

Magnum Classic VAV, Turin 1998

Foers

(Großbritannien)

FOERS

1977 gründete John A. Foers in Rotherham eine Firma, die 1990 in Del Tech Ltd. umbenannt wurde. Sie ging um 1995 ein, scheint jedoch seit Ende der 1990er wieder aktiv zu sein.

Foers Nomad, Triton ❹

Erstes Modell war der Freizeitwagen Nomad (2x4) mit Aluminiumkarosserie auf dem Fahrgestell des Mini mit 4V-Motor von Leyland (998 cm³,40 PS, 5200 U/min, 120 km/h) und Vierganggetriebe. Der Viersitzer hatte 204 cm Radstand und 15 cm Bodenfreiheit. Man konnte zwischen Cabrio-, Pick-up-, Kombi- und Lieferwagen-Version wählen. Bis 1985 liefen etwa 200 vom Band; dann wurde der Typ vom Viersitzer/Dreitürer-Kombi Triton mit Mini-Metro-Mechanik abgelöst. Nach Präsentation des Ibex verkaufte man eine Lizenz an Del Tech Ltd.

Foers Ibex ❷ ❽

Der Geländewagen Ibex („Steinbock") stammte von John Foers, der den altbewährten Land-Rover-Motor und ein neues Leiterchassis einbaute. Er war nicht nur bei der Hauptzielgruppe, den Farmern, beliebt. Die kantige Karosserie aus galvanisiertem Blech und Aluminium erhob keinen Anspruch auf Eleganz. Der Typ hatte permanenten 4x4 und Fünfganggetriebe mit Untersetzung und Spiralfederung. Die Firma baute nicht nur 4x4, sondern auch Spezial-6x6 für

Sanitäter, Feuerwehren, Rettungsdienste und Reparaturteams. Die 4x4-Version gab es mit den Radständen 240″/260″/280″ (236, 254, 279,5 cm) und in 3 Längen (323,5, 364, 414 cm); Breite 182 cm, Höhe 202,5 cm, Bodenfreiheit 25,5 cm, Platz für 7, 9 oder 11 Personen, Überhangwinkel 85° (v.) bzw. 85°/58°/40° (h.). Die kürzesten Wagen waren auf rauen Pisten dank des Bodengrundrisses (mit den Rädern in den Ecken) unschlagbar. Der nach dem Karosseriebauer benannte Firefly Ibex 6x6 – ein Löschfahrzeug von 1999 – hatte einen V8-Motor von Land Rover (4,6 l, 220 PS), 367,5 cm Radstand und ein Hinterachsintervall von 1 m. Er war 620 cm lang, 180 cm breit und 210 cm hoch. Der Typ besaß ZF-Vierganautomatik, Zweigang-Untersetzung und eine Differentialsperre für die Hinterachsen. Man konnte durch Auskuppeln der Hinterachsen zwischen 6x6- und 6x4-Antrieb wählen.

Foers Nomad

Rau Transit Sira 4x4

Ford

(Europa)

1896 baute Henry Ford das Quadricycle („Vierrad"), und 1903 gründete er seine eigene Fabrik. Sie wurde weltweit aktiv und einer der führenden Autobauer. In Großbritannien montierte man 1911 die ersten Fords, in Deutschland ab 1926. 1967 verband man die Werke in England und Deutschland (samt den Ablegern in Spanien, Portugal und Belgien zu „Ford of Europe". Zum Ford-Imperium gehören heute u. a. Land Rover (seit 2000), Mazda und Volvo. Außerdem haben Europas Märkte gern auch Gelände-

wagen aus Thailand, der Türkei und (in begrenzter Zahl) den USA aufgenommen. Zu Fords Typenangebot gehören die Straßen-Pkws Escort/Orion, Sierra und Scorpio (mit AWD), die aber keine Geländewagen waren. Die Lieferwagen Ford Transit der 1. (1961), 2. (1965), 3. (1985) und 4. Generation (2000) hatten erst 4x2- und später (ab der 4.) 4x2- oder 4x4-Antrieb. Die deutsche Rau GmbH rüstete die 2. Generation auf 4x4 um, d. h. zum Kleinbus Ford Sira 4x4 mit 9–15 Sitzen und 2-l- (78 PS) oder 2,4-l-Diesel (62 PS).

Ford Maverick (Spanien) ❷

Während Ford in den USA einen Großteil des Marktes für Geländewagen, Pick-ups und SUVs beherrschte, wurde dieser Sektor in Europa vernachlässigt. Der 1993 in Genf präsentierte Maverick hatte mit seinem US-Vetter nichts gemein, geschweige denn mit dem australischen Ford Maverick, der praktisch der Nissan Patrol GR war. Er entstand auf den Reißbrettern der Konstruktions- und Entwicklungsabteilung des Nissan European Technology Centre in Cranfield (GB). Er sieht aus wie der Nissan Terrano II, der in Barcelona gebaut wird. Fords Designer in Brighton entwarfen den Innenraum. Der Bau von Fords lief 1998/99 aus, als Nissan wieder eigene Wege ging. 2000 kam in Los Angeles das SUV Mazda Tribute heraus, das in Europa als Ford Maverick (in den USA Escape) erhältlich war.

Ford Maverick, 2002

Ford Ranger, 2000

Ford Galaxy (Portugal) ❼

Im Juni 1995 beschlossen Ford und VW, gemeinsam den MPV Ford Galaxy/VW Sharan (5 Türen, 5–8 Sitze) und später auch den Seat Alhambra (2x4) zu bauen. Die in einer gemeinsam geführten Fabrik in Setubal (Portugal) gefertigten Autos hatten die gleiche Karosserien, Motoren und Getriebe. 1996 kam der Sharan Syncro heraus, dem 1997 der Ford Galaxy 4x4 mit V6-Benziner (2792 cm^3, 174 PS, 5800 U/min, 193 km/h) folgte. Das 4WD-Modell hatte Fünfgang-Handschaltung oder Viergang-Automatik und ein Zwischenachsdifferential mit Viskokupplung. Die Wagen besaßen einzeln aufgehängte Räder (alle mit Spiralfedern, Stabilisatoren und Scheibenbremsen). Auf dem Genfer Autosalon von 2000 debütierte die 2. Generation (ohne 4x4-Option).

Ford Explorer (USA) ❷

1990 stellte man in Detroit den Geländewagen Ford Explorer vor – einen kurzen Dreitürer- bzw. langen Fünftürer-Kombi mit permanentem RWD und optionalem FWD oder 4x2. Die schrittweise verbesserten Autos sind in Europa kaum erhältlich. Die Version

Ford Explorer, NEC 2000

mit V6-Motor (3996 cm^3, 162 PS, 4200 U/min, 170 km/h) gibt es mit Fünfgang-Handschaltung oder Viergang-Automatik, jene mit 208 PS (5250 U/min und 171 km/h) bzw. V8-Motoren (4942 cm^3, 213 PS, 4500 U/min, 185 km/h) haben alle Automatik. Der Explorer 4x4 besitzt ein elektrisch gesteuertes Zwischenachsdifferential mit Mehrscheibenkupplung, eine Differentialbremse (h.) und Untersetzung. Die Stahlkarosserie ist mit einem Leiterrahmen verschraubt. Die Vorderräder haben Doppel-Dreiecklenkeraufhängung mit Drehstäben und Stabilisatoren, die starre Hinterachse hat Blattfedern und Stabilisatoren (bei den 4x2-Versionen Spiralfedern). Weitere Merkmale: Radstand 259,5/283 cm, Länge 453/479 cm, Breite 179/188 cm, Höhe 180 cm, Bodenfreiheit 20 cm. Das Leergewicht beträgt 1670/1900 kg. 2001 wurde in Detroit die neue Generation mit anderem Outfit und V6- (4 l, 213 PS, 5250 U/min, SAE) oder 4601-cm^3-Motor (242 PS, 4750 U/min, SAE, 185 km/h) vorgestellt.

Ford Ranger (Thailand) ❷ ❻

Die 1995 gegründete und von Ford und Mazda betriebene Firma Auto Alliance (Thailand) baut seit 1999 handelsübliche Pick-ups (Ford Ranger und Mazda Fighter/B-Serie), die sich wohl nur durch ihre Kühlergitter unterscheiden (vgl. Mazda).

Ford Ranger, NEC 2000

Fiat 125p (Kombi)

Polonez Analog

FSO

(Polen)

Der Bau des Montagewerks FSO (Fabryka Samochodów Osobowych) begann 1945. Zunächst fertigte es in Lizenz Fiats (508 und 1100), ab 1950 auf politischen Druck die Sowjetlimousinen GAZ M-20. Am 12. Dezember 1965 erneuerte man die alte Partnerschaft und bekam eine Lizenz für den Fiat 125p. Anfang 1968 rollten die ersten Autos (die vom Original abwichen) vom Band. 1978 nahm man die Produktion des „nationalen" Fließheck-Polonez auf. Die Firma FSO Nysa baut Nutzversionen des Lkw Polonez-FSO. Ihre Anfänge reichen bis 1947 zurück: Damals fiel die Entscheidung über den Bau eines Hüttenwerks in Nysa (Neiße, Polen). 1986 wurde das Werk ein Teil der Warschauer Firma FSO. In den 1990ern montierte man dort den Citroën C-15 und Berlingo. An FSO-Lkws gibt es: die Standardversion, die lange (Pick-up mit vergrößerter Ladefläche) und den Viertürer mit Doppelkabine. 2000 wurde die Firma in Nysa Sp. umbenannt; sie gehört zu 100 % Daewoo Motor Polska. Kürzlich geriet sie in eine Krise, als Daewoo Insolvenz beantragte. Im Frühjahr wurde das Werk durch einen Streit der Gewerkschaft Solidarnosc gelähmt.

Fiat 125p Kombi 4x4 ⑩

Ein Warschauer Museum hütet den Prototyp eines 4x4-Kombis dessen Antriebsmechanismus vermutlich zum Teil vom Lada Niva stammt. Nach 1975 wurden mehrere 4x4-Kombis gefertigt.

Polonez 4x4 ⑥

Der auch als Truck bekannte Pick-up Polonez 4x2 sollte die veralteten 125p-Pick-ups ablösen. Ein Prototyp des Polonez 4x4 wurde entwickelt und 1987–1989 auch gebaut. Die nun ebenfalls angetriebene Vorderachse war in Wirklichkeit eine modifizierte Polonez-Hinterachse mit den Antriebswellen des Lada Niva 2121. Die Hinterachse hatte einen Querstabilisator. 1984 baute man einen Prototyp mit dem Arbeitstitel Analog 1 (2x4, mit Teilen des Lada Samara); ihm folgten der Analog 2 (4x2, Achsen vom Polonez) und der Analog 3 (4x4, Polonez-Antriebsstrang). Das Forschungsinstitut des Militärs griff in die Entwicklung ein: heraus kam der Prototyp des Analog 4. Er verfügte über Subaru-Achsantrieb und eine Differentialsperre, doch sein FSO-Motor war zu schwach. Nach dem Einstieg von Daewoo stellte die Firma das Projekt ein.

Polonez Analog

Prototyp des Polonez 4x4

GAZ

(UdSSR und Russland)

In den 1930ern hatte die sowjetische Autoindustrie zwei Standbeine – die später als ZIS bekannten Moskauer AMO-Werke und die GAZ-Fabrik in Gorki (heute Nischni Nowgorod). Das Land benötigte Unmengen von Autos, und Lizenzen reichten nicht aus: man brauchte ein komplettes Werk mit großer Kapazität. GM bot eine Fabrik mit einem Jahresausstoß von 12 500 Chevrolets an, während Henry Ford eine Superlösung für 100 000 Wagen vorschlug. Die Sowjets schlossen einen Vertrag ab, der Ford 30 Millionen US-Dollar einbrachte. Das Werk musste völlig neu gebaut werden. Am 4. März 1929 brachten die Zeitungen ein Dekret von V. Kuibyschew, dem Vorsitzenden der Obersten Wirtschaftssowjets, über den Bau eines Autowerks mit 100 000 Stück Jahreskapazität. Am 6. April wurde bestätigt, dass es beim Dorf Monastyrka unweit von Nischni Nowgorod entstehen sollte. Am 31. Mai unterzeichneten VSNCH USSR und FMC einen Vertrag über technische Hilfe und Kooperation bei der Großproduktion des Pkw Ford A (Modell 1927) und des Lkw Ford AA. Vorbereitet wurde das Projekt vom US-Büro Austin & K. Grundsteinlegung war am 2. Mai 1930. Während man in den USA Facharbeiter ausbildete, stampfte man auf den Feldern zwischen Wolga und Oka in 18 Monaten unter gewaltigen Anstrengungen eine riesige Fabrik aus dem Boden. Die US-Ingenieure vor Ort konnten das Chaos, die bürokratische Sturheit und die Gleichgültigkeit auf der Baustelle nie verste-

hen. Vollendet wurde das Werk nur mithilfe der Sorgfalt zahlloser Arbeiter und deren Disziplin. Unglücksfälle galten als Werk von Saboteuren und Staatsfeinden – jene wurden füsiliert oder – mit viel Glück – ins GULAG geschickt. Allein 1930 entdeckte man 300 innere Feinde. S. S. Dybets, der erste Direktor von NAZ (Nizhnyegorodskiy avtomobilniy zavod), wurde 1932 Leiter der Auto- und Traktorproduktion im Industrieministerium. Ihm folgte Sergej S. Djakonow. Dybets wurde 1937 als innerer Feind enttarnt und erschossen, sein Nachfolger ein Jahr darauf. Die Abteilungen des NAZ-Werks „Oktober-Sirene" in Nischni Nowgorod begannen im Februar 1930 mit der Montage des Ford AA aus US-Teilen, jene in Moskau (KIM) im November 1930. Nachschubmangel hemmte die Produktion häufig. Die feierliche Eröffnung fand am 1. Januar 1932 statt, und die Fertigung des NAZ-AA lief am 29. Januar 1932 an – nur um kurz darauf wegen Nachschubmangels zu stocken. Ab Dezember 1932 baute man auch den Pkw GAZ-A.

Das Jahr 1990 stürzte die Firma in eine tiefe Krise. Sie wurde zur AG umgewandelt. 1995 wendete sich das Blatt. Ab 1996 baute man in Lizenz den Direkteinspritzer-Diesel Steyr M-1. 1995–1997 diente die Limousine GAZ-1302 Wolga als Basis für mindestens zwei Pick-ups mit unterschiedlichem Aufbau und Outfit: Der GAZ-2304 Burlak (eine Zugmaschine, die Schiffe die Wolga hinauftreidelte) hatte ein Kühlergitter mit Vertikalrippen; er beförderte 2–3 Fahrgäste und 650 kg Nutzlast, die ein Leinenverdeck schützte; der andere Typ besaß Horizontalrippen und einen Fiberglasdachaufbau. 1997 unter-

zeichneten GAZ und Fiat einen Vertrag über den Bau von vier Modellen namens Fiat-GAZ. Zur Realisierung des Projekts gründete man in Nischni Nowgorod eine neue AG namens ZAO Nizhgorod Motors. Der Industriegigant GAZ besteht aus 5 Firmen mit 10 eigenständigen Werken und Hunderten von Fließbändern. Das Hauptwerk bedeckt eine Fläche von 597,5 ha und beschäftigt 108 000 Menschen. Im Jahr 2000 gehörten 25 % der Aktien dem Konzern Siberian Aluminium. Die derzeitige Kapazität ist mit dem Bau der schwer erhältlichen Modelle Sobol und Gazela voll ausgelastet. Das erste sowjetische AWD war der GAZ 61-40, ein Ableger des Cabrios GAZ 11-40 (Serie 1) mit 4x2-Antrieb, der zur Baureihe GAZ M-1 gehörte. Das robuste Vorkriegs-Cabrio mit Leiterrahmen und Längsblattfedern wurde ab 1938 gebaut. Es hatte einen 6V-SV-Motor (3485 cm³, 85 PS, 3600 U/min) und Vierganggetriebe. 1941 folgte ihm über den GAZ R1 (einen Prototyp mit 37-mm-Kanone anstelle der Rücksitze) der GAZ 64-416, ein echter Geländewagen mit jeepartiger Karosserie. 1941 kam der auf dem GAZ 11-73 basierende GAZ 61-73 mit gleichem Motor und Einganggetriebe heraus, das entweder die vorderen oder alle Räder (mit Blattfederung) antrieb und einen geschlossenen Aufbau besaß. Ebenfalls 1941 baute man für die Armee die Limousine 181. Es gab 2 Versionen: den GAZ 61-40, ein bequemes Cabrio für Sowjetmarschälle, und den Pick-up GAZ 61-415, von dem mehrere Hundert entstanden. Der GAZ 61-417 (1940) war ein Nachfolgemodell des Pick-ups GAZ 11-415, allerdings mit AWD. Er diente bei der

Armee und war ein Vorgänger des GAZ-64. Beachtung verdiente auch der 6x4-Pick-up GAZ-21, ein Nachfolger des Pick-ups GAZ M-415: Er hatte einen 4V-SV-Motor (3285 cm³, 50 PS, 2800 U/min, 90 km/h, Verbrauch 17,5 l) und Dreiganggetriebe.

GAZ-64

Der sowjetisch-finnische Winterkrieg von 1939/40 zeigte in aller Schärfe die Probleme, die sich in harten Wintern auf schwierigem Terrain stellen. Die Generäle mussten ihren Kommandeuren und Aufklärungseinheiten ein einfaches Leichtfahrzeug verschaffen. Sie hatten schon einiges über den US-Bantam (Jeep) gehört. Generalmajor I. P. Tjagunow beauftragte mit Unterstützung des Kommissars für Leichtindustrie V. A. Malyschew die Entwicklungsabteilungen von GAZ und NATI, eine leichte Zugmaschine mit 4x4-Antrieb, offener Karosserie, geringer Spurweite, 400 kg Nutzlast und mindestens 5000 Stunden Lebensdauer zu bauen. Radstand und Länge sollten dabei dem Jeep entsprechen. Das Chassis des GAZ 61-40 war ungeeignet. Achsantrieb, Kardanwellen, Antriebsmechanik, Bremsen und Räder stammten vom GAZ 61-xx, 4V-Motor, Kupplung, „Lkw"-Getriebe und Hauptgang vom GAZ MM. Die Antriebswelle der Achsen des GAZ-61 war verkürzt – ein großer Fehler, wie sich beim Herstellungsprozess und vor allem im praktischen Einsatz herausstellen solle (der Wagen blieb im tiefen Schlamm schwerer Lkws stecken und kam beim Umfahren von Hügeln leicht aus dem Gleichgewicht: 17° Schlagseite galten schon als bedenklich). Zum Überwinden einer 50 cm hohen Mauer war ein vorderer Überhangwinkel von 75° nötig. Neu war der Leiterrahmen; die Vorderachse besaß 4 viertelelliptische Spiralfedern und 4 hydraulische Stoßdämpfer. Das Projekt GAZ 64-416 lief am 3. Februar 1941 an, und der erste Wagen wurde am 25. März 1941 von Gratschew getestet – der erste Sowjet-Jeep Pigmej („Pygmäe") war geboren. Er bewältigte 38° Steigung (mit 800 kg Last 20°), konnte 80 cm tief waten und noch bei 40 cm Schneedecke fahren. Das Chassis war nicht sehr starr, aber von höchster Qualität. Sorgen bereiteten Rahmenteile, Blattfedern, Sitze, Bremsen sowie der hohe Benzin- und Ölverbrauch. Das größte Problem – der geringe Radstand von 124,5 bzw. 127,8 cm – löste man Ende 1942 durch Vergrößerung auf 129,3 cm (GAZ-64). Noch schlimmer war es beim gepanzerten GAZ 64-125. Wegen Schlagseite und Gleichgewichtsproblemen übernahm die Rote Armee nur 67 GAZ 64-416 und 2486 Panzerautos. Es wurden 686 GAZ-64 und GAZ 64-125 gebaut. Beide mussten dringend modernisiert werden. Entsprechende Pläne wurden am 26. September 1942 genehmigt.

GAZ-67 und GAZ-67B ❷

Das Modell sollte einen größeren Radstand (144,6, später 144,9 cm) haben. Schutzbleche, Trittbretter und hintere Blattfedern wurden nach außen verlagert, was für mehr Bodenfreiheit sorgte. Das Chassis verstärkte man unter Verzicht auf den hinteren Stabilisator. So wurde der Wagen länger und breiter. Er vertrug 25° Seitenneigung und konnte durch 45 cm tiefen Schlamm fahren. Sein 4V-SV-Motor (3285 cm³, 54 PS, 2800 U/min, Kompressionsrate 4,6:1; für Benzin mit 55–60 Oktan) leistete mehr. Der Radstand betrug wie beim GAZ-64 210 cm, die Länge 335 (330,5) cm, die Breite 168,5 (153,5) cm, die Höhe 170 cm. „Vater" des Typs war Ing. Wasserman. Die ersten Prototypen bestanden im April 1943 die Armeetests, und am 13. September lief die Produktion an (nach anderen Quellen bereits 1942). Bis Ende 1945 liefen 56068 GAZ-67 vom Band. Die Kühlergitter waren im Krieg aus Stahlruten geschweißt; später benutzte man Formbleche aus Stahl. Trotz des minderwertigen Benzinmotors war der Wagen recht zuverlässig. Im Oktober 1943 entstand ein Prototyp des GAZ 67-420 mit Holzkarosserie, der nicht in Produktion ging. Ab Januar 1944 lieferte und testete man den moderneren GAZ-67B („Tschapajew"), den es auch als 4x2 für Nachhuten gab. Der relativen Verlässlichkeit stand der unlöschbare Durst entgegen: Im Gelände schluckte er pro Kilometer 0,5 l Benzin. Die Bremsen versagten oft und ließen sich schwer feststellen. Am Ende wurde er zum Dienstwagen für Sowchosenchefs. Einige gingen in den Export. 1950 „sprang" der erste GAZ-67B aus einer TU-2 ab, und ein Jahr später gelangte er so zum Nordpol, wo die Eisstation SP-2 entstand. 1950 fuhr ein leichter GAZ-67B zum „Lager der Elf" auf dem Elbrus-Gipfel. Sein Chassis diente auch als Grundlage des Schwimmwagens NAMI-011, der modifiziert GAZ-011 hieß. 1948 entwarf Wasserman eine modernere, aber nie realisierte Variante. Als Nachfolger war der GAZ-69 in Vorbereitung. In 10 Jahren entstanden 92 843 GAZ-67 und -67B – der letzte im September 1953. Bis 1953 gingen 62 843 Wagen an die Rote Armee und ihre Verbündeten. Das Chassis verwendete man auch beim Panzerwagen BA-64B.

Ausschnitt aus dem Titelblatt eines Werbeprospekts für den GAZ-67

GAZ-69 und GAZ-69A ❾ ❷

Der GAZ-69 „Koslow" war ein Kind der Nachkriegszeit. Das Ingenieurteam um Grigorij Moissejewitsch Wasserman stellte den Prototyp irgendwann im Jahr 1948 fertig (damals trug er den Spitznamen Truschenik). Der bewährte Leiterrahmen trug eine Metallkarosserie mit Leinenverdeck. Der GAZ-69 hatte 2 Türen und eine Heckklappe. Er beförderte 8 Mann oder nur 2 plus 500 kg Gepäck. Der GAZ-69A hat eine Besonderheit: 4 Türen, die an der jeweiligen Seite austauschbar sind. Er trägt 5 Insassen plus 50 kg Gepäck. Die beiden Modelle hatten die meisten Teile gemeinsam (auch mit anderen GAZ-Typen), z. B. wurden Motor, Hydraulikbremsen, Antriebsmechanik, Kupplung und Getriebe zuerst in der Limousine GAZ M-20 Pobjeda („Sieg") verwendet. Der 4V-Motor GAZ SV (2120 cm³, 55 PS, 3600 U/min, Kompressionsrate 6,2–6,5:1) trieb über ein Dreiganggetriebe oder eine Zweigang-Hilfsuntersetzung entweder die hinteren oder alle Räder an. Im Heck befanden sich Längs- oder Querbänke für Soldaten oder diverse Aufbauten. Merkmale: Radstand 230 cm, Länge 385 cm, Breite 175 cm, Höhe 203 cm, Eigengewicht 1525 kg. Ungewöhnlich wirkte der Snjegobolotoschod mit breiten Reifen, dessen Aufgabe (Fahrten im Schnee) sein russischer Name verrät. Ähnlichen Zwecken diente ein 8x8-Prototyp mit geschlossenem Aufbau. Der mittlere Benzinverbrauch bei 4x2-Antrieb betrug nach Werksangaben 14 l/100 km. Die ersten Serienmodelle des GAZ-69 rollten 1952 vom Band; vier Jahre später folgte der GAZ-69A. Die Armee übernahm 634 256 Stück, und einige Wagen gingen an zivile Empfänger. Exportautos zeichneten sich durch das „M" im Namen aus. Der GAZ-19 hatte nur RWD, aber einen verglasten Heckaufbau. Es gab auch einen 1960 getesteten Sattelschlepper (für UAZ-456) und den GAZ-69B „Buchanka" (ein Testmodell des späteren UAZ-469). Der modernisierte GAZ 68-69 von 1970 hatte ein Leinwandverdeck. 1954 verlagerte man die Produktion nach Uljanowsk, wo der Wagen bis 1972 ge-

GAZ-69 Snjegobolotoschod

baut wurde. UAZ-Namensplaketten waren eine große Seltenheit. In Gorki lief die Produktion 1956 aus. GAZs gehörten zum Arsenal vieler Armeen in Afrika, der Mongolei und auf Kuba; sie tauchten auch in TV-Berichten aus Afghanistan auf. Der Vollständigkeit halber muss man auch den GAZ-69 MAV erwähnen, ein Amphibienfahrzeug des Militärs auf 69er-Chassis mit Hilfsgetriebe. Anders als der Geländewagen besaß er eine Antriebswelle für den Dreiblatt-Propeller und eine Lenzpumpe für in die Wanne eindringendes Wasser. Zur Steuerung diente im Wasser ein mit dem Lenkrad gekoppeltes Ruder. Der Typ war ein Nachbau des Ford GPA aus dem Krieg, von dem die USA 9500 Stück an die UdSSR geliefert hatten. Die Gesamtproduktion der GAZs lag vermutlich um einige Hundert höher.

GAZ M72 – Pobjeda ❷

Am Ende des Zweiten Weltkriegs gab es eine interessante „Kreuzung" aus GAZ-69-Chassis und GAZ M20 Pobjeda („Sieg"). Sie stammte von Wassermans Assistenten. Die Karosserie war dort, wo sie mit dem Chassis vernietet war, verstärkt, ebenso der Unterboden und die A- und B-Säulen. Zur komplizierten Zugstangenführung des Schalthebels unter dem Lenkrad kamen Schalthebel für FWD und Untersetzung. Die Bodenfreiheit wuchs um etwa 20 cm. Von der Baureihe GAZ M21 gab es 1956--1970 drei Serien: den GAZ M22 (Kombi/Ambulanz), den

GAZ M72 Pobjeda

GAZ M73 mit 4x4-Antrieb, 1955

GAZ M73 Pick-up, 1953

GAZ M23 („Super-Version" v. a. für den KGB) und den GAZ M21 (Experimental-Pick-up). Ein bizarrer „arktischer" Prototyp des Pobjeda, der statt Rädern Skier besaß, wurde von einem Flugzeugpropeller im Heck angetrieben. 1955 erschien der GAT M73 Pick-up (4x4) – ein zweisitziger Prototyp (52 PS) mit kürzerem Radstand und schlichterem Kühlergitter. Ebenfalls 1955 nutzte Wasserman den GAZ M72 für den Prototyp der Zweisitzer-Limousine Tudor 4x4. Sie war für Leiter von Kolchosen und Sowchosen gedacht und bestand alle Tests, aber das Industrieministerium sah von der Produktion ab, weil der GAZ-69 ebenso geeignet war.

GAZ 24-95 Wolga ❹

Von der Limousine GAZ-24 4x4 (mit Blattfedern) baute GAZ nur 5 Stück. Als Antrieb diente der 4V-Diesel ZMZ-24 (2445 cm^3, 55 PS, 3600 U/min, 130 km/h). Der Wolga trug 5-6 Personen. Ein anderes 4x4-Experiment (GAZ 3106M) war eine Fünftürer-Limousine mit 4V-Reihenmotor (2,3 l, 150 PS, Elektro-Einspritzung) von 1986.

GAZ 2308 Ataman ❷ ❻ ❾

Nach 50 Jahren wandte sich GAZ wieder 4x4-Geländewagen zu. Der erste war der Pick-up GAZ 2308 Ataman. 1995 präsentierte man einen Prototyp des 2307/2309 Asket, auf den 1996 der 2106 Ataman

GAZ 2308 Ataman Pick-up 4x4, 2000

folgte. Sein verkürztes bzw. verlängertes Chassis wurde Grundlage weiterer 4x4-Modelle. 1996 entstand eine kleine Testserie. Der Ataman wird seit 1999 gebaut (nach anderen Quellen seit 2001). Als Antrieb dient ein 4V-ZMZ-Benziner (2890 cm³, 105 PS, 120 km/h). Der Wagen hat Fünfganggetriebe, ein Zwischenachsdifferential mit Sperre und Zweigang-Untersetzung. Neben 3 Fahrgästen kann er bis zu 800 kg Gepäck tragen. Eine Pick-up-Version mit Kombi-Karosserie auf Chassis mit vergrößertem Radstand wurde als GAZ 230810 (Ataman) Jermak beworben; die Massenproduktion sollte 2003 anlaufen. Ein weiterer 2000 in Moskau präsentierter Neuling war der Doppelkabiner GAZ 230812 Ataman mit ZMZ-Motor (160 PS). Es gab auch eine 4x2-Version, den GAZ-2307. Auf der 2001 in den Verei-

nigten Arabischen Emiraten veranstalteten Militärtechnik-Ausstellung IDAX-2001debütierte der gepanzerte GAZ 2975 Tiger 4x4 mit Cummins-Diesel (181 PS) und 489 cm Länge. Er war der Star der Moskauer Autoshow von 2002. Er entstand durch Kooperation der Ingenieure von GAT, PKT (Promyshlennyie Komputernyie Technologiji, „Industriecomputer-Technologie") und dem King Abdullah II Design & Development Bureau (Vereinigte Arabische Emirate). Einen GAZ 29751 mit geschlossener Panzer-Karosserie und der Doppelkabiner GAZ 29752 waren in Moskau zu bewundern. Neben diesen Modellen zeigen unsere Fotos auch billigere

GAZ 2975 Tiger 4x4, 2001

GAZ 230810 Jermak 4x4, 2002

Militärausführungen. 2003 übernahm die russische Armee angeblich 15 Stück.

GAZ 3106 Ataman II ❹

Aus dem Ataman ging der „Dschip" hervor, ein 1999 in Moskau präsentiertes Luxus-SUV mit 5–10 Sitzen, der dem BMW X5 (7 Insassen, 600 kg Gepäck) ähnelt. Er sollte ab 2003 lieferbar sein und hat 21,5 cm Bodenfreiheit, ein GAZ-3111-Chassis mit lizenziertem 5V-D STEYR (2,67 l, Zwischenkühler, 141 PS, 150 km/h) und permanenten AWD.

GAZ 2752 Sobol, Gazela (in Russland auch GAZel genannt) ❽

GAZ wurde zum größten russischen Hersteller leichter 4x2-Nutzfahrzeuge namens Sobol (Zobel) 1997 fanden Tests statt, und die Produktion lief 1998 an; 2000 erfolgte eine Modernisierung. Neben 4x2-Kleinbussen, Kombis, Liefer- und Kastenwagen gab es 4x4-Versionen. Der Pick-up 23109 Sobol (4x2) und der Doppelkabiner 23107 Sobol (4x4) wurden 2000 in Moskau präsentiert. Der Minivan 27527 (4x4, 7 Fahrgäste) trägt zusätzlich 305 kg Gepäck. Der 2752 Sobol 4x4 oder Bargusin ist eine Kreuzung mit Chassis vom GAZ 2308 Ataman und Karosserie vom GAZ 2752 Sobol. Er debütierte 1999, wird seit 2000 gebaut und kann auf 3 Sitzreihen 6 Personen mit 350 kg Gepäck befördern. Zur Doppelkabiner-Serie gehört auch der 23109 (4x4). Er entstand vor dem GAZ 330279 Tandem (Sechssitzer-Pick-up (+800 kg) mit 4x4, Untersetzungsgetriebe, Differen-

GAZ 3106 Ataman II 4x4, 2002

GAZ 330279 Tandem 4x4, 2002

tialbremse, IVECO-TD (120 km/h), 21 cm Bodenfreiheit) und dem modernisierten 4x4-Kombi GAZ 27527 Sobol-Trophy. Den Gazela (Nutzlast 500 kg höher als beim Sobol) gibt es seit 1994 in größeren Stückzahlen. Zur Jahrtausendwende bot das Werk

GAZ 2217 Sobol, 1997

GAZ 3308 Eger I 4x4, 2002

alle Modelle mit 4x4- und 4x2-Getriebe an. Zu den Neulingen gehören der 330279 Tandem (Sechssitzer-Doppelkabiner mit 800 kg Nutzlast), die Minivans 2705/27057 für 3 Personen und 1150/1100 kg Gepäck) und die Siebensitzer-Kombi/Lieferwagen 2705/27057 (4x4; 950/750 kg Gepäck). Die Kleinbusse fassen 7–13 Personen; es gibt drei Modelle mit unterschiedlicher Sitzanordnung: 3221/32217 (4x4), 32212/322172 (4x4) und 32213/322173 (4x4). Die Gazelas sind mit ZMZ-Dieseln oder in Lizenz gebauten GAZ-Steyr-Motoren (2,1 l) erhältlich.

GAZ 3120 Kombat

2000 wurde in Moskau der robuste Geländewagen GAZ 3120 Kombat präsentiert; Funktionalität und Form erinnerten an den legendären GAZ-69. Sein geistiger Vater Ing. Ogor Soldatow leistete beste Arbeit: Er verwendete das Chassis des GAZ 2308 Ataman, fügte die Blattfedern des Wolga-Kombis hinzu und baute GAZ-TD 5601 (Steyr-Lizenz) mit 4V-Zwischenkühler (2130 cm^3, 110 PS, 130 km/h) oder V8-Benziner ein. Merkmale: Radstand 220 cm, Länge 430 cm, Breite 187 cm, Höhe 190 cm, Nutzlast 1650 kg, Bodenfreiheit 21,5 cm. Das Auto kann 5 Personen und 550 kg Gepäck tragen. Der Kombat 3120 Hardtop debütierte 2001 in Moskau.

GAZ 3308 Eger, GAZ 3325 Eger II ❷ ❾

In Kooperation mit dem Karosseriebauer NPP Technospas-NN schuf GAZ, den Doppelkabiner Eger mit V8-Benziner (47 l, 95 km/h). Er dürfte u. a. Militärs und paramilitärischen Organisationen gefallen. Ein weiterer schwerer Geländewagen ist der Eger II. Die Version Turist ist für Expeditionen gedacht, der Doppelkabinen-Pick-up Sport für Langstreckenrennen und die Softtop- oder Pritschenwagenversionen mit Leinwandverdeck (beide Doppelkabiner) fürs Militär. Das Katastrophenministerium bestellte einige MCS-Rettungsfahrzeuge. Als Antrieb dienen ZMZ-Motoren (ca. 130 PS) oder der japanische Hino (138 PS).

GAZ 3120 Kombat

Giannini CMG 1, 1967

Giannini

(Italien)

Ab 1920 verbesserte Attilio Giannini auf meister-
hafte Art Fiat-Motoren. Nach mehreren Zwischen-
stationen gründete er 1963 in Rom eine Firma, die
seinen Namen trug. In der zweiten Hälfte der 1960er
erfreuten sich die Giannini-Fiats und ihre Sport-
versionen wie etwa der Pick-up Fiat 500 Giardinetta
(4x2) eines sehr guten Rufs. In den frühen 1990ern
ließ sich die Firma vom Panda 4x4 inspirieren – so
entstanden der Giannini Panda Look 4x4 (1987) und
der Giannini Panda Prestige 4x4 (1990); man arbeitete auch an einem Panda 4x4 mit Kompressions-
motor. Ein interessanter Prototyp war der Fiat
Tempra 4x4. Das Getriebe gab es schon in einem
Turiner Prototyp von 1993, und man fand es auch im
Giannini Punto 4x4 T.L. (Tempo Libero, 75 PS,
Vorderrahmen, Kunststoffkotflügel).

Giannini CMG 1   ④ ⑧

1967 brachte Giannini den von Folgo Lugarini entworfenen Geländewagen CMG 1 heraus. Dieser entstand in Werksabteilungen – Costruzioni Mecca-
niche Giannini spa (C.M.G.) –, die auf Bau und Verbesserung von Motoren spezialisiert waren oder die
für die Firma selbst oder für Kunden wie Citroën
(Mehari), Savio (Jungla 600), Moretti (Mini und
Midimaxi) und VW lieferten. Das einfache Auto besaß einen 4V-Motor (1025 cm³, 65 PS, 500 U/min),
Vierganggetriebe und RWD; auch eine 4x4-Version
soll herauskommen. Die Vorderräder hatten Einzel-

Giannini Punto 4x4 T.L., 1993

aufhängung, während die Hinterachse starr war. Der
CMG 1 hatte 222 cm Radstand, war 330 cm lang,
165 cm breit und 128 cm hoch (ohne Dach, aber mit
festem Frontscheibenrahmen). Bodenfreiheit: 22 cm.
Dieser Wagen sollte von einem neuen Zweig der
Firma gebaut werden.

Giannini Panda Prestige 4x4, 1990

Greppi Savana Diesel

Greppi
(Italien)

Greppi Savana/Alpina ❷

Die in der Alpenprovinz Como ansässige Firma Greppi war etwa 1973–1983 aktiv. Nach den Buggys Drag und Smash auf dem Gestell des VW-Käfers brachte sie – ebenfalls auf VW-Basis – den kleinen Safari heraus. 1979 stellte Greppi seinen neuen Geländewagen mit der Mechanik des Ford Transits vor. Der Savana D – ein dreitürig-viersitziger Hard-/Soft-

top hatte einen 4V-Motor (2360 cm³, 70 PS, 3600 U/min, 125 km/h) und Vierganggetriebe mit optionalem FWD. Markenzeichen war sein klassisches Design mit Leiterrahmen und starren Achsen (halbelliptische Federn). Es gab auch Trommelbremsen. Merkmale: Radstand 220 cm, Länge 360 cm, Breite 173 cm, Höhe 182 cm, Bodenfreiheit 40 cm, Leergewicht 1520 kg, Steigung 85 %. Der kleinere, ähnlich konzipierte Alpina hatte den 4V-Motor des Ford Taunus (1297 cm³, 74 PS, 5500 U/min, 135 km/h). Er besaß eine Gelände-Untersetzung und eine viersitzig-dreitürige Hardtop-Karosserie. Abweichend waren Breite (151 cm), Höhe (170 cm), Bodenfreiheit (25 cm), Gewicht (1 t) und Steigung (80 %).

Greppi Alpina 4x4

Greppi Alpina 4x4

Hindustan

(Indien)

Hindustan Trekker 1.5

1942 gründeten die Brüder Birl in Kalkutta Hindustan Motors. Ihr erstes Auto – die Limousine Ten (Morris) entstand erst nach dem Krieg. Später wechselten man zu BMCs und Vauxhalls über. 1976 kam die geländetaugliche Fünftürer-Limousine Hindustan Trekker 1.5 mit 4V-Benziner (1489 cm^3, 56 PS, 4400 U/min, SAE, 100 km/h) heraus. Der Motor wirkte über ein Vierganggetriebe auf die Hinterräder. 1977 kam der Trekker 1.5 Diesel (92 km/h) heraus. Merkmale: Radstand 231,1 cm, Länge 383 cm, Breite 165 cm, Höhe 180 cm, Eigengewicht 1164 kg, Nutzlast 650 kg.

Honda

(Japan)

1922 gründete Soichiro Honda in Tokio einen Auto-reparaturdienst. 1948 lief der Bau von Motorrädern an, und mit der Zeit wurde man zum weltweit größ-ten Produzenten. Bis heute genießt Honda den Ruf, fortschrittliche Autos zu bauen; dies betrifft auch de-ren Motoren. Honda entwickelte keine eigenen Ge-ländewagen, sondern baute Modelle anderer Herstel-ler. Um die Mitte der 1990er produzierte die Firma – v. a. für den heimischen Markt – folgende Typen: Crossroad (Land Rover Discovery) mit V8-Motor von Honda (3,9 l, 190 PS und Automatikgetriebe); Jazz/Passport (von Isuzu übernommenes SUV, dort Amigo/Rodeo) mit 4V-TD (3 l, 120 PS, JIS; für den US-Markt mit V6-Motor, 3,2 l). Von Isuzu stammt auch der Honda Horizon (urspr. Isuzu Trooper; in Europa als Opel Monterey gebaut). Der Horizon (Februar 1994) hatte einen V6-Benziner (3,2 l) oder einen TD (3,1 l); in den USA bekam er einen 4V-Motor (2,6 l).

Im Oktober 1994 debütierte der Minivan Honda Shuttle (in Japan Odyssey) mit 2x4-Antrieb und Ein-zelradaufhängung. Er wurde 2002 neben einer op-tisch aufpolierten 4x4-Version vorgestellt. Der auf der Civic-Limousine basierende Minivan Stream kam 2000 in Japan und 2001 in Europa heraus. Auch er hat Einzelradaufhängung; die vorderen Räder werden permanent angetrieben, während bei zu ge-ringer Bodenhaftung automatisch der RWD aktiviert wird. Die MPVs sind als Straßenwagen konzipiert.

Honda CR-V

Der Fünfsitzer CR-V mit Fünftürer-Kombikarosserie war Hondas erstes SUV. Für den europäischen Markt wurde er in Swindon (GB) gebaut. Das Modell de-bütierte im Oktober 1995. Ursprünglich besaß es ei-nen 4V-Motor (1973 cm³, 131 PS, 5500 U/min, 161 km/h; in Europa ab 1998 auch 1997 cm³, 147 PS, 6300 U/min, 177 km/h). Der CR-V hatte Viergang-Automatik mit Zweigang-Untersetzung, mechani-schem Echtzeit-RWD sowie Viskokupplungen im Zwischen- und Hinterachsdifferential (später eine von der 2. Generation bekannte Konstruktion). Die Karosserie war selbsttragend, die Räder einzeln auf-gehängt (vorn mit McPherson-Federbeinen). Weitere Merkmale: Radstand 260 cm, Länge 447 cm, Breite 175 cm, Höhe 171 cm, Bodenfreiheit 20 cm, Eigen-gewicht +1340 kg. Der CR-V hat keine überragen-den Gelände-, aber sehr gute Straßenfahreigenschaf-ten.

Die 2. Generation kam im Herbst 2002 heraus. Ein schnittiger Prototyp des neuen Honda CR-V Study

Honda CR-V, 2002

Honda CR-V, 2001

Model debütierte 2002 zusammen mit dem CR-V Open Air in Genf; die anfangs recht solide Karosserie erhielt eine schnittigere Form. Die Elektronik sorgte für zusätzliche PS und weniger Abgase. Das Fahrzeug besitzt RWD, der bei Bedarf automatisch in Aktion tritt. Außer mit Fünfgang-Automatik ist es auch mit Viergang-Handschaltung erhältlich. Weitere Merkmale: Radstand 262 cm, Länge 449 bzw. 436 cm, Breite 178 cm, Höhe 171 cm, Bodenfreiheit 20,5 cm. Eigengewicht 1410 kg, Nutzlast 570 kg.

Honda HR-V ❸

1998 debütierte auf der Tokyoter Autoausstellung der Honda HR-V, ein kantiger Freizeitwagen. Der Dreitürer-Version folgte 1999 eine fünftürige. Die

Vorderräder treibt ein 4V-Frontmotor an (1590 cm³, 105 PS, 6200 U/min, 152 km/h oder 125 PS, 6600 U/min, 170 km/h). Durch das System Real Time 4WD lassen sich notfalls auch die Hinterräder antreiben. Es gibt dieses Modell mit Fünfgang-Handschaltung oder CVT (Zentrifugal-Getriebe). Die Karosserie ist selbsttragend. Die Vorderachse ähnelt jener des CR-V, während die starre de-Dion-Hinterachse zwei Paar Längslenker und einen Panhardstab besitzt. Merkmale: Radstand 235 cm, Länge 401 cm, Breite 169,5 cm, Höhe 158 cm (mit Dachspoiler 167 cm), Bodenfreiheit 17 cm, Eigengewicht des 3- oder 5-türigen Vier- oder Fünfsitzers 1125/1195 kg, Nutzlast 405/425 kg. Wattiefe 30 cm, Überhangwinkel 29°/29°. Auf der Straße fährt das Modell wesentlich besser.

Honda HR-V Fünftürer auf dem Genfer Automobilsalon, 2000

Hope Motor Company

(Japan)

HopeStar ON 360 ❷

Die manchmal auch HopeStar genannte Tokioter Firma Hope Jidosha stellte 1960 den kleinen Kombi Unicar vor. 1965–1967 entwickelte sie als 4x4-Version den HopeStar ON 360. Die rustikale Karosserie mit Leinenverdeck war nirgends gewölbt. Das Chassis bestand aus einem Leiterrahmen und starren Achsen mit Längsblattfedern. Die Hinterräder trieb der

HopeStar ON 360

Hotchkiss-Jeep auf einem französischen Werbeplakat

Hotchkiss M201

HopeStar ON 360

2V-Motor Mitsubishi ME24 (359 cm³, 21 PS) an; der FWD ließ sich optional von Hand aktivieren. Das Auto kam 1968 auf den Markt. Vor Auflösung der Firma entstanden nur 15 Stück (laut einer japanischen Firmengeschichte waren es 1967/68 50, davon 20 für den Inlandsmarkt und 30 für den Export nach Südostasien). Die Firma konnte die Rechte für den Typ an Suzuki verkaufen, ehe es zu spät war. Der ON 360 Jimny wurde zum Ahnherrn des erfolgreichen Geländewagen-Programms von Suzuki.

Hotchkiss

(Frankreich)

Die 1903 gegründete Firma Hotchkiss war in Denis ansässig. Die Gründerfamilie aus den war englisch-französischer Herkunft und vorwiegend mit der Waffenproduktion für das Militär beschäftigt. Rechtzeitig übernahmen einige Investoren das Ruder. Verbrennungsmotoren baute man ab 1903; wenige Jahre später kamen Autos hinzu. 1942 erwarb die Familie Peugeot die Mehrheit der Anteile, um sie 1950 abzustoßen. 1954/55 war Hotchkiss als S.A. Hotchkiss-Delahaye bekannt, doch auch die Verbindung mit einem berühmten Namen brachte keine Rettung. 1956 wurde die Firma am Rande des Bankrotts vom Haushaltsgeräte-Hersteller Brandt erworben. 1966 schließlich kaufte der Rüstungs- und Stahlgigant Thomson-Houston Hotchkiss-Brandt. 1967–1971 baute er für die Armee Lkws mit dem Markennamen Hotchkiss.

Laffly/Hotchkiss V15R ❷ ❾

1939/40 baute Hotchkiss 63 geländegängige Fünfsitzer-Aufklärungslimousinen namens V15R (einen Laffly-Entwurf mit Einstiegsöffnungen statt Türen und Leinwandverdeck). Die Räder waren einzeln aufgehängt (vorn mit Spiral-, an der starren Hinterachse mit Blattfedern). Das Modell R15R hatte eine starre Vorderachse mit Blattfederung. Es gab auch eine 6x6-Version. Ein Hotchkiss-OHV-Motor (2312 cm³, 52 PS) trieb über ein Vierganggetriebe mit Cross-Country-Untersetzung alle vier Räder an. Weitere Merkmale: Länge x Breite x Höhe: 423 x 180 x 130 cm, Radstand 214,5 cm, Eigengewicht 2600 kg.

Eine ähnliche Mechanik besaß der Mannschaftstransporter (Halbkettenzugmaschine) Laffy/Hotchkiss S15R (464 x 185 x 202 cm), Abstand zwischen Vorder- und erstem Hinterradpaar 234,5 cm, zwischen den hinteren Achsen 100 cm. Der Wagen wog über 4 t.

Jeep Willys – Hotchkiss M201   ❷

Ab den 1950ern bemühte sich Hotchkiss-Delahaye um eine Lizenz für den Willys-Overland (Modell JH 101). Obwohl die Firma schon 1955 den Bau eigener Pkws einstellte, gelang es ihr, mit der Jeepproduktion anzufangen. Die Armee war vom Delahaye Type 182 enttäuscht und übernahm stattdessen, den älteren, aber wunderbar einfachen Jeep-Nachbau. Auf die mit dem US-Vorbild identische erste Baureihe folgte die leicht veränderte zweite Version (M201) mit einigen französischen Komponenten, deren letzte Exemplare die Armee 1967 übernahm. Insgesamt wurden vom M201 27628 Stück gebaut. Die überwiegende Zahl erwarb das französische Militär als Ersatz für alte Jeeps aus dem Krieg. Als Antrieb diente der 4V-Reihenbenziner Hotchkiss/Willys SV (2199 cm³, 52 (später 60) PS, 3500 U/min, 100 km/h). Der Wagen hatte Dreiganggetriebe mit Zwei-

Ein Hotchkiss-Jeep im Einsatz bei der französischen Feuerwehr, Normandie 1997

gang-Hilfsuntersetzung sowie wahlweise 4x2- und 4x4-Antrieb. Der robuste Stahlrahmen trug eine offene, türlose Stahlkarosserie mit Leinen-Klappverdeck. Das Innere wies nicht die leiseste Spur von Komfort und Sicherheitseinrichtungen auf. Die Achsen waren starr und hatten halbelliptische Blattfedern. Weitere Merkmale: Länge x Breite x Höhe: 336 x 177 x 157 cm, Radstand 204 cm, Eigengewicht 1050 kg. Der Typ schaffte 60 % Steigung und 30 % Seitenneigung. Er war bis weit in die 1970er im Einsatz.

Hotchkiss-Jeep (Erste Serie), Paris, 1996

Chassis des Hyundai Terracan, 2001

Hyundai Terracan, 2002

(beim Benziner) Viergang-Automatik. Man konnte zwischen 4x2- und 4x4-Antrieb wählen. Das Zwischenachsdifferential verteilte das Drehmoment via Viskokupplung im Verhältnis 50:50. Der Wagen besaß eine Zweigang-Untersetzung. Vom Pajero unterschied er sich in Länge (403,5/463,5 cm), Höhe 184/187 cm), Bodenfreiheit (21,5 cm), Eigengewicht (1735/1965 kg) und Nutzlast (775/585 kg). Weitere Merkmale: Wattiefe 60 cm, Steigung 70 %, Seitenneigung 28° (Langversion 25°), Überhangwinkel 41°/38° (Langversion 37°/27°). Die optisch leicht verbesserte Version hieß kurzfristig auch Galloper II. Seit Anfang 1999 gibt es mancherorts den verbesserten Dreitürer Galloper Innovation mit den Motoren V6 (3 l, 141 PS) oder 2,5-l-Diesel (105 PS).

Hyundai Terracan ❷

Der Hyundai Terracan ist ein moderner Nachfolger des Galloper, dessen Mechanik er (umgebaut) teilweise übernahm. Er debütierte 1999 in Seoul, während Europa (Genf) bis 2001 warten musste. Die komfortable Karosserie und die weichere Federung machen ihn geländetauglich. Der noch teurere Elegance hat beheizbare Sitze und andere Vorzüge. Neben einem V6-Benzin-Einspritzer (24V, 3497 cm³, 195 PS, 5500 U/min, 185 km/h) gab es den TD CRDi Common Rail, einen 16-Ventiler mit dem Zwischenkühler des Kia Carnival (2902 cm³, 150 PS, 3800 U/min, 166 km/h). Der Typ hat Fünfgang-Handschaltung oder Viergang-Automatik. Der 4x2-Antrieb reicht für die Straße aus, doch RWD lässt sich elektropneumatisch aktivieren, bis 80 km/h erreicht sind. Der Terracan verfügt über Zweigang-Untersetzung, automatischen Freilauf an den Vorderrädern und eine hintere Differentialsperre. Seine ABS-Scheibenbremsen wirken mit dem EDB zu-

sammen. Das Auto hat einen Leiterrahmen. Die Vorderräder sind einzeln aufgehängt (Torsionsstab mit Stabilisator), und die starre Hinterachse besitzt einen Panhardstab, Stabilisatoren und Spiralfedern. Maße: Radstand 275 cm, Länge 471 cm, Breite 186 cm, Höhe 184 cm, Bodenfreiheit 20,5 cm, Eigengewicht +1990 kg, Nutzlast 547 kg, Wattiefe 50 cm, Überhangwinkel 30°/25°.

Das Innere des Hyundai Terracan, 2002

Hyundai Santa Fe   ❸

Auf der Detroiter Motorshow zeigte man 2000 ein luxuriöses Fünftürer-Fünfsitzer-SUV, das auf Reisen auch mit den Tücken der Natur zurecht kam. Es besaß erst einen 1997-cm³ Benziner (136 PS, 5800 U/min, 16V, 174 km/h). Im Frühjahr 12001 kam das sparsamere Kit Car OHC CRDi heraus, das man mit Detroit Diesel entwickelt hatte. Aus drei 3-, 4- und 6V-Motoren wählte man den 4V-Typ (1991 cm³, 113 PS, 4000 U/min, 16V, 174 km/h), für die USA hingegen den 4V-Benziner Sirius (2351 cm³, 150 PS, 5500 U/min, SAE, 173 km/h) oder den V6 Delta (2657 cm³, 170 PS, 6000 U/min, 24V, SAE, 170 km/h). Es gibt Fünfgang-Handschaltung oder Viergang-Automatik; bei einigen Motoren sind beide verfügbar. Der Santa Fe hat permanenten AWD. Auf der Straße nutzt er den 2x4-Modus, im Gelände automatisch RWD (im Verhältnis von bis zu 60:40). Er hat ein Zwischenachsdifferential mit Viskokupplung und Differentialsperre. Die einzeln aufgehängten Räder besitzen Querlenkarme (vorn McPhersons), einen Stabilisator und Spiralfedern. Die Scheibenbremsen wirken mit dem ABS zusammen. Der Typ hat ein Leiterchassis. Merkmale: Radstand 262 cm, Länge 450 cm, Breite 182 cm, Höhe 173 cm, Bodenfreiheit 20,7 cm, Eigengewicht +1675 kg, Nutzlast 583 kg, Wattiefe 30 cm, Überhangwinkel 28°/26°. Bei Produktionsbeginn waren 100 000 Stück p. a. geplant.

Hyundai Satellite, 2000

Hyundai H1/Starex/Satellite ❽

Die Koreaner bauen den Mitsubishi Space Star als Hyundai H1/Starex/Satellite (4x2- oder 4x4-Lieferwagen oder Minibusse), entweder mit 2351-cm³-Benziner (110 PS, 4500 U/min, 96 km/h) oder mit

2477-cm³-TD (80 PS, 4000 U/min, 145 km/h). Man kann als Kunde zwischen Fünfgang-Handschaltung und Viergang-Automatik wählen, ebenso zwischen 4x2- und 4x4-Antrieb Die Serie ist bis auf den gut ausgestatteten Kleinbus/Lieferwagen Starex 4x4 eher als Nutzfahrzeug konzipiert.

Hyundai Starex 4x4

IATO mit Stoff- und Metallverdeck

IATO

(Italien)

IATO ❷

Mitte der 1980er leitete Francesco Cavallini ein Team von Geländewagen-Entwicklern. Da sie alle aus der Toskana stammten, nannten sie ihre Firma Industria Automobilistica Toscana (IATO). Das Modell debütierte im Oktober 1988 unter der Bezeichnung Expofuoristrada in Turin. Sein Leiterrahmen trägt eine Karosserie aus Fiberglas, Kohlefaser und Kunstharz. Den Zweisitzer-Pick-up (AWD) gab es mit Leinenverdeck über dem Überrollbügel oder als Hardtop, jeweils mit Fiat-Motoren: 1.6 LS (1585 cm³, 100 PS, 5900 U/min, 140 km/h), 2 CHT LS (1995 cm³, 90 PS, 5400 U/min, 145 km/h) oder 1.9 TD S (1929 cm³, 90 PS, 4100 U/min, 143 km/h). Das Getriebe hatte fünf Gänge nebst Untersetzung. Der Fahrer konnte die Vorderräder auskuppeln, während im Gelände das hintere Torsen-Differential zu Hilfe kam. Weitere Merkmale des IATO: Radstand 230 cm, Länge 405,8 cm, Breite 173 cm, Bodenfreiheit 23 cm, Minimalgewicht 1546 kg, Nutzlast 450 kg, Wattiefe 75 cm, Hindernis max. 38 cm, Steigung 53°, Überhangwinkel 41°/34°.

IATO mit Metallverdeck

Isuzu

(Japan)

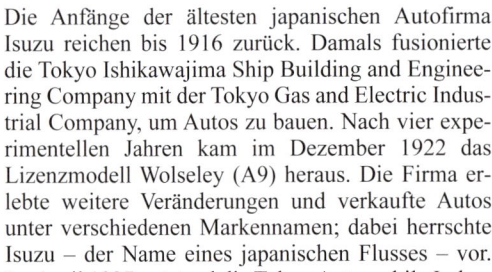

Die Anfänge der ältesten japanischen Autofirma Isuzu reichen bis 1916 zurück. Damals fusionierte die Tokyo Ishikawajima Ship Building and Engineering Company mit der Tokyo Gas and Electric Industrial Company, um Autos zu bauen. Nach vier experimentellen Jahren kam im Dezember 1922 das Lizenzmodell Wolseley (A9) heraus. Die Firma erlebte weitere Veränderungen und verkaufte Autos unter verschiedenen Markennamen; dabei herrschte Isuzu – der Name eines japanischen Flusses – vor. Im April 1937 entstand die Tokyo Automobile Industries Company, aus der 1949 die Isuzu Motor Ltd. hervorging. Im Krieg baute sie den PK10, ab 1937 einen Siebensitzer mit 4x4 und 6V-SV-Motor (4390 cm³, 70 PS; später 4V-Diesel, 3400 cm³, 55 PS), Vierganggetriebe, Zweigang-Untersetzung, RWD und optionalem (Zusatz-)Vorderradantrieb. Die starren Achsen hatten Blattfederung. Weitere Merkmale: Radstand 330 cm, Länge 495 cm, Breite 182 cm, Höhe 190 cm, Eigengewicht 2300 kg. Der größere 6x4-Stabswagen Isuzu/Sumida K10 (1933) war vom Lkw TU10 abgeleitet. Die Hinterräder trieb ein Schneckengetriebe an. Die starren Achsen hatten Blattfederung. Als Antrieb diente ein 4,4 l Motor (70 PS). Der Typ besaß einen Radstand von 287 cm; er war 571,5 cm lang, 185 cm breit und 200 cm hoch;

die Nutzlast betrug 2600 kg. Ab Mitte der 1960er suchte die eher kleine Firma einen Partner zur technischen Kooperation bei der Entwicklung. Keine der kurzen Allianzen mit Fuji Heavy Industries (Subaru), Mitsubishi oder Nissan trug Früchte. Die Produktion sank. Im September 1971 erwarb General Motors 34 % der Aktien. Seither spezialisierte man sich auf leichte Nutzfahrzeuge. Isuzu lieferte bald Dieselmotoren an viele Hersteller in Amerika, Asien und Australien. 1999 erhöhte GM seinen Anteil auf 49 %. Isuzu entwickelt Autos für GM-Schwestermarken. Diese heißen außer Isuzu auch Chevrolet, Opel/Vauxhall, Holden, Honda, Jiangling und Qingling. Zur Jahrtausendwende erlebte Isuzu mit seiner Trooper-Serie ein europäisches Comeback. Auf dem Pariser Autosalon und der NEC stellte es die nach einem revolutionären japanischen Architekturstil benannten Isuzu-KAI-Prototypen vor.

Isuzu Pick-ups KB/TFR/TFS
(Japan, Thailand) ❷ ❻ ❽

Der Isuzu KB vertritt eine Reihe typischer Pick-ups mit klassischem Getriebe und 4WD. Er war nicht nur in Japan sehr beliebt, sondern auch in die USA und (bis in die 1990er) nach Europa exportiert. Zu den originalen Pick-ups – dem Elfin (1961), Wasp (1963) Faster und Faster Rodeo 4x4 (1967) mit klassischen

Isuzu Campo Sports-Cab 4x4, 1989

Design kamen ab 1967 erste Exportmodelle: der KB(D)20, der KB(D)25 mit Viertürer-Kabine und der KB(D)40 4x4. 1971 war die Serie nur als KB bekannt. Als Antrieb dienten 4V-Benziner (1584 cm³, 80 PS, 5200 U/min und 1949 cm³) und Diesel (1951 cm³, 55 PS, 4400 U/min oder 2238 cm³, 86 PS, 5000 U/min). Die Wagen hatten Leiterrahmen und Vierganggetriebe, die 4x4-Versionen auch Untersetzung. Die brauchbaren Fahrzeuge trugen bis zu 1 t. Sie wurden nach und nach modernisiert. Der Radstand der 4x2-Pick-ups betrug 229/265/299,5 cm, bei den viersitzigen, zweitürigen Spacecab-Pick-ups 299,5 cm, bei den 4x4-Pritschenwagen und -Hardtops mit hohem Dach 184,5 cm. Es gab auch 4x4-Kombis, 4x4-Softtops, den Crew Cab (4x2) und Pick-ups (4x4) mit vier Türen und 5–6 Sitzen.

1988 kamen die Pick-ups TFR 4x2/TFS 4x4 heraus, die man 1996/97 aufpolierte. Neben drei Pick-up-Varianten fertigte die Firma auch den Zweisitzer-Minivan Flat Deck.

Isuzu baut seit 1963 Pkws, ferner seit 1980 in Thailand Gelände-Kombiwagen. 1999 betrug der Ausstoß 46401 Stück. In Europa sind der Pick-Up TFS/Rodeo, der Pick-Up TFR/Dragon/Spark und der Minivan Econovan auch als Honda Tourmaster und Opel Campo bekannt. Anfang der 1990er verkaufte man in Europa den Isuzu TFR 4x2/TFS 4x4 als Isuzu Campo mit 2254-cm³-Diesel (89 PS, 4600 U/min) oder 2,5-l-Motor (76 PS), Fünfganggetriebe und Zweigang-Untersetzung. Es gab ihn als Zweitürer-Pick-up, Viersitzer/Zweitürer Sports-Cab und Viertürer-Doppelkabiner. Er war bei 302,5 cm Radstand 492 cm lang, 169 cm breit und 169,5 cm hoch; Bodenfreiheit 22 cm, Eigengewicht +1500 kg, Nutzlast max. 950 kg.

Isuzu Trooper/Rodeo Bighorn ❷

Im September 1981 wurde in Japan der dreitürige Kombi Isuzu Rodeo Bighorn vorgestellt; ihm folgte 11 Monate später ein Fünftürer. Gleichzeitig verließen die ersten Exportexemplare (Isuzu Trooper) die japanischen Inseln. Das Auto wurde bei Holden

als Jackaro/Kangaroo (1981), bei GM Venezuela als Caribe 442 (1981) und Subaru Bighorn (1988) gebaut. Varianten: 4V-Benziner (1949 cm³, 88 PS, 4600 U/min; 2254 cm³, 92 PS, 4600 U/min oder – seit 1987 – 108 PS; 2559 cm³, 11 PS, 5000 U/min), Diesel mit Direkteinspritzer (2238 cm³, atmosphärische 61 PS, 4000 U/min; nach 1987 72 PS; TD mit 75 PS) und TD (2771 cm³, 95 PS, 3800 U/min) mit Fünfgang-Handschaltung sowie – als Sonderzugabe – Viergangautomatik für die Benziner. Ende 1987 kamen stärkere und umweltfreundlichere Motoren: ein Benziner (2559 cm³, 115 PS, 5000 U/min oder für die USA 122 PS, SAE) und ein TD (2752 cm³, 97 oder 100 PS, 3700 U/min, 110 km/h, JIS) mit Fünfgang-Handschaltung und Zweigang-Untersetzung des permanenten AWD. Ab 1987 gab es auf Wunsch ein hinteres Sperrdifferential, und alle Wagen konnten optional den FWD durch automatischen Freilauf auskuppeln. Hinzu kam die elektro-hydraulische Einstellung der Stoßdämpfer. Ferner war eine Viergang-Automatik verfügbar. Der Leiterrahmen trug folgende Karosserien: Cabrio, Hard- oder Softtop sowie kurze und lange Dreitürer-Kombis (ab Genf 1985 auch Fünftürer). Die Vorderräder waren einzeln aufgehängt (Trapeze mit Torsionsstäben), die starre Hinterachse besaß halbelliptische Längsfedern. Maße: Radstand 230/265 cm, Länge 407,5/438 cm, Breite 165 cm, Höhe 183/180 cm, Bodenfreiheit 22,5 cm, Eigengewicht +1290 kg, Nutzlast max. 660 kg. Der Wagen schaffte 61° Gefälle, 45° Seitenneigung und Überhangwinkel von 42/32°. Rechtzeitig kamen eine bequemere Fahrgastzelle und mehr Zubehör hinzu. Japaner schätzen Modelle mit höherer Leistung und Komfort wie den Bighorn Special Edition von Lotus oder den Irmscher S und R.

Isuzu Trooper ❷

Die 1992 in Europa vorgestellte 2. Generation des Isuzu Trooper trägt seit 1994 das Logo von Opel/Vauxhall Monterey. Er besaß einen 6V-Benziner (3165 cm³, 174 PS, 5200 U/min) oder einen TD-Direkteinspritzer (3059 cm³, 113 PS, 3400 U/min) mit Fünfganggetriebe (Benziner: Viergang-Automatik). Der FWD lässt sich zuschalten, und der Freilauf der Vorderachse ist automatisch auskuppelbar. Die

Isuzu Rodeo Bighorn, 1981

Isuzu Trooper SWB, 1987

Hinterachse des Modells „Duty" besaß ein Sperr-differential. Der Isuzu weist folgende Merkmale auf: Radstand 233/276 cm, Länge 411,5/454,5 cm, Breite 175,2 cm, Höhe 183 cm, Bodenfreiheit 21,5/21 cm, Eigengewicht +1796 kg. Im Mai 1998 verpasste man ihm ein Facelifting, und er kehrte zur Marke Isuzu zurück. Das Design des Commercial (3- bis 5-türiger Kombi bzw. Lieferwagen) blieb unverändert. Normalerweise werden die Hinterräder angetrieben, doch bis 99 km/h lässt sich auch der FWD hinzuschalten. Motoren: V6-Benziner (DOHC, 3494 cm^3, 158 PS, 5400 U/min) oder 4V-TD-Direkteinspritzer (DOHC, 2999 cm^3, 117 PS, 3900 U/min). Getriebe: Fünfgang-Handschaltung oder Viergang-Automatik, dazu Zweigang-Geländeuntersetzung. Der Duty und der Citation hatten standardmäßig hinten ein Sperr-differential. Die Vorderräder waren einzeln aufgehängt (Trapezoide und Torsionsstäbe), die starre Hinterachse besaß Spiralfedern und einen Stabilisator. Maße: Radstand 233/276 cm, Länge 433/476

cm, Breite 183,5 cm, Höhe 183,5/184 cm, Bodenfreiheit 21 cm, Eigengewicht +1890 kg, Nutzlast max. 840 kg. Der Isuzu bewältigt bis zu 76 % Steigung und 45° Seitenneigung; Wattiefe 60 cm, Überhangwinkel 31°/27°. Die Produktion lief 2003 ohne Nachfolger aus.

Isuzu MU/Amigo   ❷

Der Isuzu MU (Mysterious Utility) mit Überrollbügel debütierte im Mai 1989 und kam im gleichen Jahr als Amigo (4x4) in den USA heraus. Ab 1993 bauten ihn Honda als Jazz, Holden und Opel/Vauxhall als Frontera Sport. Das Auto war von den Isuzu-Pick-ups abgeleitet. Die nächste Generation kam im April 1998 in Japan als Isuzu MU, in den USA als Isuzu Rodeo (4x4, 4x2), in Australien als Holden Frontera und in Europa als Opel/Vauxhall Frontera Sport heraus.

Isuzu Mu Wizard   ❷

Im Oktober 1990 kam in Japan der Isuzu Mu Wizard heraus, ein langer Kombi mit 5 (3) Türen. Er hieß in den USA Rodeo (4x4 und 4x2) oder Honda Passport (4x2), in Europa Opel/Vauxhall Frontera, in Lateinamerika Chevrolet Rodeo und in Thailand Isuzu Vega. Abgeleitet war er von den Isuzu-Pick-ups. Im Oktober debütierte die nächste Generation (nur Fünftürer). Sie wurde in Japan als Isuzu Wizard, in den USA als Isuzu Rodeo (4x4) und Honda Passport, in Australien als Holden Frontera, in Europa als Opel Frontera und in Großbritannien als Vauxhall Frontera Estate verkauft.

Isuzu Trooper, 1999

Isuzu MU Hard Cover

Isuzu Bighorn/Trooper ❷

Isuzu MU Wizard, 1996

Im Dezember 1992 wurde der Isuzu Bighorn (als Exportmodell Trooper) geboren. Er war wieder ein Drei- oder Fünftürer-Kombi mit kurzem oder langem Radstand. Ab Februar baute man bei Subaru den Fünftürer Bighorn (in den USA als SLX-Modell Acura). In Lateinamerika hieß er Chevrolet Trooper (3 oder 5 Türen), in Australien Holden Monterey (5 Türen), in Japan (für den Export) Opel Monterey (3 oder 5 Türen) und in Großbritannien Vauxhall Monterey (3 oder 5 Türen). Ab Februar 1994 fertigte Honda den Fünftürer Horizon; Holden produzierte ihn (auch dreitürig) als Jackaroo.

Isuzu Trooper

120

Izh 27151

Izh 27171, 2001

Izh

(UdSSR und Russland)

Izh 27151

Die Waffenfabrik von Izh entstand 1807. Sie fertigt seither ununterbrochen Waffen – vom Messer bis zur Bazooka. Ihr wohl berühmtestes Produkt ist die Kalaschnikow. „Vater" dieses Maschinenkarabiners war Michail Kalaschnikow, dessen Brust auf Porträtfotos mit einer Unmenge von Orden und Auszeichnungen geschmückt ist. Im Zweiten Weltkrieg lieferte Izh allein 12 Millionen dieser Gewehre – 1 Million mehr als Deutschlands Gesamtproduktion. Zur Produktpalette gehören auch Motorräder, Maschinen, Werkzeuge – und Autos. Als Erstes entstand 1958 der Ogonok („Kleine Flamme") mit dem 2V-Boxermotor (0,75 l) des Ural-Motorrads. Der Prototyp erhielt keine Zulassung. Am 12. Dezember 1966 lief die Produktion des Moskwitsch 408 (1,4 l, 50 PS) an, der später als Izh 412 (1,5 l, 75 PS) bzw. Kombi 2125 (1966) bekannt wurde und stark von seinem Moskauer Vorbild abwich. 1972 präsentierte man als ersten Pkw mit 4x4-Antrieb einen Prototyp des Izh-14 (1,5 l). Auch er ging nicht in Produktion. Er wich vielfach vom Moskwitsch ab. Ein vielver-

Izh 2126 4x4, 2002

Izh 2717, 2001

sprechendes Geländewagenprojekt ging an VAZ. Die Millionenziffer wurde beim Izh erst 1977 erreicht, da Rüstungsaufträge Priorität hatten. Es gab über 2,3 Millionen Exemplare. Erfolg hatten auch die Modelle Izh-2715 und 27151, kompakte Kombis bzw. Pick-ups für 2 Fahrgäste und 400 kg Nutzlast, die zumeist für die Post der UdSSR fuhren. Die Produktion lief 1998 aus. Beide wurden auch nach China exportiert. Ab den späten 1970ern entwickelte man ein neues Modell (dabei wurde auch ein Renault-Motor getestet). Der „definitive" Prototyp wurde 1984/85 fertig. Der nach einem erfolgreichen Raumfahrtprogramm benannte Izh-2126 Orbita besaß ein recht modernes Design, 5 Türen und Einzelradaufhängung (McPherson), aber auch den veralteten Motor der 1,5-l-Generation des Moskwitsch (den alten BMW 1500 von 1961). Die Produktion lief erst 1991 an. Ab 1999 hieß er Oda. Inzwischen wurde der stark modernisierte Oda-2 angekündigt. Dem Vorbild der Lieferwagen (auf der Basis von Izh 2126 und Oda) folgen der Minivan 2717 (Bodenfreiheit 16,9 cm) und der Pick-up 27171. Interessant ist auch er Prototyp des Arktis-Fahrzeugs Izh SBCh-4: Er kann dank der großzügig mit Stollen besetzten Reifen auch durch hohen Pulverschnee fahren und hat eine Kabine, deren Teile von der Pkw-Version des Oda stammen. Als Antrieb dient der 2V-Zweitakt-Motorradmotor Izh Jupiter. Die Autofabrik Izhmasch-Avto ist ein Ableger der Firma Izhmasch JSc., die 1996 unter den Auspizien des in Izh ausgebildeten Verteidigungsministers Dimitri Ustinow entstand. 2000 schloss sie einen wichtigen Vertrag

mit VAZ: Man verlagerte Fließbänder und Pressen in die Region Ischewsk und baute dort für VAZ sechs Modelle des Schiguli. 2001 entstanden über 26 000 Izh-2126. Für 2002 waren 120 000 geplant (zu 60 % die 4x4-Version)

Izh 2126 4x4   ❻

Der klassisch wirkende Izh 2126 hat einen Lada-Motor (1,7 l, 75 PS). Seit 1997 baut die Firma auch den 2126-060 mit AWD. In der Prototypen- und Produktionsphase gab es auch Varianten mit zwei Paaren runder Frontscheinwerfer. 1998 kam der 4x4-Pick-up 27171 heraus; ihm folgte 1999 der an den Subaru Forester erinnernde Kombi Oda 21261 (4x4). Im Jahr 2001 veränderte man die Vorder- und Heckpartie. Getriebe und Differentialsperre stammten von Izh und waren vom Niva inspiriert, von dem man auch die Vorderachse mit Hilfsrahmen übernahm, während man bei anderen Teilen auf den VAZ-2108 zurückgriff. Der 4x4-Pick-up folgt dem gleichen Prinzip; eine Pilotserie entstand Ende 2001. Der Izh-2126 hat vorn McPherson-Federung, an der Hinterachse Spiralfedern. Bodenfreiheit 15,5 cm, Höchstgeschwindigkeit 130 km/h. Besucher konnten den Wagen erstmals 2001 auf der Moskauer Autoshow bewundern. Neben dem VAZ-Motor des Niva (1,6 l) erhält er wohl neue Hyundai-Motoren (1,7 l und 2 l, 91 PS). Auf der Moskauer Autoshow war auch ein Prototyp des 2126 Pick-up Double Cab zu sehen.

Izh 2126 4x4, 2001

Izh 2126 4x4, 2001

Izh 21261, 2002

Jago Geep

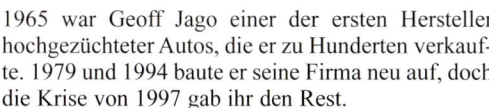

Jago

(Großbritannien)

1965 war Geoff Jago einer der ersten Hersteller hochgezüchteter Autos, die er zu Hunderten verkaufte. 1979 und 1994 baute er seine Firma neu auf, doch die Krise von 1997 gab ihr den Rest.

Jago Jeep/Geep/Sandero ❹

Der Jago Jeep war 1971 das allererste Kit Car – eigentlich eine Kopie des Willys. Der einfache Leiterrahmen trug die Fiberglaskarosserie des Jeep CJ; hinzu kamen Teile des Ford Anglia 105 E. American Motors – der neue Jeep-Eigentümer – legte rechtzeitig Protest ein, so dass man den Jeep in Geep umtaufte. Nach einer kurzen Episode mit Bauteilen des Morris Minor (1976) verwendete man die Mechanik des Ford Cortina, Escort Mk I und Mk II. Fahranfänger kauften diese zu Hunderten. 1984 änderte man das Innere des Hard- und Softtops, 1987 auch das Äußere. 1991 veranlasste der neue Jeep-Eigentümer Chrysler eine Umbenennung in Sandero (so hieß ursprünglich der Prototyp eines Geländekombis

bzw. -Pick-ups von 1983, der bei Jago nicht in Serie ging.)
Der Jago Samuri war ein viersitziger Gelände-Buggy mit Leinen-Klappverdeck oder abnehmbarem Fiberglasdach und Ford-Motoren. Er verkaufte sich schlecht und wurde 1990 eingestellt.

Jago Samuri

Jankel Rolls-Royce Val d'Isère

Jankel Design

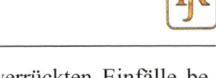

(Großbritannien)

Robert Jankel ist für seine verrückten Einfälle bekannt. Er gründete in den 1970ern die Firma Panther, die durch qualitätsvolle Repliken und Originalbau-

ten bekannt wurde. Mitte der 1980er gründete er Robert Jankel Design. Nichts war ihm heilig: Er zögerte nicht, „brutale" Varianten der teuersten Marken zu bauen (z. B. Mercedes Benz, Jaguar, Bentley, Rolls-Royce und Range Rover).

Jankel Rolls-Royce Val d'Isère

Bentley/Rolls-Royce Val d'Isère und Provence ❹

Zu den 12 großen Abarten der Rolls-Royce- und Bentley-Limousinen zählte die Wüsten-Variante Val d'Isère. Man schnitt die Luxuskarosse entzwei und verkürzte den Radstand auf 315 cm; ebenso verfuhr man mit dem Hecküberhang. Die Karosserie wurde verstärkt und geschweißt, so dass aus der Limousine ein Kombi wurde. Erhalten blieb der Antrieb, der aber eine über einen Riemen zur Hinterachse betriebene Hochdruck-Hydraulikpumpe bekam. Bis 48 km/h konnte man den hydraulischen FWD zuschalten – im Vor- und Rückwärtsgang. Die Bodenfreiheit betrug 31 cm und ließ sich im Gelände erhöhen. Zur Ausstattung gehörten Sandreifen und ein diskret im Heck verstautes Reserverad. Zielgruppe waren Ölscheichs. Kunden, die mit diesem Modell nicht zufrieden waren, konnten den ähnlichen Provence (mit Hecküberhang) wählen.

Militärversion des JPX Montez, 2002

Militärversion des JPX Montez, 2002

JPX

(Brasilien)

JPX Montez ❾ ❷

Die Firma JPX baut seit 1994 kurze und lange Auverland A3 mit Peugeot-Diesel- (1905 cm^3, 90,5 PS, 4600 U/min) oder mit „Alkohol"-Motor. Sie haben Fünfganggetriebe mit Geländeuntersetzung. Die 2- oder 5-türige Karosserie gibt es als Soft- oder Hardtop sowie als Pick-Up ST; sie besteht großteils aus Fiberglas. 1998 kam der 4-Türer Montez Pick-Up Cabine Dupla mit TD (1,9 l, 91 PS) heraus. Er wiegt 2700 kg und kann max. 1100 kg Nutzlast befördern.

Militärversion des JPX Montez, 2002

Kia Retona, 1999

Kia

(Südkorea)

Kia wurde 1944 von Chul-Ho Kim gegründet. Man produzierte zunächst Fahrradteile (später in großem Maßstab). Erst 1961 kam das erste Motorrad heraus, dem ein Jahr darauf ein Dreiradmobil, 1971 ein Lkw der Titan-Serie und schließlich 1974 als erster Pkw der Kia Brisa S100 (ein Lizenzbau des Mazda Familia) folgten. 1976 kaufte Kia 28,3 % der Aktien von Asia Motors, während es Mazda sieben Jahre später gelang, 7,5 % von Kia zu erwerben. 1990 wurde die moderne Montagefabrik Asian Bay eröffnet, die der ursprünglichen Sohari-Fabrik zuarbeitete. Im April 1998 führte die koreanische Wirtschaftskrise zum Bankrott der Firma. 51 % der Aktien von Kia und Asia gingen gegen Ende 1991 an Hyundai. Keiner der Minivans – Carstar/Joice (1999), MPV Carens und Carnival/Sedona (USA) oder Carnival II/Sedona II (Paris 2002) – hat 4x4-Antrieb. 2002 stellte man in Paris das neue Lifestyle-Modell KCV-II „Kamionetta" vor – eine Kreuzung aus SUV und 4x4-Pick-up mit V6-Motor (3,5 l, 195 PS, 5500 U/min, 210 km/h). Der Besta und Hi-Besta sind Lieferwagen bzw. Kleinbusse. Neben der 4x2- gab es Mitte der 1990er eine 4x4-Version. 2000 wurde der Besta von der moderneren Serie Pregio 4x2 abgelöst.

Kia Rocsta

Mitte der 1990er wurde der Asia Rocsta z. B. in Deutschland unter der Marke Kia mit 2184-cm^3-Diesel (70 PS, 4050 U/min, 138 km/h) verkauft. Das Modell 1994 hatte einen Radstand von 229,5 cm; es war 358,5 cm lang, 168,8 cm breit und 182 cm hoch.

Kia Retona ❾ ❷

1997 präsentierte Asia einen verbesserten Gelände-Rocsta, der nun Retona hieß. Auch Kia – nun Eigentümer von Asia – brachte ein eigenes, ebenfalls Retona genanntes Auto heraus. Der Prototyp debütierte 1997 in Seoul. Mechanisch stand er dem Sportage sehr nahe. Es gibt ihn meist als Kombi, auf Wunsch

Kia Retona, 2001

Kia Frontier, um 1996

Kia Sportage, 1999

aber auch als Hardtop mit Sportage-Motoren (1998 cm³) – entweder Benziner (136 PS, 150 km/h) oder TD (87/91 PS, 124 km/h). Merkmale: Radstand 236 cm, Länge 400 cm, Breite 174 cm, Höhe 184 cm, Bodenfreiheit 19,4 cm, Eigengewicht 1480 kg. Der Retona kann 50 cm tief waten und bewältigt 80 % Steigung, 22° Seitenneigung und Überhangwinkel von 31°/33°. Auch ihn gab es in Europa (in Deutschland als Sportage Classic). Die rein militärische Version heißt Jeep J7.

Kia Sportage ❷

Dieses Auto kam im Frühjahr 1991 heraus – sein fünftüriger Prototyp debütierte 1991 in Tokio. Die Serienversion (ab 1996) besaß zuerst nur 2-l-Motoren (139 PS, 6000 U/min.). Das erste SUV dieser Marke, der Sportage, hatte das Chassis des Mazda 121 und einen 1998-cm³-Motor (95 PS, 5000 U/min, 160 km/h) mit 2 oben liegenden Nockenwellen (bis

1997 auch mit 4 bzw. 128 PS, 5300 U/min, 166 km/h), Alternativen waren ein 2,2-l-Diesel (vgl. Rocsta; 63 PS, 4050 U/min) oder ein 1998-cm³-TD (83 PS, 4000 U/min). Das Auto hatte 4x2-Antrieb mit optionalem FWD. Es verfügte über eine Zweigang-Hilfsuntersetzung, eine hintere Differentialsperre und Freilauf an den Vorderrädern (mit Sperrautomatik für Fahrten im 4x4-Modus). Das Getriebe besaß 5 Gänge. Die bequeme Kombi- bzw. Hardtop-Karosserie mit starrer B-Säule und Dach über den Vordersitzen ruht auf einem Leiterchassis. Die einzeln aufgehängten Vorderräder haben Querlenker, einen Torsionsstabilisator und Spiralfedern, die starre Hinterachse hat Spiralfedern und einen Panhardstab. In Europa übernahm 1994 die Firma Karmann den Bau des dreitürigen Sportage. Er bekam als „Geländewagen des Jahres 1996" den 1. Preis. Bis 1998 entstanden 3979 Stück. Der Kia Sportage hat einen Radstand von 236 cm; er ist 376 cm lang, 173 cm breit und 165 cm hoch. Bodenfreiheit 20 cm, Eigen-

Kia Sportage Fresh, Genf 2000

gewicht +1420 kg, Nutzlast 530 kg, Wattiefe 35 cm, Steigung 80 %, Seitenneigung 38°, Überhangwinkel 36°/33°. Der Fünftürer ist 424,5 cm lang (Radstand 265 cm, Gewicht 1440 kg).

Ab 1999 baute man (nur in Korea) erneut den leicht modernisierten (und 6 cm längeren) Kia Sportage als Drei- oder Fünftürer mit 1998-cm³-Diesel (1–2 Nockenwellen; auch mit TD) oder 2184-cm³-Diesel. Die Version mit langem Radstand heißt auch Sportage Grand und Sportage Wagon. In Deutschland verkaufte man den Typ Ende der 1990er als Sportage Classic. 2000 erregte der Sportage Fresh mit offenem Heck in Genf Interesse; in Tschechien sorgte der Fünftürer Sportage Van C für Aufsehen. Die kurze Zweitürer-Version u. a. gibt es nur mit 4x2. Das Sportage-Team kam 2000 und 2001 in Dakar ans Ziel und siegte im Jahr 2000 bei der Baha-Geländerallye.

Kia Frontier ❷ ❻

Das Gestell des Sportage diente als Basis des 4x4-Pick-ups Frontier für Bauern und Fischer. Schutz boten die verstärkte Karosserie, Kunststoffstoßstangen und -seitenwülste. Die Mechanik war vom Sportage abgleitet. Die Zwillingstrapezaufhängung der Räder und Spiralfederung sorgen auf Asphalt für eine gute Straßenlage; im Gelände lässt sich AWD aktivieren. Als Antrieb diente ein 1998-cm³-Motor (70 PS, 4050 U/min) . Das Auto war 457 cm lang, 173,5 cm breit und 165,5 cm hoch. Der Mitte der 1990er in Europa präsentierte Frontier eilte seiner Zeit voraus, denn er erschien während der sich vertiefenden Wirtschaftskrise Koreas.

Kia Sorento ❸

Der Kia Sorento (Chicago 2002) hat viel mit dem jüngeren Hyundai Santa Fé gemein. Er besitzt FWD mit EST, das per Schalter geregelt wird, als Sonder-

Kia Sportage, 2000

Kia Sportage, 2000

zugabe AWD mit TOD (Torque On Demand), wodurch sich das Drehmoment automatisch auf Vorder- und Hinterräder verteilt. Es gibt ein Zwischenachsdifferential, Fünfgang-Handschaltung und – wieder als Sonderzugabe – Viergang-Automatik. Alle Wagen haben elektronisch aktivierbare Untersetzung, die Scheibenbremsen ABS oder EBD. An Motoren gibt es: Diesel (Common Rail, 2497 cm³, 140 PS, 3800 U/min), Benziner (2351 cm³, 139 PS, 5500 U/min) und V6 (3497 cm³, 195 PS, 5500 U/min). Die Stahlkarosserie ruht auf einem Leiterrahmen. Die Vorderachse besitzt McPherson-Federung, die hintere eine fünfteilige Spiralfederung. Der Sorento hat 271 cm Radstand; er ist 462,5 cm lang, 186,3 cm breit und 171,9 cm hoch; Bodenfreiheit 20,3 cm, Eigengewicht +2056 kg, Nutzlast 544 kg.

Der Typ heißt nach dem malerischen Städtchen Sorrento; mit diesem Namen assoziiert man Eleganz, Urlaubsreisen und das für innovative Technologie berühmte Sorrento Valley (Kalifornien). Der Wagen wird – wie die Modelle Sportage und Carens – in der „Roboterfabrik" Hwasung gebaut. Angesichts der optimalen Testergebnisse ist die Nachfrage kaum zu befriedigen.

Kia Sorento, 2002

Lamborghini

(Italien)

Lamborghini LM 001

Ferruccio Lamborghini kam bei Modena zur Welt. Er besuchte eine technische Schule und eröffnete nach dem Krieg einen Reparaturdienst. 1952 baute er seinen ersten Traktor, um bald drittgrößter italienischer Hersteller zu werden. Erfolg hatte er auch mit Dieselmotoren und Klimaanlagen. Die ersten Sport-Lamborghinis kamen 1963 heraus. Jeder einzelne schrieb Geschichte. Die Firma wechselte mehrfach den Besitzer. Den Genfer Autosalon von 1977 beherrschte der Prototyp Cheetah. Man hoffte auf einen Großauftrag der Armee. Heute gehört Lamborghini Audi bzw. VW.

Lamborghini Cheetah

Im Auftrag von Mobility Technology International entwickelte man ein Geländefahrzeug. Die US-Army hatte bei MTI ein Ersatzmodell für den Jeep bestellt. Es wurde in Kalifornien entwickelt und gebaut; dann ging es für Tests und zur Feinabstimmung nach Italien. Das Ganze endete vor Gericht, da MTI bei Ford geistigen Diebstahl begangen hatte. Trotzdem entstand so der Lambo. Sein Stahlchassis trug eine Fiberglas-Hardtop-Karosserie mit Röhrenrahmen. Sie ließ sich leicht gegen einen Panzeraufbau austauschen. Die Geländereifen waren nach Firmenangaben kugelsicher. Als Antrieb diente ein V8-Motor vor der Hinterachse (5,9 l, 183 PS, 4000 U/min, 167 km/h (in der Wüste über 140 km/h), Beschleunigung von 0 auf 100 km/h in 9 s). Der Cheetah besaß permanenten AWD, Dreigang-Automatik und

Lamborghini Cheetah, 1977

Lamborghini Cheetah, 1977

zwei Differentiale. Leergewicht 2042 kg, Radstand 3 m, Länge 432 m, Breite 188 cm, Höhe 158 cm. Die Amerikaner benutzten das einzige Exemplar in Kalifornien für Tests, bei denen es in Trümmer ging.

Lamborghini LM 001

1981 präsentierten die neuen Eigentümer in Genf einen Prototyp des LM 001 mit V8-AMC-Motor (5896 cm³, 180 PS, 4000 U/min, 160 km/h; in der Wüste 120 km/h) und Chrysler-Automatik. Geplant war die V12-Version Lambo 4754 cm³. Vom Vorgänger unterschied sie sich nur in Details. Man versuchte, den LM 001 der US-Army aufzudrängen und antichambrierte auch bei Ölscheichs. Es wurde aber nur ein Wagen gebaut.

Lamborghini LMA und LM 002

Bei Tests in Arabien überhitzte sich der LM 001; die Bremsen funktionierten schlecht, und beim Fahren über Dünen war er zu instabil. Die Lösung war die Verlagerung des Motors nach vorn – so entstand der LMA (Lamborghini Military Anteriore, „Militär-Lamborghini mit Frontmotor" – vielleicht auch Lamborghini Mimran Anteriore nach dem Eigentümer Mimran, der an das Projekt glaubte und es förderte). Für die Kraftaufteilung im Verhältnis 50:50

Militär-Lamborghini LM 002

sorgte das Fünfganggetriebe des Countach. Das Röhrenchassis war mit einer Stahlplatte verstärkt, aber die Torsionsstäbe blieben erhalten. Der Viertürer war 500 kg schwerer als der LM 001 und konnte mehr als 6 Personen befördern. Der LMA debütierte 1982 in Genf, und zwar mit dem V12-Motor Lambo (4754 cm³, 332 PS, 6000 U/min, 188 km/h, Beschleunigung von 0 auf 100 km/h in 12 s) und Fünfgang-ZF-Getriebe, das ein Auskoppeln des FWD erlaubte. Satellitennavigation war in der Wüste unverzichtbar. Merkmale: Radstand 295 cm, Länge 479 cm, Breite 200 cm, Höhe 185 cm, Leergewicht 2600 kg; Tankvolumen 290 l (Benzin). Der Typ wurde LM 002 getauft. Eine militärische Variante mit Fünfgang-ZF-Getriebe, der LM 003, war bereits in der Entwicklung, als man merkte, dass der Motor zu schwach war. So wurde nur ein Prototyp gebaut. Das Serienmodell LM 002 war für 1984 angekündigt, doch sein Debüt erfolgte erst 1986 in Brüssel. Basis für das gezeigte Auto wie auch den Serienwagen war der LM 004 von 1984. Es wurde durch Karosserieteile aus Aluminium und Fiberglas verbessert. Sein Herz war der Bootsmotor Lambo 7257 cm³ (420 PS, 5400 U/min), der sich als zu schwer erwies. Der Typ bewältigte 70 % Steigung. Maße: Radstand 300 cm, Länge 490 cm, Breite 200

cm, Höhe 185 cm, Eigengewicht 2700 kg. Als Motor gab es den V12 Lambo (5167 cm³, 450 PS, 6800 U/min, über 210 km/h, Beschleunigung von 0 auf 100 km/h in 9,5 s), manchmal auch einen 7-l-Bootsmotor. Die LMs besaßen Spezialreifen (Pirelli Scorpion). Die Karosserien wurden in Spanien gebaut und nach Italien verschifft. Dort beklagte man ihre schlechte Verarbeitung. Die viertürige Zelle barg 5 bequeme Sitze. Im offenen Heck hatten 6 weitere Fahrgäste Platz. Den ersten Serienwagen erwarb der König von Marokko. Mehrere Armeen zeigten Interesse, doch die meisten Käufer waren Ölscheichs. Die saudische Armee bestellte 300 spartanische Exemplare. Die ersten 40 (mit Countach-Motor) trugen ein MG, die letzten 157 hatten den Motor Lambo Diablo. 1993 entstand auch ein Kombi mit erhöhtem Dach, der aber nicht in Serie ging. Für den Export in die USA bereitete man 60 modifizierte Exemplare (Spitzname „Rambo-Lambo") vor. Der LM 002 führte 1987 bei der Pharao's Rallye; im gleichen Jahr zeigte das Team Munari/Manucci bei der griechischen Gelände-Rallye eine großartige Leistung (obwohl es nicht bis ans Ziel kam). Ein Jahr später sollte Munari den Sonder-Werkswagen LM 002 bei der Dakar-Rallye fahren, doch der Start unterblieb aus Geldmangel. Ab 1992 wurden insgesamt 328 Exemplare gebaut. Gerüchten zufolge soll ein 6x6 für einen Ölscheich existieren, und tatsächlich gibt es Pläne für die Nachfolger des wohl teuersten Geländewagens der späten 1980er und 1990er.

Lamborghini LM 004　　　　　　　　　　　*Lamborghini LM 004*

Land Rover

(Australien)

Land Rover   ❾ ❷

Im Stadtteil Moorebank (Sydney, Australien) wurden die LR Serie IIA, III 88″ und 109″ montiert. Sie entsprechen bis auf Ausnahmen den britischen Gegenstücken. 1978 verkaufte man den LR 88″ Game. Ende der 1970er sah Jaguar Rover Australia (JRA) ein, dass man nicht mit den Land Cruisers mit 6V-Diesel konkurrieren konnte, die ein lukratives Marktsegment beherrschten. Am Firmensitz Solihull entschied man, ab Mitte 1981 den CKD LR Stage I V8 zu bauen, und zwar mit dem großen japanischen 4V-Direkteinspritzer-Diesel Isuzu 4BD1 (3856 cm³, 97 PS, 3200 U/min), der an sich für einen 7-t-Lkw vorgesehen war. Das Auto war laut, bewährte sich aber perfekt, bis die Produktion 1984 auslief; drei von vier Baureihen des LR Serie II hatten einen langen Radstand. Den Isuzu-Motor gab es optional noch bei der Generation LR One Ten als Sonderausstattung; solche Autos trugen die Plakette 3,9 D.

Der Land Rover One Ten tauchte 1984 auf dem Fünften Kontinent auf, und zwar nur als zehnsitziger County Station Wagon. Die teuersten Varianten (mit V8-Motor) wurden fertig nach Italien exportiert, die anderen bei JRA (Tschechien) montiert. Die Australier verlängerten das Chassis des One Ten (dessen Kabine aus England kam) auf 304 cm und setzten darauf eine eigene Aluminiumkarosserie. Heraus kam so 1985 ein kleiner Pritschenwagen ohne störende Radausschnitte mit 1300 kg Nutzlast – der One Ten Heavy Duty (Spitzname „120"). Er entsprach in etwa dem englischen One Ten HCPU. Es gab ihn nur mit Isuzu-Diesel. Ab Ende 1985 bekam das Modell One Ten V8 das Fünfganggetriebe San-

Australischer Land Rover 88 Serie III, 1978

tana LT85, das Anfang 1986 auch unter dem Deckmantel von Diesel-Versionen herauskam. Ein recht exotischer Zug war der heimische Dual Cab oder 110 County Pick-up: Hier wurde das verkürzte Heck des Pick-ups an den Kombi montiert. Als Antrieb dienten V8-Diesel- oder Isuzu-Motoren. Der kurze Nineta wurde nicht nach Australien exportiert. Ein weiterer seltener Vogel war der One Ten Heavy-Duty 6x6 (1986) mit drei Antriebsachsen und 2000 kg Nutzlast, ein ziviler „Ableger" des Perentie-Projekts: Anfang der 1980er brauchte Australiens Militär ein Fahrzeug, das Solihull nicht im Angebot hatte. Ab 1982 – lange vor entsprechenden Aktivitäten in England – arbeitete man an einem 6x4-Dreiachser mit optionalem Dreiachs-Antrieb. Normalerweise „arbeiteten" nur die ersten beiden Achsen. Für die Kraftverteilung sorgte ein LT95A – die neueste Version des Vierganggetriebes vom Range Rover Serie I. Die dritte Achse trat automatisch in Aktion, wenn das Zwischenachsdifferential gesperrt und die Untersetzung eingeschaltet wurde. Als Antrieb diente dann die dritte Gelenkwelle, die ihr Drehmoment direkt vom Getriebe bezog. Die Kupplung arbeitete mit Unterdruck. Der Abstand zwischen den Achsen 1 und 2 betrug normalerweise 304 cm. Die doppelte Hinterachse war mit halbelliptischen Längsblattfedern mit einem Hebel zur Verteilung der Achslasten ausgestattet. Dies sorgte für hervorragende Straßen- und Geländeeigenschaften. Die Zivilversionen (ab 1986) hatten V8-Benzinmotoren (3,5 l), die militärischen Isuzu-TDs (115 PS).

LR war für mehrere Fahrzeuge verantwortlich, die nach Armeevorgaben entstanden. Bei Ausschreibungen für Schwimmwagen präsentierte man ein Fahrzeug mit Wellenbrecher und Schutzdach. Schon lange vorher konnte man den 6V LR Serie II auf dem vietnamesischen Kriegsschauplatz sehen. 1982 kündigte Australiens Armee das Perentie-Projekt an (eine „perentie" ist eine gut getarnte Echse, die unter härtesten Bedingungen überlebt): So sollte der Fuhrpark aus 3000 Fahrzeugen erneuert werden. Die Bewerber mussten den Vorgaben eines Programms genügen, das sicherstellen sollte, dass Entwicklung und Bau großenteils in Australien erfolgen konnten. Die vorläufigen Bedingungen für den Vertrag über einen Eintonner erfüllten Jeep, Land Rover, Merce-

des und Toyota. JRA ernannte Ray Hapgood zum Programmleiter – und er machte seine Sache gut. 2600 Exemplare des Eintonners Perentie One Ten lösten den LR Serie III 109″ ab. Vor der Vertragsunterzeichnung (1987) unterzog man die Wagen einem harten Testprogramm. Die Soldaten bestanden darauf, sie mit Isuzu-Dieseln (3,9 l) auszustatten und u. a. das Reserverad im Heck unterzubringen. Die Sechs- und die Vierradfahrzeuge bekamen Vierganggetriebe. Die Wagen, von denen es ein Dutzend Varianten mit offenem oder geschlossenem Aufbau gab (meist nach dem 110″-Standard), wurden laut Vertrag bis 1994 kontingentweise geliefert.

Land Rover Perentie 6x6 ❷ ❾

Aufgrund einer weiteren Armeeausschreibung – nun für ein Gefährt mit 1,5 bis 2 t Nutzlast – baute JRA ein Sechsradfahrzeug mit Isuzu-TD (s. o.). In dieser Gewichtsklasse hatte der LR 6x6 keine Konkurrenz – bis auf den Mercedes Unimog. Die Armeefahrzeuge besaßen stärkere Achsen, ein verstärktes Vier-Ritzel-Frontdifferential, Vorderachsfederung, Stoßdämpfer und neue Räder. Das Leiterchassis mit Antikorrosionsbeschichtung trug einen Stahlrahmen, an dem die Aluteile befestigt wurden. Es gab viele Spezialaufbauten, z. B. als Feldwerkstatt, Transporter für 12 Personen, Ambulanz oder Artillerieprotze Rapier. Die Karosserieteile bestanden manchmal (so beim Krankenwagen) aus Thermo-Fiberglas. Alle Wagen hatten Klimaanlagen. Die Module besaßen vereinheitlichte Anschlussstellen, so dass man sie

schnell auf andere Chassis montieren konnte. Die SAS-Patrouillen- und Erkundungswagen für harte Burschen machten einen guten Eindruck. Eine weitere Version war das Perentie Desert Patrol Vehicle, das am Heck ein Suzuki-Geländemotorrad mitführte. Der Tankinhalt (365 l) reichte in der Wüste für 1600 km. Nicht einmal der Krankenwagen war ein Hardtop. Im Lauf der Zeit bekam der Perentie 6x6 eine 20 cm breitere, 6,5 cm längere und 5,1 cm höhere Karosserie. So hatten vorn drei weitere Soldaten Platz. Ab Frühjahr 1989 bot JRA den Perentie 6x6 auch Nichtaustraliern an. Genaue Zahlen sind nicht bekannt, doch es gibt mindestens 3000 Perentie 110″ 4x4 und mindestens 700 der 6x6-Militärfahrzeuge. Über 70 % der Teile stammen aus Australien.

Land Rover 6x6 Perentie 6x6 als Krankenwagen

Land Rover

(Großbritannien)

Rover gehört zu den ältesten britischen Autofirmen. 1877 gründeten John Kemp Starley und William Sutton in Coventry eine Fahrradfabrik. 1884 brachte Rover ein revolutionäres Sicherheitsfahrrad heraus (im Polnischen ist „rover" noch heute ein Begriff für „Fahrrad"); das erste Motorrad Imperial kam 1903 heraus, ein Jahr später ein Pkw mit 8 h. p. Die Firma baue gleichzeitig Fahrräder, Motorräder und Autos. Während einer Unternehmenskrise ernannte man in den 1920ern Spencer Wilks zum Direktor. Sein Bruder Maurice wurde leitender Ingenieur. Spencer verschlankte das Unternehmen und vereinheitlichte die Produktpalette. Die Vorkriegs-Rover galten als Qualitätsautos mit hohem Standardisierungsgrad. Die Firma war finanziell nie wirklich gesund und litt unter ihrer Kapitalmangel.

So ging Rover durch viele Hände. 1973–1975 wurde das Unternehmen Teil von Leyland (Rover British Leyland UK Ltd); 1975–1978 taufte man es in Leyland Cars, British Leyland UK Ltd. um; 1978–1980 hieß es Jaguar Rover Triumph Ltd. und 1980–1986 Light Medium Cars Division, BL Ltd.; 1986 entstand die Rover Group Ltd., welche ihr Manager Graham Day in die Abteilungen Austin-Rover (Pkws) und Land Rover Division aufgliederte. 1988 wurde Rover Group verstaatlicht und von der Regierung für 150 Mio. £ an die Rüstungs- und Flugzeugbaufirma British Aerospace verkauft. In den späten 1980ern forderte die britische Öffentlichkeit: „Land Rover muss britisch bleiben!". Daraufhin gründete man eine finanzschwache Firma namens Rover Cars. 1994 verkaufte BA diese für 800 Mio. £ an BMW. Nachdem die Münchner an diesem Millionen verschlingenden „Schwarzen Loch" ihre Lektion gelernt hatten, veräußerten sie die Marken Rover und MG an Alchemy Partners, die sie wiederum für 20 Mio. £ an die von einem früheren Rover-Manager geleitete Firma Phoenix Consultation weiterreichten. LR machte 1992 120 Mio. £ und 1996 88 Mio. £ Gewinn, 1999 hingegen 100 Mio. £ Verlust. Nach der fatalen Entscheidung brauchte BMW Geld, um das Geschäft mit Phoenix abzuschließen. So beschloss man 2000, LR für 1,84 Mrd. £ an Ford zu erkaufen, wobei man die Marke Mini behielt.

Bis 1993 wurden über 1,5 Mio. Land Rover gebaut. Zur Jahrtausendwende waren es über 1,7 Mio., von denen über 70 % noch fahrtauglich sind. 1998 feierte die Geländewagen-Ikone Land Rover ihren 50. Geburtstag. Was einst als Nebenprodukt begonnen hatte, war zu einem unverwüstlichen Arbeitspferd und zur Zierde des britischen Automobilbaus geworden. Es rettete Rover vor dem Bankrott und machte eine Kleinfirma zu einem führenden Autobauer. Als einziges britisches Auto verkaufte es sich jederzeit gut, unabhängig von der Wirtschaftslage. Es wurde in zahlreiche Länder exportiert. Land Rover wurden wohl von allen Armeen der Erde eingesetzt (außer in Albanien und Nordvietnam). Ganze 80 % der Wagen

Winston Churchill neben einem Land Rover

gingen in den Export; jedes fünfte Auto hatte einen Dieselmotor, und zwei von drei 109″ (277 cm) Radstand. Ein Teil wurde als CKDs exportiert. Man montierte den Typ in aller Welt. In den 1980ern und 1990ern wurde die Produktion wegen höherer Qualitätsanforderungen, weltpolitischer Veränderungen und diverser lokaler Regierungswechsel auf die Fabriken in Australien, Kenia, Malaysia, Marokko, Südafrika, der Türkei, Brasilien und Simbabwe begrenzt. 2001 kam Thailand hinzu. Nach 2000 liegen die Verkaufsziffern unverändert hoch.

Land Rover ❷

Maurice Wilks besaß ein großes Anwesen auf der Insel Anglesey. Zur Farmarbeit nutzte er Jeeps. 1947 besuchte ihn Spencer, der sich um die Firma sorgte. Als er die betagten Autos sah, fragte er seinen Bruder, was er machen wolle, wenn sie den Geist aufgäben. „Ich werde selbst einen neuen Jeep bauen. Er ist das einzige Auto, das hier etwas taugt!" Nach einer langen Fahrt durch Sanddünen, Moore, Wälder und Berge verrannte sich Spencer in das Projekt „Land Rover": Das Auto wurde am 4. September 1947 zugelassen. Es war für Landwirte gedacht und diente der Firma zeitweise als Rettungsanker. Konstrukteur Gordon Bashford verhehlte nicht, dass die wichtigsten Maße und das Chassis vom Jeep M „geborgt" waren. Die Karosserie sollte aus Leichtlegierungen bestehen, da Rover weder Stahl zugeteilt bekam noch Geld für Pressen hatte. Bei den Prototypen saß das Lenkrad in der Mitte; sie hatten weder Türen noch Dächer oder anderen Komfort. Antrieb war der 1,4-l-Motor des 10-h.-p.-Modells aus den 1930ern, dem bald ein 1,6-l-Typ vom Rover P3 folgte. Manche Prototypen „lernten" pflügen und eggen; sie trieben Dresch- und Papiermühlen oder andere Farm- und Forstgeräte an, transportierten Vieh und zogen Anhänger. Das, glaubte man, würden die künftigen Besitzer von ihnen verlangen.
Die erste Generation – Land Rover Serie I – wurde 1948–1957 gebaut. Nach 18-monatiger Entwicklung kam im September 1947 eine Pilotserie von 25 Stück

Titelseite eines Werbeprospekts für Land Rover

Land Rover (Serie I) in Mexiko, 1957

heraus. Die Firma erhielt 50 Bestellungen. Das Debüt fand 1948 in Amsterdam statt; in diesem Jahr entstanden 3048 Land Rover, danach 8000 und später 20 000. Die ersten Serienwagen wichen kaum von den Prototypen ab. Auf der ersten Autoshow nach dem Zweiten Weltkrieg (London 1948) sah man einen Kombi, später einen Lieferwagen. Er erregte so wenig Interesse, dass er 1951 verschwand – der hohe Steuersatz ließ den Preis uninteressant werden. Rettung brachte ein erfolgreicher Rechtsstreit, den der Eigentümer des Autos mit der Polizei ausfocht, vor allem aber die Einführung der MwSt. (1973). Die Wagen hatten starre Achsen und Blattfederung. Die erste Serie führte den 4V-Benziner IOE (OHV-Ansauger, SV-Ausstoß; 1595 cm³, 50 PS, 4000 U/min, ab 1952–1954 1997 cm³, 52 PS, 4000 U/min) der Limousine P4. Der Radstand betrug bei den ersten Land Rovern 80″ (203,2 cm), später auch 86″ (218,4 cm) und 107″ (271,8 cm). Im Herbst 1954 rollte in Solihull der 100 000. Wagen vom Band. 1956 wurde der Radstand auf 88″ (223,5 cm) bzw. 109″ (276,9 cm) vergrößert. Seither heißen alle Modelle LR. Ihre Länge betrug 335,3/357,4/440,7/357,5/439,4 cm, die Breite 159 cm, die Höhe 179,1 cm und das Gewicht +1930 kg. Acht Monate später begann man – als Sonderzugabe – mit dem Einbau eines OHV-Diesels (2052 cm³, 51 PS, 3500 U/min). Der Land Rover (auch die Folgegenerationen) hatte permanenten 4x4. Anfangs (und auch später) gab es Modelle (meist mit 4V-Motoren) mit auskoppelbarem FWD. Das Hauptgetriebe hatte erst vier, später fünf Gänge (darunter immer mehr synchronisierte). Als der Austin Gipsy auf den Markt kam, ließ Maurice Wilks die Karosserie aufpolieren. Die 1. Generation ist als Land Rover Serie I bekannt: Nutzlast 454 kg (80″), Seitenneigung 45°; bei den anderen Modellen 453 kg (86″), 680 kg (107″), 611 kg (88″) und 680 kg (109″; mit größeren Rädern 906 kg); Bodenfreiheit 20,3 cm (SWD), 24,8 cm (LWB). Die „Land Rover Story – Teil 1" liest sich so: 39 879 Stück 1948–1951; 38 747 Stück (80″, 2 l) 1952/53; 49 342 (86″) bzw. 27 346 Stück (107″) 1954–1958; 42 076 Stück (88″ und 109″) 1956–1958.
Der Land Rover Serie II (1958–1961) besaß ein Rahmenchassis mit ähnlichen Karosserien. Die Kunden

freuten sich bereits auf den OHV-Motor (2 l), der den älteren IOE-Typ ablösen sollte. Diese Neuerung wurde jedoch von der Direktion nicht genehmigt, so dass der Land Rover Serie II den alten Motor behielt. Nutzlast 703 kg (88″) bzw. 1094 kg (109″). Die Produktion hielt nicht mit der Nachfrage Schritt. Es waren acht Fabriken im Raum Birmingham beteiligt. Produktionszahlen für den Land Rover Serie II (1958–1961): 110067 Stück (88″ und 109″).

1961–1971 hieß der Land Rover Serie II Land Rover Serie IIA; er bekam einen 4V-OHV-Motor (2286 cm³, 77 PS, 3500 U/min), und 1966 wurde auch der Diesel angepasst. 1967–1980 gab es den 109″ mit optionalem 6V-IOE-Motor (2625 cm³, 83 PS, 4500 U/min), ab 1979 (Genf) auch mit V8-OHV-Motor (3528 cm³, 91 PS, 3500 U/min). Nun besaß der LR ein Chassis mit permanentem 4x4 (vom Range

Rover). 1958–1971 entstanden 549311 Exemplare des LR Serie II und IIA. In den Angaben bei Taylor (343298 Stück 88″ und 109″ inkl. Eintonner 1961–1971) fehlen die in Spanien gebauten Wagen, die Militärversionen (88″ und 109″) und die nach 1965 gebauten Kit Cars.

Der Land Rover Serie III wurde von Oktober 1971 bis 1974 gebaut. Er kam ein Jahr nach dem Range Rover heraus und erhielt ein voll synchronisiertes Getriebe. 1968 wanderten die Frontscheinwerfer vom Kühlergitter auf die Stoßstange. Hier endet die Geschichte der LR mit Blattfederung. Von den Anfängen bis 1961 entstanden 310475 Stück, von 1962 bis zum Ende der Land Rover Serie IIA (inkl. FC) 1971 wurden 351813 Exemplare produziert. Ein Buch über 50 Jahre Land Rover führt für 1971–1983 538862 Exemplare des Land Rover Serie III an.

Land Rover III 109, 1975

Land Rover 110 und 90, Defender ❷

Der Genfer Autosalon von 1983 erlebte das Debüt des kräftig modernisierten Land Rover 110 („One Ten"), dem 15 Monate später der 90 („Ninety") folgte. Der alte 4V-Motor (2,3 l; später auf 2495 cm³, 83 PS, 4000 U/min verstärkt) war neben dem V8 erhältlich. Die italienischen VM-Diesel aus den 1980ern waren bisweilen sehr wartungsbedürftig. Ab 1985 gab es auch einen 2495-cm³-Diesel (67 PS, 4000 U/min), im Herbst des Jahres (auf der NEC) als Nachfolger einen ebensolchen TD (107 PS, 3800 U/min). Der Wagen besaß eine einteilige Frontscheibe, ein neues, vorgeschobenes Kühlergitter und Spiralfederung. Im April 1982 präsentierte man den besser ausgestatteten LR Serie III County mit anderer Lackierung (die alten LWBs wurden im März 1983 vom neuen One Ten County abgelöst, die SWBs im Juni 1984 vom Ninety County). Im Dezember 1987 wurde der Wagen aufpoliert. Die kurze Version (SWB) hatte 19 cm Bodenfreiheit, der längere LWB 21,5 cm. Die längste Variante war der Doppelkabiner One Ten Crew Cab (Dezember 1983 bis Juni 1985), gefolgt vom One Ten Seven (Juli 1985 bis August 1990). Maße des 90/110/Crew Cab: Radstand 236/279,4/322,6 cm, Länge 372,1/444,5–467,4/502,9 cm, Breite 179,1 cm, Höhe 203,5 cm.

Im Herbst 1989 wurde der LR leicht verändert (die Maße blieben die alten) und in Defender umgetauft (Modelle 90, 110 und 130). Das Militär und Kunden in Tropenländern bekamen Wagen mit dem traditionellen Ganzleinen-Verdeck. Der Defender 130 Crew Cab ist nicht gerade der letzte Schrei. Die Version von 1983 mit 317,5 cm Radstand wurde als Defender 130 vermarktet. Im Dezember 1995 – nach ihrem Sieg in einem Wettbewerb – gingen die ersten Defender an die tschechische Armee. 1990 war der Defender in Großbritannien der meist verkaufte Geländewagen. 1998 genügten die einfachen Tdi-Motoren nicht mehr den Emissions- und Lärmschutzbestimmungen. Daraufhin entstand der modernere TD BMW Td5 mit Pumpendüse, der ab 1999 in mehreren Modellen eingebaut wurde. Der Tdi wird weiterhin in Brasilien und Argentinien hergestellt, da es auch 2003 einem Dorfschmied in der Pampa Süd-

Land Rover Defender 130, 1994

amerikas schwer fallen dürfte, die Elektronik zu reparieren. Erhalten blieben das Leiterrahmen-Chassis, starre Achsen, ein Paar Längslenkarme, ein Panhardstab (vorn), ein Dreieckslenker (hinten) und die Spiralfederung. Der Defender wies nicht den geringsten Komfort auf. Auf der Straße gerät er beim Wenden in Schräglage und ist kaum noch zu lenken – man muss das Tempo drosseln. Andere Marken wären schon mit einem Teil der Schwächen des Defender unverkäuflich. Er verkauft sich aber immer besser, so lange reiche Kunden ihrer übertechnisierten Umwelt entfliehen wollen, denn im Gelände

zeigt er sich als Meister mit optimalem Chassis, Cross-Country-Untersetzung und 21,5 cm Bodenfreiheit (beim Defender 90 22,9 cm). Gegen Zuzahlung gibt es das hilfreiche ABS mit ETC (Antirutsch-System) und Handsperre für das Zwischenachsdifferential. Der Wagen kann 65 cm tief waten. Überhangwinkel beim Defender 90, SW/110 und SW/130: 48°/50°/50° bzw. 49°/34,5°/34°. Er bewältigt 45° Gefälle und 45 (30)° Seitenneigung. Sein Eigengewicht beträgt +1980 kg, die Nutzlast 780 kg. Beim auf der IAA 2001 gezeigten Modell 2002 gab es kleine Änderungen. Der Hardtop hat rostfreie Hintertüren (Inneres und Chassis wurden leicht verändert) und Panhardstäbe. Es gibt den Typ sogar mit nur einem Schlüssel (zuvor waren es drei für Zündung, Tür und Benzintank), Zentralverriegelung, elektrischen Fensterhebern, ABS und ETC. Lieferbar sind der S, der SE, der E und der County.

Am 29. Juli 1993 rollte der 1,5-millionste LR-Defender 90SV mit US-Spezifikation vom Band. In die USA werden Land Rover seit 1949 verschifft. Die andersartige Umwelt erzwang Modifikationen gemäß NADA (North American Dollar Area) oder NAS (North American Specification). Im US-Zweig entstand der Prototyp Golden Rod mit V8-Motor, den man zur Zulassung in die heimische Fabrik schickte. Zur Produktion kam es nicht, weil der Range Rover vor der Tür stand. So modifizierte man

Land Rover Defender in der limitierten Version Tomb Raider, 2001

Land Rover Defender 110, Brno/Brünn (Tschechien), 2003

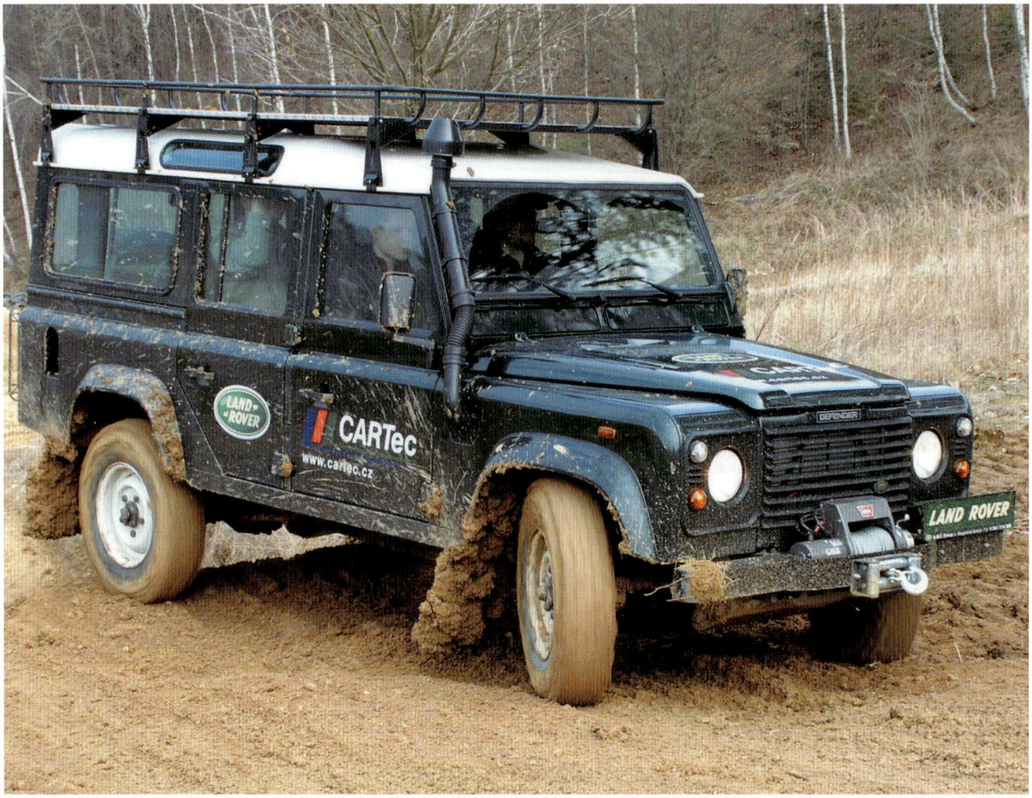

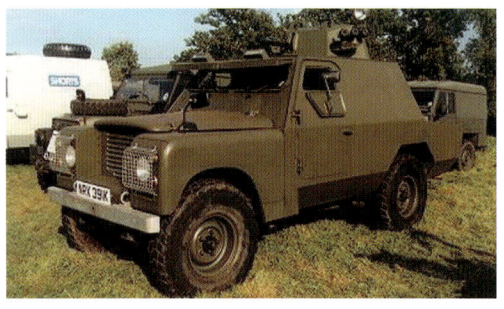

den Defender One Ten (NAS, V8) zum Range Rover. Ferner entstanden 500 Defender 110. Nicht einmal der Defender kam an einer limitierten Serie vorbei: In Turin zeigte man 1998 zur Feier des 50-jährigen Firmenjubiläums den auf dem 90 basierenden Defender No Limits. Der ähnlich rustikale Defender Heritage 90 kam 1999 in London heraus; ihm folgte 2000 auf der NEC der Defender X Tech. 2001 bot der französische LR-Zweig den auch auf dem 90 basierenden Defender Technium an, einen Kombi-Tdi mit Hardtop. Auf der IAA 2001 sah man den limitierten Defender 110 Tomb Raider, während in England 2002 der Defender XS vermarktet wurde. Der auf dem Modell 90 Tdi basierende Defender Project SVX (Special Vehicle X) debütierte 1999 auf der IAA. Die Beliebtheit von Pick-ups förderte der leichte Defender, den Lara Croft in „Tomb Raider" bei ihrem Absprung in den Dschungel benutzte. Er debütierte 2001 in Genf. 1983–1997 entstanden 327400 LR 90/110/Defender. Für 2005 bereitet Chefdesigner Geoff Upex eine neue Defender-Generation vor, den L317.

Land Rover 110 in der gepanzerten Shortland-Version

Land Rover Spezialversionen ❷ ❾

Die Armee hatte ihre eigene Vorstellung vom LR. Die ersten Wagen entstanden 1943 unter dem Codenamen FV1800 und mussten aus Zeitmangel als fertige Autos durchgehen. Im März 1948 erhielt die Armee für Tests zwei Vorserien-Testwagen. Sie bewährten sich, und Rover erhielt einen Auftrag über 48 Autos als Ersatz für den Jeep; er wurde später auf 1878 aufgestockt. Die Armee hatte noch andere Pläne: Ein verändertes Chassis des LR 81 erhielt den Motor Rolls-Royce B40, dessen Volumen man von 2,8 auf 1,6 l reduzierte. Der für den FV 1800 geplante Motor war so teuer wie ein kompletter LR und um 50 % leistungsfähiger (und schwerer) als ein ge-

wöhnlicher Rover-Motor. Im Mai 1949 schloss die Armee mit Hudson Motors einen Vertrag über die Ausrüstung von 33 LR-Chassis mit Rolls-Royce-Motoren. Der Name Land Rover 81 (130 km/h) setzte sich durch. Ab den frühen 1960ern entstanden viele Prototypen für das Militär. Die Armee suchte ein Vierteltonner-Mehrzweckfahrzeug für Luftlande-operationen. Da es keine Hubschrauber gab, die über 0,25 t schwere Fahrzeuge transportieren konnten, richteten sich die Hoffnungen auf Wagen, die man auf Paletten am Fallschirm abwerfen konnte. Häufige Beschädigungen, Fehlabwürfe und Fortschritte im Flugzeugbau beendeten die Episode. Im Juli 1966 gab es die ersten Testexemplare. Einige wurden später als Lightweight modifiziert. Das Serienmodell 88″ von 1968–1984 entsprach bereits den gleich-zeitig gebauten Zivilversionen. Sein Radstand betrug 256,5 cm. Aus dem LR Serie IIA gingen 2989 0,5-Tonner für das Militär hervor. Die Firma produzierte spezielle Halbketten-, Dreiachs-, Panzer- und Am-phibienfahrzeuge. Für Wüsteneinsätze benutzten die SAS-Truppen Spezialfahrzeuge mit rosa Anstrich („Pink Panther"). Zu den wichtigsten Mitbewerbern zählten Short Brothers & Harland aus Belfast (z. B. mit dem gepanzerten Mannschaftstransporter Shor-land) und Alan Milstead (mit dem Halbkettenfahr-zeug Centaur). Neben der britischen Armee eroberte der LR auch die Streitkräfte des Commonwealth und der NATO; am Ende war er in 140 Ländern im Einsatz. Die politische Entscheidung, keine moder-nen Technologien an potenzielle Gegner zu verkau-fen, umgingen Drittweltdiktatoren, indem sie LR in Spanien oder gar im Iran kauften. Das britische Ver-teidigungsministerium beschloss, die Spezialfahr-zeuge auf Basis des LR Serie III durch den neuen Defender XD zu ersetzen. Der Neuling fiel jedoch durch. Am Ende erhielt Puch den Auftrag über 394 Pinzgauer. Der überarbeitete Defender XD erwies sich dagegen als brauchbar, und noch vor Herbst 1996 bestellte die Armee 7295 Stück. Das Wüsten-patrouillenfahrzeug „Dinkie" (ein kleiner Bruder des größeren rosa „Pinkie") kam im Golfkrieg und in Bosnien zum Einsatz. SVO entwickelte und lieferte (ab 1993) nach der Spezifikation der US-Rangers

Spezialversionen mit V8-Motor auf der Basis des One Ten. Bekannt sind auch der Militär-Defender 130 und Wagen mit 127″ Radstand, die Rapier-Waffenträger, die Ambulanzen Marshall und Loco-motor sowie die Panzerfahrzeuge Shorland Series 5 und Hornet (fertig gestellt bei Kontaktfirmen wie Short Brothers und Glover Webb).

Land Rover Forward Control ❷ ❽ ❾

Vor allem auf Wunsch der Armee entstanden 5 Prototypen eines Pritschen-Lkw mit 1,5 t Nutzlast und 129″ (393,2 cm) Radstand, aus denen militäri-sche Nutzfahrzeuge hervorgingen, die man später als Forward Control bezeichnete. Ein weiterer Prototyp war der Forward Control 120″. 1962–1966 gab es die Trambus-Version Forward Control 109″, die im Sep-tember 1961 vorgestellt wurde. Vom Forward Con-trol 109″ wurden 3193 Stück gebaut. Ihm folgte der Forward Control Serie IIA, ein Eintonner auf Basis des Serie IIA 109″ bzw. 110″ (v. a. für das Militär). Davon baute man 1968–1971 308 Exemplare. 1966 wurde erstmals der Forward Control 110″ Serie IIB vorgestellt: 1967–72 fertigte man 2305 Stück. Aus-schließlich für die britische Armee war der Eintonner Forward Control 101 mit V8-Motor und vertikaler Frontseite auf dem Chassis des LR Serie III be-stimmt (2669 Stück, 1975–1978). Dieses teure Chassis mit Spiralfederung – das ältere mit Blattfedern er-hielten bis 1984 alle anderen LR – zog gewöhnlich einen Einachs-Anhänger (FC 110). Die fantastischen Fahreigenschaften dieses 6x6 in bodenlosem Schlamm und über Hindernisse sind legendär. Rad-stand 276,9 cm, Gesamtlänge 490,2 cm, Breite 191,8 cm, Höhe 259,1 cm, Gewicht 2043 kg. Als Nach-folger war Mitte der 1970er der Pritschen-Lkw Llama mit One-Ten-Chassis und V8-Motor vorgesehen, der viele Teile früher LR-Generationen übernahm und 2 t Nutzlast befördern konnte. 1986 erhielt die Armee zwei Prototypen, die aber nicht überzeugten.

Land Rover 101 auf einem Werbeprospekt

Land Rover – SVO

Im Juni 1985 wurde die Abteilung Special Vehicle Operations (SVO) eingerichtet: Sie war an der Vorbereitung und Bereitstellung von Spezialfahrzeugen beteiligt. Mitte der 1980er war sie so wichtig geworden, dass sie als „vierte Marke" gelten konnte – ganz nach dem Wunsch ihres geistigen Vaters George Mackie. SVO lieferte als erster Hersteller den neuen Pick-up Crew Cab: Einige besaßen Doppelachsen, zweckdienliche Aufbauten, Panzerung und Ähnliches. Seit Ende der 1990er bringt SVO auch „Action-Versionen" ziviler Fahrzeuge heraus. Einer der ersten LR mit Scheibenbremsen war der Pick-up 90SV (Defender). Auf ihn folgte 1987 der LR Cariba (Defender 90SV); das Cabrio gewann viele Freunde in den USA, wo man es 1994 zum „Allradfahrzeug des Jahres" erklärte. Im Jahr 2000 debütierten auf der NEC die limitierten Modelle Freelander, Discovery und Range Rover Autobiography.

Land Rover Discovery und Discovery II

Der Discovery war erstmals 1989 auf der IAA zu sehen. Er folgte drei Prototypen, von denen einer 1986 auf der NEC als Range Rover Olympic präsentiert wurde (damals bewarb sich Birmingham um die Olympiade). Das Auto hatte eine Range-Rover-Karosserie – so wollte die Firma auf die immer beliebteren japanischen Gelände-Kombis antworten. Der Verkauf des dreitürigen Discovery (nach der NEC 1990 auch mit fünf Türen) kam nur schleppend in Gang. Er besaß ein Defender-Chassis, während die Karosserie vom Range Rover stammte. Die erste Version hatte einen V8i- (3532 cm³, 145 PS, 5000 U/min) oder 200 Tdi-Motor (2494 cm³, 113 PS, 4450 U/min). Radstand 254 cm, Länge 452 cm, Breite 179 cm, Höhe 192 cm; Überhangwinkel 39°/21°; Eigengewicht 1925 (V8) bzw. 1935 kg (2,5 Tdi). Nutzlast 795 bzw. 785 kg. In Großbritannien gab es den ES (ab 1994, sehr komfortabel ausgestattet), den Mpi (mit 2-l-Benzinmotor), den Tdi (200 Tdi und 300 Tdi), den V8 (V8) und den V8i (V8, 3,5 und 3,9 l, Einspritzer). In Deutschland kam 1991/92 der Emo-

Land Rover Discovery III, Herbst 2002

Land Rover Discovery in einer behindertengerechten Ausführung; NEC 2002

tion heraus, dem 1992 der Sunseeker folgte; 1995 gab es die limitierten Modelle Hunter, Sailor, Parcours und Sunset, wenig später den Esquire und den Trophy. Zwischen 1989 und 1997 wurden 353 843 Exemplare der 1. Generation gebaut. Nach einem Facelifting im Frühjahr 1994 bereitete man die 2. Generation des Wagens vor. Der neue Discovery (II) debütierte 1998 in Paris. Er besaß 4x4-Antrieb, ein Zwischenachsdifferential und eine harte Federung. Der optisch kaum aufpolierte Fünftürer hatte eine neue Fahrgastzelle voller Elektronik, wozu ACE, SLS, EBD und HDC kamen. Das „aktive" verstellbare Chassis war luftgefedert. Die Elektronik ist so aufwändig, dass die Mikroprozessoren über digitale Multiplex-Verbindungen kommunizieren. Das Auto ist 19 cm länger und 7 cm breiter. Als Antrieb dient ein V8-Benziner (4 l) oder ein neuartiger 5V-Direkteinspritzer Td5 von BMW (2496 cm³, 132 PS, 4200 U/min). Es bewältigt 100 % Steigung, 42° Seitenneigung und 40°/19° Überhang; Bodenfreiheit 20,8 cm, Wattiefe 50 cm, Leergewicht 2110 kg, Nutzlast 770 kg.

Der Discovery wurde 1999 „Best Compact Sport-Utility". 2001 war die Zeit reif für das Action Vehicle Adventure; ihm folgten 2002 in Großbritannien der Adventurer und die Metropolis, ein dunkel lackiertes Modell mit Hightech-Ausstattung. Nach einem Facelifting präsentierte man im Herbst 2002 das Modell 2003 (Code L318), das v. a. durch gebündelte Frontscheinwerfer, Kühlergitter u. Ä. Details „ziviler" und somit stärker wie der RR III wirken sollte; hinzu kamen kleinere Änderungen am Motor. Für den europäischen Markt bekam der Td5 eine Speziallenkung, die in zwei Stufen auf den Gaspedaldruck reagiert (schnell auf der Straße, linear im Gelände). Für den US-Markt ersetzte man den 4-l-Motor durch ein stärkeres 4,6-l-Modell. Alle Autos haben Viergang-Automatik mit zwei Antriebsstufen („Normal" und „Sport"). Den Td5-Motor gibt es nur mit Fünfgang-Handschaltung. Wie sein Vorgänger besitzt der Wagen ein Zwischenachsdifferential mit Sperre. Der Discovery L319 mit Defender-Karosserie soll 2005 herauskommen.

Die Camel Trophy galt als „Geländewagen-Olympiade". Die Teams mussten dabei mit baugleichen Autos fast 10 000 km in weglosem Gelände zurücklegen und zahlreiche Aufgaben erfüllen. Nur im ersten Jahr (1980, Amazonien-Durchquerung) stammten alle Wagen von Jeep. Seither prägte Land Rover das Bild, 1990–1998 mit dem Discovery. Seit 2003 nimmt die Firma auch am G4 Challenge teil, einem ähnlichen Wettbewerb.

Range Rover ❷

1951 stellte man den Bau des unverkäuflichen LR-Kombis ein. Im April 1952 ließ Maurice Wilks die Entwicklung des Zweitürer-Kombis Road Rover anlaufen, der auf der produktionsreifen P4-Limousine basierte. 1954 ließ Firmenchef Graham Bannock den

US-Markt analysieren und stellte einen wachsenden Bedarf an 4x4-Freizeitwagen fest. Der Rover 2000 war Basis für den nächsten Kombi Road Rover. Die weitere Entwicklung beeinflusste der Ford Bronco; anfangs besaß das Auto den 6V-Motor des P5. Der Prototyp trug eine Road-Rover-Plakette, doch ab 1968 hieß er Range Rover. Am 17. Juni 1970 hob sich der Vorhang für die Presse. Das einzigartige Konzept eines Autos, mit dem man morgens über Schlammpisten brettern und abends zur Oper fahren kann, war seiner Zeit um Jahrzehnte voraus. Der Range Rover löste (außerhalb der USA) ein weltweites Interesse an Gelände-Kombis aus, die mehr als reine Nutzfahrzeuge waren. Die Karosserie entwarf das Designer-Team Gordon Bashford, Spencer King und David Bach. Der RR ist ein Kombi mit 3 (später 5, siehe Monteverdi) Türen und luxuriöser, bequemer Fahrgastzelle, permanentem AWS und op-

Land Rover Range Rover, Fünftürer, 1972

Land Rover Range Rover, 1968

tional auskoppelbarem FWD. Er saß auf einem Leiterrahmen und hatte einen V8-Benziner (3528 cm³, 135 PS, 4750 U/min), Untersetzungsgetriebe mit Differentialsperre, starre Achsen (hinten mit automatischer Straßenniveauanpassung Boge Hydromat) und Scheibenbremsen. Zwei dieser Autos fuhren in 99 Tagen von Alaska nach Chirogdo an der Südspitze Südamerikas (der begleitende LR 88″ – in Panama aus zweiter Hand gekauft – überstand die Fahrt problemlos. Zwei englische Exzentriker machten diese Fahrt – auch per LR 88″ – in 134 Tagen). Auf der Turiner Autoausstellung 1986 debütierte eine TD-Version mit 4V-VM (OHV, 2494 cm³, 113 PS, 4000 U/min). Zu den glücklichen Eigentümern der Kurzversion gehört das britische Königshaus. Der RR ist das einzige bisher im Louvre ausgestell

te Auto. Im Juli 1978 trennten sich die Marken Jaguar, Rover und Triumph von der Holding British Leyland. Für die Modernisierung der Geländewagen waren 400 Mio. £ eingeplant; Sir Michael Edward, der Direktor von BL, schreckte jedoch in letzter Minute zurück und genehmigte nur eine „kleine" Investition: Im August entstand die selbstständige Abteilung Land Rover Ltd. Sie nutzte die Investitionssumme, um die Produktion des RR um 50 % (450 pro Woche) zu steigern, und im Juni 1984 kam ein Fünftürer heraus. Die alte Chrysler-Dreigangautomatik (die unter Extrembedingungen unzureichend war) wurde 1985 durch die deutsche ZF (4 Gänge) bzw. 1983 durch eine Fünfgang-Handschaltung ersetzt. Das Modell verkaufte sich hervorragend – vor allem die Automatik-Variante. Im Oktober 1985 kamen die stärkeren Vogue-Modelle mit Einspritzer

Land Rover Range Rover 4,6 Vogue, 2000

Land Rover Range Rover Vogue LSE, 1994

Land Rover Range Rover Vogue LSE, 1994

(165 PS, 4000 U/min; nicht beim V8-Motor) auf den Markt. Im Dezember 1986 gab es Elektro-Einspritzung für den V8 und eine massive Werbekampagne in den USA. Die Wagen hatten – anders als beim ursprünglichen „vertikalen" Arrangement – Kühlergitter mit Horizontalrippen. Merkmale: Radstand 254 cm, Länge 447 cm, Breite 178 cm, Höhe 178 cm, Eigengewicht +1770 kg; ab Oktober 1989 war das Modell 2 cm kürzer und 4 cm breiter.

1992 bekam das 20 Jahre alte Auto die elektronisch regelbare Gasfederung EAS mit 5 Stufen (3 wählbare für die Fahrt, eine automatische zum Parken und eine zum Ein- und Ausparken. Die Langversion (Radstand 274,5 cm, Länge 465 cm, Breite 181,5 cm, Höhe 183 cm, Gewicht 2075 kg) hieß LSE. Bodenfreiheit 19 cm, Nutzlast 465 bis 6810 kg. 1991/92 verkaufte man in Deutschland die Action-Modelle Westminster und Ascot. Die Produktion von Dreitürern lief 1994 aus. Die alte Generation trat im Herbst 1994 nicht ab, sondern wurde weiter als Range Rover Classic angeboten. Ihre letzte Stunde schlug erst 1996. Die britischen Modelle im Überblick: Tdi, Turbo D, Vogue, Vogue SE und Vogue LSE; limitiert waren Schuler Automatic (1980, 25 Expl.), In Vogue (1981, 1000 Expl.), Automatic (1982), Limited Edition (1983, 325 Expl.) und CSK (Initialen von Charles Spencer King, dem „Vater" des Range Rover, 200 Expl.). In Europa gab es v. a. folgende limitierte Modelle: Trophy (D, 1981), 20th Anniversary (CH, 1990, 60 Expl.), Ascot (D, 1982, basiert auf dem Vogue SEi und entspricht dem Brooklands Green; auch NL und CH, 1993, wie Brooklands, 150 Expl.), Balmoral (E, F; 1983), Countryman (E, 1993), Silver Fox und Silver Spring (F, 1992), Vogue S (I; 1993) sowie 3,9Ei (P; 1993). In den USA erschienen GDE (Great Divide Edition, benannt nach einer Transamerika-Expedition, 1990, 400 Expl.), Hunter, County, County SE und County LWB. In 26 Jahren entstanden so 317615 RR der 1. Generation. Der Wagen verkaufte sich auch bei den Ölscheichs sehr gut; diese wählen Sonderanfertigungen wie den offenen RR, der in Spezialwerkstätten wie FLM Panelcraft, Wood & Picket, Rapport International, Panther, Monteverdi, Arden, Robert Jankel

Design, Carbodies u. a. umgebaut wurde. Ogle Design fertigte für den Papst einen kurzen, erhöhten und gepanzerten RR mit Glasfenstern; er kam auch beim Militär zum Einsatz. 1980–1984 brachte die Firma den schlichten, v. a. für Verkehrspolizisten gedachten Fleet Line heraus. Das Special Project Department und Spezialisten wie Lomas und Pilcher-Greene entwarfen Wagen für Zivil- und Militärambulanzen (z. T. mit 342,9 cm Radstand), Feuerwehren (z. T. dreiachsig, so den Carmichael), Rettungsdienste und für den Personenschutz.

1970 wollte BL Wagen zur Rallye London–Mexiko entsenden, aber sie wurden nicht rechtzeitig fertig. So traten sie erst im Januar 1976 beim 10060-km-Langstreckenrennen Abidjan–Nizza an. Sie wurden Erster und Zweiter; drei weitere waren unter den ersten zehn. Die an Rallyes teilnehmenden RR wurden meist in Frankreich und Australien gebaut (so die für den London-Sydney-Marathon 1978). 1979 traten sie bei Worldcup-Rallyes (Bandama Rallye, Safari) an. Jene für Paris–Dakar erhielten ihren Feinschliff v. a. bei BL France. 1980 siegte Christine Becker in einem leichten RR beim Ladies' Cup, und 1981 gewann das Team Metge-Giroux das erste Gold des World Cup, und zwar in einer Kreation von Tom Walkinshaw Motorsport (unter der Leitung von BL). In den Folgejahren managte der berühmte Autoimporteur Austin Rover France die RR-Flotte. Ein Fahrzeug seines „Halt-Up!"-Teams wurde 1984 Zweiter in der Gesamtwertung, und 1987 belegte „Halt UP!" den gleichen Platz, nun in einem Auto aus Solihull; das Toleman-Team im Enduro T89 (V8, 4,2 l, Kevlar-Karosserie) versagte. Bei JE Motors überarbeitete Motoren (200 km/h in der Wüste) brachten P. Tambaye 1988 auf Position 3 und M. Smith auf Platz 4. Im Januar 1989 begann die Arbeit am Group T (Torsen-Differential und Motor von JE Motors; 3,9 l, 215 PS, 225 km/h), doch sie wurde nach Erscheinen des Discovery eingestellt, und man konzentrierte sich auf die Camel Trophy. Das französische ETT-Team (Eggenspiller Tout Terrain) nahm weiter an Raid-Rallyes teil. Eggenspiller versah die Leichtautos mit Kevlar-Karosserien und V8-Motoren (4,8 l, 250 PS).

Land Rover Range Rover, 1994

Range Rover – Serie II ❷

Im Oktober 1994 kam als „König der Gelände-wagen" der Serie II heraus. Er unterschied sich kaum vom Vorgänger. Die Kühlerrippen waren waage-recht. Änderungen am Heck erschwerten das Be-laden. Der Leiterrahmen war stärker und sicherer. Die starren Achseln waren leichter, aber verstärkt. Die Karosserie besteht meist aus Aluminium. Der Typ ist 3 cm länger und 6 cm höher als sein Vorgän-ger, und die Räder haben eine bessere Luftfederung; es gab 4 Computer zur Kontrolle des BECM (Body Electronic Control Module). Dank hochwertiger Hightech-Ausstattung war er der Konkurrenz um Jahre voraus. Teuerster Motor war ein V8 (4552 cm³, 226 PS, 4750 U/min, 225 km/h), sonst ein V8 (4273 cm³, 202 PS, 4850 U/min). Für 46 550 £ bekam man Anti-Rutsch-Mechanik, Automatik und elektrische Sitz- und Dachregulierung. Der Typ hatte einen 4V-TD mit Zwischenkühler (2497 cm³, 136 PS, 4400 U/min) der 5. bzw. 7. BMW-Serie. Steigung 90 %, Seitenneigung 29°, Wattiefe 50 cm, Bodenfreiheit 21,4 cm, Überhangwinkel 30°/23°. Modelle mit EAS (elektronischer Luftfederung) besaßen andere Überhangwinkel (34°/26°), Seitenneigung (26°) und Wattiefe (60 cm). Standardmotoren: DT (TD), DSE (TD, teurere Ausstattung), HSE (4,6 l) und SE (4 l). In Genf wurde 2000 die limitierte 30th Anniversary Limited Edition vorgestellt, und 2001 sah man dort den Range Rover Westminster (400 Exemplare).

Range Rover – Serie III ❸

Nach seinem Einstieg nahm BMW die erste Groß-investition vor: 300 Mio. £ für den Umbau des RR (Code L322). Das Konzept des New Range Rover mit AWD blieb unverändert. Dank der bayerischen Ingenieure und durch die Vereinheitlichung einiger Entwürfe (Motoren, Chassisabstimmung) im Hin-blick auf den BMW X5 ist das Auto brandneu. Als Ford die Abteilung übernahm, war es für Änderun-gen zu spät, und RR musste die alte Ausstattung be-halten. Die BMW-Motoren sind teuer. Man erwägt eine Umrüstung des RR III auf einen V8 Jaguar (4,2 l) und/oder sogar einen V12 Aston Martin (6 l). Der Typ wird im neuen Werk in Solihull gebaut. Er debütierte 2001 in London. Es gab ihn nur als Kombi

Land Rover Range Rover III, 2002

Land Rover Range Rover III, 2002

Land Rover Range Rover III, 2002

quillt über von Elektronik, so dass er seine Gelände-Konkurrenten abhängt. Die Steptronic-Fünfgangautomatik lässt sich auch von Hand schalten. Hinzu kommt eine elektronisch gesteuerte Cross-County-Untersetzung. Das Zwischenachsdifferential (Torsen II) verteilt das Drehmoment variabel auf Vorder- und Hinterachse (Verhältnis 25:75 bis 75:25). Das ETC-II-System regelt den Schlupf über die Bremse (was das fehlende Achsdifferential praktisch ersetzt), und zur Unterstützung bei starker Steigung gibt es HDC. Ein Computer wählt bei der Luftfederung automatisch den harten Straßen- oder den weicheren Geländemodus. DSC (Dynamic Stability Control) optimiert die Chassiseinstellung je nach Straßenzustand und Fahr(er)verhalten; der im RR III verwendete Typ ist insofern eine Ausnahme, als er (bzw. der nicht auf die Bremsen, sondern den Motor einwirkende Teil) im Gelände deaktivierbar ist, so dass man die Kontrolle über das Auto behält. Elektronische Reifendruckkontrolle, ABS + EBD, ESP und 8 Airbags erhöhen die Sicherheit. Vernetzte Luftfederung (die Bodenfreiheit ist bis 28,1 cm regelbar) verschafft einem sonst in der Luft hängenden Rad den höchsten Luftdruck, so dass es Kontakt mit der Fahrbahn behält. Überhangwinkel 35°/27°, Wattiefe 50 cm. Es gibt den SE, den HSE und den Vogue. Der „König" hat erneut seine Position im Reich des Luxus verteidigt: Er führt die Charts des BBC-Magazins „Top Gear" an und wurde vom „Auto Express Magazin" zum besten Geländewagen 2002 gekürt. Geplant ist ein fünfsitziger Baby Range Rover (L320) mit Discovery-Fahrgestell und V8-Jaguar- bzw. V6-Dieselmotoren.

mit eleganterer, fließenderer Karosserie mit Stahlrahmen über einem selbsttragendem Stahlfahrgestell mit drei Tragerahmen. Der RR III hat einen 13,5 cm größeren Radstand als der RR II; er ist 23,7 cm länger und 4,7 cm höher. Die einzeln aufgehängten Räder haben vorn McPherson-Federbeine und Spiralfedern, hinten doppelte luftgefederte Längs- und Querlenkarme. Dazu kommen jeweils Querstabilisatoren. Das Auto besitzt einen V8-Benzinmotor aus Aluminium von BMW (32V, 4398 cm^3, 286 PS, 5400 U/min, 208 km/h) mit variabler VANOS-Ventilsteuerungstechnik (bleifreies Benzin mit 91–95 Oktan) oder den sparsamen 6V-Reihenmotor Td6 (Common Rail, 2926 cm^3, 177 PS, 4000 U/min, 225 km/h) mit Druckluftkühlung. Es wiegt +2440 kg und kann 530 oder 610 kg Nutzlast befördern. Der RR III

Land Rover Freelander ❷

1997 debütierte auf der IAA der 5-sitzige Gelände-/Straßenwagen Freelander (Code CB40); es gab die Modelle i, XEi, di und Xedi. Sein „Vater" war Nick Fell, der auch den MGF entwarf. Das revolutionäre Fahrzeug sollte Teil einer (vom Hersteller neu eingerichteten) Sparte von Freizeitwagen sein (u. a. mit heizbaren Vordersitzen und Tempomat). Es ist der erste LR mit selbsttragender Karosserie, entweder als langer Fünftürer-, kurzer Dreitürer-Kombi oder Softback – also eine recht konservative Pick-up-Ver-

Land Rover Freelander, 1998

sion. Alle Räder sind einzeln an McPherson-Feder-beinen mit Torsionsstäben aufgehängt. Als Antrieb dienen 4V-Motoren – ein 1725-cm³-Benziner (120 PS, 5550 U/min, 225 km/h) und ein sparsamer, doch weniger ausgefeilter und etwas „rauchiger" Rover mit V6-TD (2497 cm³, 117 PS, 6250 U/min, 164 km/h). Die Nutzlast beträgt max. 400 kg. In Amerika heißt so ein Auto mit variabler Drehmoment-Vertei-lung zwischen Vorder- und Hinterachse (in rauem Gelände werden 80 % nach hinten verlagert) „4x4 passenger car". Außerdem besitzt es Viskokupplung und Fünfgang-Handschaltung (ohne hintere Diffe-rentialsperre, deren Aufgabe das ETC übernimmt),

Land Rover Freelander V8 (Dreitürer, Softback), 2002

aber keine Untersetzung. Es verfügt als weltweit ers-tes 4x4-Fahrzeug über ABS, ETC und HDC (Hill Descent Control), das die Fahreigenschaften im Ge-lände verbessert und Fahrten bei Gefälle sicherer macht. Der Freelander Commercial debütierte 1999 auf der IAA. Sobald der Freelander V6 mit KV6-Motor auf den Markt kam, explodierten (wie erwar-tet) die Verkaufszahlen in den USA, Japan und im Nahen Osten. Auf Wunsch bekommt der Typ eine vom FC 1 inspirierte Fünfgangautomatik (JATCO Steptronic) mit „Normal"- und Sport"-Modus, die wahlweise Handschaltung oder Automatik ermög-licht. Weitere Merkmale: Radstand 256 cm, Länge 438 cm (ab 2000 444,5 cm), Breite 180,5 cm, Höhe 176 cm, Bodenfreiheit 18,6 cm, Überhangwinkel 30°/34°, Steigung 70 %, Seitenneigung 26°, Wattiefe 40 cm, Eigengewicht 1580 kg, Nutzlast max. 500 kg. Den Wagen gibt als S, GS und ES. 2000 bekam er den verbesserten, sparsamen BMW Td4 (1950 cm³, 112 PS, 4000 U/min, 166 km/h). In den USA sind S, SE, und HSE erhältlich. In England gab es die limi-tierten Serien Serengeti und Kalahari, in Frankreich den Freelander 360°. Für 2003 war der überarbeitete L314 angekündigt; der Freelander Serie II wurde 2003 auf der IAA vorgestellt. Es gibt Pläne für eine komfortablere Fahrgastzelle, ein besseres Getriebe und v. a. 4V- und V6-Motoren von Ford als Ersatz für die heutigen Rover-Fabrikate, die ihn in seiner Klasse an die Spitze bringen sollen. Für 2004 war ein brandneuer Freelander (L315) geplant. Der wohl erfolgreichste europäische 4x4 soll der „Drilling" zum Ford Maverick und Mazda Tribute werden – mit Ford-Motoren, selbsttragender Karosserie und Ein-zelradaufhängung.

Land Rover South Africa

(Republik Südafrika)

Land Rover ❷

In Südafrika baute man LR u. a. bei Leyland South Africa. Die Geschichte ihrer Montage beginnt hier in den 1950ern. 1984 verkaufte Leyland seinen Anteil an die heimische Firma AAD, die 1985–1995 LR mit Spiralfederung produzierte. Zur Umgehung der 100%igen Einfuhrsteuer fertigte man einige Teile im Lande. Interessant war ein Umbau des LR One Ten mit 127″-Radstand, 6x6-Antrieb und (meist) V8-Motor. 1986–1992 wurden ca. 40 „Dachshund" („Dackel") verkauft. Außer an die Armee (die Panzerwagen wünschte) gingen die 16-Sitzer-Kombis an Safari-Veranstalter in Südafrika und Simbabwe. 1994 kaufte BMW Rover, kündigte den Vertrag mit AAD und verlagerte den RR-Bau in seinen Betrieb in Rosslyn bei Pretoria, wo man ab 1977 aktiv war. Der Eröffnung des neuen Montagewerks wohnte am 24. März 1995 auch Queen Elizabeth II. bei, die schon 1993 den Firmensitz in Midrand eingeweiht hatte. Es war für 2500 Defender und 620 Discovery gedacht. Zuerst rollte der Defender 110 als Pick-up und Kombi mit V8- und 300Tdi-Motor vom Band; im Herbst folgte der Defender 90, später der 130 mit TD (2,5 l, 113 PS) oder Benziner (2,8 l, 193 PS). Sie wichen in Details von ihren britischen Pendants ab

und wurden nach Afrika südlich der Sahara sowie Australien exportiert. Nachdem Ford LR gekauft hatte, wurde die Ford Motor Company of South Africa (FMCSA) in Südafrika aktiv und verlagerte den Bau des „beliebtesten Autos Afrikas" nach Silverton bei Pretoria. Der Umzug dauerte 6 Wochen, da er getreu dem Ford-Slogan „alles in Handarbeit" mit minimalem Technikaufwand erfolgte (so war bereits Mitsubishi verfahren). Das neue Werk wurde im August 2001 eröffnet. Der Tagesausstoß betrug 6 Autos (in etwa nach britischer Spezifikation); im nächsten Jahr waren es 12, obwohl das Werk auf 20 ausgelegt ist. Der letzte in Rosslyn „geborene" LR war ein Prototyp des Kombis Defender 147 High Capacity Station Wagon für bis zu 11 Fahrgäste; er leitet sich vom Chassis des Defender 110 mit 448,1 cm Radstand ab und besitzt ein weiteres Paar Seitentüren; die Passagiere in Reihe 2–3 haben so 40 % mehr Platz. Vorder- und Heckübergang blieben erhalten, doch der Radstand wuchs um 93,5 cm. Hinzu kamen C-Pfeiler, und die Schwerlast-Radaufhängung musste verstärkt werden. Die verstärkte Hinterachse bekam noch ein Paar Spiralfedern und Stahlräder. Kraft lieferte ein Td5-Motor, der 2002 in Südafrika den einfachen Tdi ablöste. Ohne Reserverad an der Hecktür sollte der 5,3-m-Wagen in jede normale Garage passen. Die ersten 10 Autos gab es wohl 2001; sie sind für Safariveranstalter gedacht. 2000 entstanden 1440 Defender. Mit der Montage des Freelander in Südafrika begann man 2002. Im gleichen Jahr gingen 1008 Stück an Angola, die übrigen 216 Defender 110 CSW und 130 sowie 3000 Freelander (TD4 und KV6) wohl nach Australien.

Südafrikanischer Land Rover Defender 147, 2002

Lexus

(Japan)

1988 gründete Toyota die Tochterfirma Lexus. Ihr Name erinnert nicht zufällig an Luxus. Anders als die Marken Akura (Honda) und Infiniti (Nissan), die auch Geländewagen umfassen, konnte Lexus in Nordamerika und Europa Fuß fassen. Die Autos entsprechen mechanisch fast völlig den Modellen der Elternfirmen.

Lexus LX 450, LX 470 ❷

Ende 1985 kam ein Luxus-Kombi mit permanentem 4WD auf den Markt. Es war eigentlich ein Land Cruiser 80 mit dem 6V-Motor „1FZ-FE" (4477 cm³, 215 PS, 4600 U/min, JIS, 175 km/h). Das Modell LX 450 besitzt ein Zwischenachsdifferential mit Handsperre, Viskokupplung und Untersetzung. Die Automatik hat 4 Gänge. Es gibt ein Leiterchassis, starre Achsen mit Spiralfederung und einen Panhardstab; auf Wunsch wird hinten ein Stabilisator eingebaut. Der Lexus hatte einen Radstand von 285 cm; er war

Lexus LX 470

482 cm lang, 183 cm breit, und 185 cm hoch; die Bodenfreiheit betrug 22 cm. Der Wagen wog leer +2260 kg und konnte 430 kg Nutzlast tragen.

Die 2. Generation von 1998 – der Lexus LX 470 – hat viel mit dem Land Cruiser 100 gemein. Sie besitzt neben einem anderen Outfit einen V8-Motor „2UZ-FE" (4664 cm³, 234 PS, 4800 U/min, SAE, 175 km/h) sowie Fünfgang-Automatik. Die Vorderräder sind einzeln aufgehängt (mit Torsionsstäben und einem Stabilisator), während die starre Hinterachse wie beim LX 450 blieb. Die Länge nahm um 7 cm zu, die Breite um 11 cm; die Nutzlast beträgt 190 kg.

Lexus GX 470 ❷

2002 debütierte in Detroit ein abgespeckter Lexus GX 470. Er zeichnet sich durch Fünfganggetriebe und Luftfederung mit regelbarer Bodenfreiheit aus. Weitere Merkmale: Radstand 279 cm, Länge 478 cm, Breite 185 cm, Höhe 188 cm, Bodenfreiheit 22 cm. Das Eigengewicht des Fünftürer-Kombis mit 5–8 Sitzen beträgt +2120 kg, die Nutzlast 645 kg und die Höchstgeschwindigkeit 180 km/h.

Lexus RX 300 ❸

Der Lexus RX 300 kam im März 1998 heraus (überholt in Detroit 2003). Er nutzt die Mechanik des Toyota Harrier. Ein V6-Benzinmotor „1MZ-FE VVT-i" (24V, 2995 cm³, 201 PS, 5600 U/min, 180 km/h) treibt die Vorderräder an (bei einer anderen

Variante alle). Das tut auch der stärkere „3MZ-FE VVTi" (3302 cm³, 233 PS, 5600 U/min, 180 km/h); hier hat das Automatikgetriebe jedoch 5 Gänge statt der ursprünglichen 4. Das 4WD-Modell besitzt ein Zwischenachsdifferential und eine Viskokupplung. Der fünfsitzige Viertürer-Kombi ist selbsttragend, mit McPherson-Einzelradaufhängung und Torsionsstabilisatoren. Er hat Scheibenbremsen mit ABS. Weitere Merkmale: Radstand 261,5 cm, Länge 458 cm, Breite 181,5 cm, Höhe 160 cm, Bodenfreiheit 19 cm, Eigengewicht +1800 kg, Nutzlast 470 kg.

Lexus RX 300

LuAZ

(UdSSR und Ukraine)

In den 1950ern und 1960ern baute LuMZ Ersatzteile und Spezialkarosserien für Lkws (GAZ) und Busse. 1961 präsentierte man den Celina, einen Gelände-Prototyp auf der Basis des Saporogez (eines dem Fiat 600D ähnelnden ukrainischen Autos). Ab 1967 hieß die Firma LuAZ (Autowerke Luzk). Die kommunistische Planwirtschaft zwang sie, „Jeeps mit kleinen Motoren" herzustellen. Angesichts der schlechten Qualität verwundert es kaum, dass ihr russischer Spitzname „pansam sklepan" („Marke Eigenbau") lautete. Dennoch war die Warteliste end-

los. Häufig kam es vor, dass Retouren, die zur Überprüfung in die Fabrik kamen, nach der Reparatur verschwanden … Geländewagen waren begehrt, aber nie zu bekommen – außer in der Sowjetukraine. Exportwagen (für Italien) bekamen statt des alten ZAZ-Motors (1200 cm^3, 34 PS) den des Ford Fiesta (1117 cm^3, 48 PS). Außer unter ihrer Codenummer waren sie manchmal auch als Wolin erhältlich (nach dem Bezirk Wolyn (Wolhynien), in dem Luzk liegt). Nach dem Umschwung von 1989 bot man das Auto Wald- und Landarbeitern an. In den 1990ern sank die Produktion dramatisch – von etwa 2500 (1994) auf ganze 4 (1998); danach ging es langsam aufwärts. Die Firma versucht zu überleben, indem sie mehr modernere Modelle anbietet und Neuerungen ankündigt. Der Lieferwagen LuAZ-2301 debütierte 2001

LuAZ 969M, 1986

in Kiew. 1997–2000 wurden die LuAZs in Russland montiert. Der wirtschaftlichen Lage des Betriebs kam zugute, dass man nun auch VAZs (u. a. den 2121 Niva) sowie den UAZ-31512, UAZ-31514 und UAZ-3160 baute. 2000 fertigte man 2245 VAZs und 295 UAZs (unter der Bedingung, dass 15 % der Teile aus der Ukraine stammten). Ein Jahr später waren es 3962. LuAZ (dessen Aktien 2002 zu 81 % an UkrPromInvest gingen) hat investiert, und für 2007 hofft man auf einen Ausstoß von 150 000 Autos.

ZAZ-969 ❷

Die Firma ZAZ aus Saporoschje (Ukraine) entwickelte 2 Modelle mit luftgekühltem Motor (30 PS), den ZAZ-969 V (das erste Sowjetauto mit RWD) und den ZAZ-969 4x4, die sie auch zu bauen begann. 1966 oder 1967 wurde die Produktion gestoppt und in ein neues Werk in Luzk verlagert. Der luftgekühlte V4-Motor OHV MeMZ-996A saß (anders als der Tudor ZAZ-965) vorn und trieb die Vorderräder an. Nach einem 2x4-Lieferwagen (1965/66) kam 1970 eine 50 kg schwerere 4x4-Version heraus. Optional gab es RWD (von Hand auskoppelbar). Eine Untersetzungsrate von 1,2, eine Differentialsperre und die auf 28,4 cm erhöhte Bodenfreiheit (dank 1,785-Untersetzung der Radnaben) ließen den

LuAZ 969M, 1986

Wagen auch bei Schlamm und Schnee sehr gut fahren. Die Bremsen der Vorder- und Hinterräder hatten getrennte Kreisläufe. Auf der Straße konnte er 4 Fahrgäste und 100 kg Gepäck (oder 2 + 250 kg) mit 75 km/h befördern. Er war auch als Wolin bekannt.

LuAZ-969A ❷

Der LuAZ-969A von 1975 war ein Übergangstyp mit 1197-cm³-Motor (40 PS), Raduntersetzung (1,294), 180 cm Radstand, 337 cm Länge, 157 cm Breite und einer anderen Vorderpartie. Das metallene Kühlergitter blieb erhalten. Von der ersten LuAZ-Generation gab es über 54 000 Stück.

LuAZ-969M ❷

Der LuAZ-969M kam 1979 heraus; er war schnittiger und hatte ein Plastikgitter. Sein Radstand betrug 180 cm, die Gesamtlänge 339 cm. Er war 161 cm breit und 178 cm hoch. Der Motor war 4 PS stärker (85 km/h). Die Stahlkarosserie war mit dem Leiterrahmen verschweißt. Fahrer und Beifahrer schützte ein abnehmbares Kunststoffdach. Die Rücksitze waren ausbaubar, so entstand ein Gepäckraum. Das Auto konnte 2 Fahrgäste und 260 kg Gepäck oder 4 plus 120 kg befördern und einen Anhänger (mit Ladung 300 kg) ziehen. Bodenfreiheit 28 cm, Überhangwinkel 30°, Wattiefe 45 cm. Bis 1989 wurden fast 127 000 Stück gebaut. kam der Motor sogar mit schlechtem Benzin aus.

LuAZ-967 ❷ ❾

Die Militärversion wirkte wie ein Skateboard mit Motor. Sie war einfach konstruiert und konnte am Fallschirm aus Antonows abgeworfen werden. Die Bodenfreiheit betrug 28 cm. Die Kraftverteilung besorgte ein Zentralgetriebe. Für die Straße gab es FWD, im Gelände kam RWD hinzu. Die Räder waren einzeln aufgehängt (mit Torsionsstäben). Da Boden und Dach flach waren, konnte man Aufbauten montieren, Verwundete transportieren, Waffen einbauen und auch bequem darin schlafen. Dank der Kompressionsrate (7,2:1) kam der Motor sogar mit

LuAZ 967 als Militärkrankenwagen

(13021-08) auf der Basis des Minivans 13021-07. Pläne für ein Montagewerk in Polen wurden nicht verwirklicht. Ferner gab es einen Prototyp des Sechsrad-Schwimmwagens LuAZ 1901-Geolog und des D Lombardini. Seit 2000 verkauft man die Autos mit ZAZ-Benzinern (1,2 l, 57 PS) und HZIM-Dieseln (1,5 l, 51 PS); hinzu kam ab 2001 der VAZ-Benziner 23021 (1,5 l, 72 PS).

LuAZ-1301 ❷

2001 entwickelte man aus dem LuAZ „Proto" – einem 4x4-Pick-up mit Kunststoffkarosserie und 4V-Motor Wolin-1302 (53 PS) – einen 3-türigen 4x4-Kombi. Geplant wurde er in einem Konstruktionsbüro in St. Petersburg. Am Ende entschied sich die Firma gegen den Bau neuer Wagen und nahm stattdessen den des konservativeren Prototyps LuAZ-1301 auf – 8 Jahre nach der Entstehung. Das veraltete, geschweißte Skelett der äußerlich aus Plastikteilen bestehenden Karosserie (LuAZ-Design) und das Originalchassis besitzen einen alten Tauria-Motor. Das Auto hat 343 cm Radstand, permanenten 4x4-Antrieb und ein Zwischenachsdifferential. 1992 wurden 30 Testwagen gebaut.

LuAZ 1301, 2001

schlechtem Benzin aus. Die Armee fuhr die LuAZs mit Anhänger. Sie konnten einen Fahrer und 400 kg Last befördern, wogen 898 kg und erreichten 90 km/h. Die Frontscheibe ließ sich auf die Kühlerhaube klappen. Der Fahrersitz lag in der Mittelachse des Schwimmwagens.

LuAZ-1302 ❷

Im Zuge des Verjüngungsprozesses wurden die neuen luftgekühlten OHV-Motoren ZAZ und MeMZ-245 aus Melitopol verfügbar. Der wassergekühlte 4V-OHC ZAZ (1091 cm³, 53 PS, 94 Oktan, 90 km/h) stammt vom Modell Tauria. Wegen der Länge (343 cm) und der Stahlkarosserie wog er 970 kg. Er hat 4x4-Antrieb nebst Zwischenachsdifferential, bewältigt 90 % Steigung und hat eine Bodenfreiheit von 30 cm (bei 13"-Rädern) bzw. 34 cm (bei 14"). Der Wagen bewältigt schwierigstes Gelände. Die geschweißte Formblech-Karosserie weist auch Plastikteile auf. Einige Wagen besaßen einen 3V-TDi (1206 cm³, 60 PS). Die Typen mit dem zu schwachen 4V-Lombardini (1,4 l, 36 PS) taufte man Foros. 2000 wurde die Karosserieauswahl deutlich größer: Es gab Softtop-Cabrios (LuAZ-13024), Campingwagen (13021-07), Pick-ups (13021), Viertürer-Doppelkabiner (13021-04) und ab 1999 auch Beachcars ohne Türen (1302-5 Foros) sowie Krankenwagen

Mahindra & Mahindra

(Indien)

M&M besteht aus 20 Abteilungen. Die Autosparte hat eine lange Geschichte. Schon 1947 montierte man die ersten UV (Nutzfahrzeuge), Jeep FC (Forward Control) und Willys Overland. 1962 war der Anteil indischer Teile bereits auf 70 % gestiegen; 1967 betrug er 97 %. Gleichzeitig begann der Export. 1974 schloss man einen Kooperationsvertrag mit Jeep, und 5 Jahre später verabschiedete die Regierung einen Plan zur Zusammenarbeit mit Peugeot bez. des Diesel XDP 4,90. 1981 öffnete in Ghatkopar ein Motorenwerk. Ein weiteres für in Lizenz gebaute Benziner und Peugeot-Diesel entstand 1983 in Igatpuri. 1988 fusionierte der indische Zweig von Nissan Trucks mit M&M, und ab 1989 montierte man den Peugeot 504 Pick-up. 1991 wurden 10 000 Stück der CKD-Variante produziert. Im Krisenjahr 1993 konnte M&M als einziger indischer Autobauer seinen Ausstoß steigern. Die (unvollständige) Modellpalette begann mit den Dreirad-Mobilen Champion/Champion DX. Zu den Typen auf Jeep-Basis gehören altertümliche (der militärische Rakshak und Striker, der zivile Classic, MM, Commander, Marshal, Quadro, NC, Pick-up und Utility) und moderner anmutende (Bolero, MaXX, Pick-up CBC und der mit den Pick-ups Single Cab und Double Cab verwandte MM ISZ); am modernsten sind der Kombi Scorpio, das MPV Voyager SL (der alte Mitsubi-

Mahindra FC-160 Platform

shi L 300), die Kleinbusse FJ 470–DS4, Tourister und FJ Minibus sowie die Pritschen-Lkws CabKing 576 und 576 DI, DI 3200 und LoadKing. Die meisten werden für den indischen Markt gebaut; das Lenkrad sitzt nur bei den Exportwagen links.

Mahindra UV ❷ ❽

Die ersten Container mit Bauteilen für 75 CKD-Lkws mit Trambus-Kabine (Jeep FC 150) wurden im Oktober 1947 geöffnet. Ab 1965 gab es neben den Original-Dieseln auch Benziner. 1967 besaßen alle Autos 4x4-Antrieb, und im gleichen Jahr gab es auch eine 4x2-Version, 101″ Radstand und eine geschlossene Ganzstahl-Karosserie. Der Export lief 1969 an. Der 1200 UV ging nach Jugoslawien, ferner nach Ceylon, Singapur, Indonesien und auf die Philippinen. Im folgenden Jahr exportierte man den 3304 UV, v. a. nach Jugoslawien und Indonesien. 1975 kam der Lkw FC 260 mit Dieselmotor heraus.

Mahindra MM Serie

Mahindra-Jeep Universal CJ-3B

Mahindra Jeep

Der beschränkte Umfang des Buches verbietet es, die ganze komplexe Typen- und Modellpalette darzustellen. Das Design hat sich in 55 Jahren nicht verändert. Ein Leiterrahmen trägt die geschweißte Stahlkarosserie. Nach der offenen Variante gab es Soft- und Hardtop, Kombi, Lieferwagen, Pick-ups, Doppelkabiner, Chassis mit Kabine und Spezialvarianten (u. a. Krankenwagen und Militärfahrzeuge). Manche Serien (Bolero, Doppelkabiner Bolero Camper, Savari, Single Cab, Double Cab, Armada Grand und Quadro) wirkten schnittiger. Die starren Achsen hatten halbelliptische Längsfedern. Die meisten Modelle gibt es mit 4x2 und 4x4. Beim Getriebe waren anfangs die Gänge 2 und 3 synchronisiert; später gab es 4 und schließlich 5 Gänge und eine Hilfsuntersetzung für die 4x4-Versionen. Bis auf einige Ausnahmen bei den neuesten Autos haben alle Räder Trommelbremsen. Als erster Motor kam der Benziner Jeep „Hurricane" mit F-Head (2199 cm³ (72 und 75 PS, 4000 U/min, SAE) zum Einsatz, später der

Diesel Peugeot XDP (2112 cm³, 62 PS, 4500 U/min, DIN), ein 2112-cm³-Benziner (94 PS, 4500 U/min, DIN), ein 2555-cm³-Benziner (103 PS, 4500 U/min, DIN), ein 2112-cm³-Benziner (68 PS, 4500 U/min, DIN), ein 2498-cm³-Benziner (73 und 76 PS, 4000 und 4500 U/min) und ein 2523-cm³-Benziner (50, 55 und 58 PS, 3000, 3000 und 3200 U/min). Radstand: 203–268 cm, Bodenfreiheit 20 cm.

1949 baute man in Mazagon den ersten Jeep CJ3 (nach anderen Quellen CJ2) den Willys Overland; ab 1954 wurde zusammen mit Kaiser Jeep und AMC ein echter CJ3B in Lizenz produziert (ab 1974 mit dem sparsameren Diesel International Harvester). Gleichzeitig kam der CJ4A mit neuem Getriebe und verbessertem RWD heraus. Ein Jahr später folgte der CJ 500 D (Diesel MD 2350). 1983 gab es den CJ4 und CJ 500 mit lizenzierten Peugeot-Dieseln. Der CJ 640 DP wurde 1986 präsentiert; 1989 folgte der CJ 340 DP. Weiter ging es mit dem CJ 500 DI (Direkteinspritzer MDI 2500). 1985 debütierte in Bombay der etwas vom Vorgänger abweichende Mahindra MM 540. 1997 wuchs die MM-Serie um den „Wagonette"-Kombi MM 540 DP. Hinzu kamen 1997 ein Hard Top und ein Soft Top, später der MM 540 und der 550 XDB. 1991 startete die Commander-Serie mit dem 650 DI und dem 750 DP/HT, die sich sehr gut verkauften. Sie ähnelten dem Jeep CJ3B. Ab 1995 hieß die Commander-Serie auch CL. 1996 kam der Fünftürer Commander Hard Top auf den Markt. 12 Monate später präsentierte man den Commander 650 DI (mit größerem Radstand) sowie den CL Hard Top und Soft Top. 1993 ist wegen der Armada-Serie interessant. 1997 kam ein Achtsitzer hinzu. Derzeit gibt es auch den Armada Grand. Seit 2001 verwendet man andere Kühler à la Alfa Romeo, die man an ihrem Gitter erkennt – den Kombi Mahindra MaXX

Mahindra NC-670 Utility Van

Mahindra Rakshak, 2003

und die Langversion des MaXX Lx, jeweils als 2WD und 4WD. Als Militärversion debütierte auf der Autoshow in Delhi der Rakshak – ein gepanzerter Dreitürer-Kombi mit 6–8 Sitzen und XD3 PC (2498 cm³, 76 PS, 4500 U/min), Fünfganggetriebe und 4x4 oder 4x2; der viersitzige Striker war ein offener Ableger. Seit den späten 1960ern werden Mahindras als fertige Autos oder CKD-Bausätze exportiert. Die Montage erfolgt in Griechenland, meist mit Peugeot-Indirekt- (2112 cm³, 60 PS, 4200 U/min) oder -Direkteinspritzern (2498 cm³, 76 PS, 4500 U/min), Vierganggetriebe mit Schongang (gegen Zuzahlung), FWD-Option und manueller Freilaufsperre für die Vorderräder. Der Radstand betrug 203,2/231,1/330,2 cm. Ferner entwickelte man die limitierten Modelle Brave und Chief (1990), General Patton Special, De Luxe und Marksman (1991), die

man noch heute in England antrifft. Sie litten unter schlechter Verarbeitung, schlechten Fahreigenschaften, Komfortmangel und dem chaotischen Vertrieb.

Mahindra Scorpio ❷

1998 präsentierte man den Prototyp des Scorpio, der 2001 in Serie ging. Der Fünftürer-Kombi fasst 7–9 Personen. Neben der 4x2- wird auch eine 4x4-Version gebaut, die gegen Zuzahlung elektronisch aktivierten FWD bekommt. Der Typ hat Fünfganggetriebe und einen 4V SZ 2600 Turbo DI (2609 cm³, 109 PS, 3800U/min). Die 2WD-Version besitzt einzeln aufgehängte Vorderräder mit Spiralfedern und Torsionsstabilisator, die 4WD-Variante Torsionsstabaufhängung. Die starren Hinterachsen haben Blattfedern. Die 2WD-Version wiegt leer 2510 kg. Im Sommer 2002 verhandelte man mit Auto Lada über die Montage von Autos in Russland.

Mahindra Bolero, 2003

Mahindra Scorpio Silver, 2003

Maruti

(Indien)

Die nach einem heiligen Affen benannte Firma
Maruti Ltd. entstand 1973. Hinter dem Projekt eines
zweisitzigen „Volksautos" mit luftgekühltem 0,7-l-
Motor stand der Sohn von Indira Gandhi. 1982 gründete man die Maruti Udyong Ltd. als Jointventure
zwischen der indischen Regierung und Suzuki. Der
Anteil der Japaner stieg ständig – bis 1987 auf 40 %,
bis 1992 auf 50 %. Nach Erwerb einer Lizenz montierte Maruti den kleinen 800 (Suzuki Alto), den man
später auch baute. Zu den späteren Suzuki-Modellen
gehörten: Zen, Esteem, Baleno, Wagon R und Omni
(Kleinbus). In Vorbereitung sind der Vitara und der
Grand Vitara.

Maruti Gypsy ❷

Seit 1985 baut Maruti den Suzuki Jimny/Samurai SJ
410 (Generation 1981) in Lizenz. Als Antrieb dient
ein 4V-Motor (OHC, 970 cm³, 5500 U/min, SAE,
105 km/h). Bei der 4x2-Version gab es Fünfganggetriebe, während die 4x4-Variante im Vorwärtsgang
nur 4 Gänge hatte. Beide besaßen Zweigang-Untersetzung. Die starren Achsen des Gipsy („Zigeuner")
weisen Blattfedern auf. Radstand 237,5 cm, Länge
401 cm, Breite 146 cm, Höhe 191 cm, Bodenfreiheit
22 cm, Eigengewicht 915 kg, Nutzlast 500 kg. 1996
kamen das Pick-up-Cabrio und der Dreitürer-Kombi
Gipsy King mit 1,3-l-Motor (60–80 PS) heraus,
1998 erschien ein Fünftürer-Kombi.

Maruti Gypsy 4WD

Matra Rancho

Matra-Simca

(Frankreich)

Die Firma, deren Name mehrmals wechselte (aber stets die Kombination „Matra-Sports" enthielt), existierte 1965–1979 und bildete dann bis 1984 bei Chrysler die Abteilung Matra-Simca Division Automobile. Sie baute Flugzeug- und Waffensysteme. Die kleine Autosparte war für hochwertige Sportwagen berühmt: Sie stiegen in die Formel I ein und siegten dreimal in Le Mans. 1983 kaufte Renault das Werk. Dort baut man ausgefallene Modelle wie das MPV Espace (ab 1984).

Matra-Simca Rancho ❹

Der konkurrenzlose Freizeitwagen Matra Rancho (2x4) wurde 1977–1984 gebaut; er basierte auf dem Simca 1100 und hatte ein erhöhtes, verglastes Kombi-Heck und Plastikleisten/-schürzen. Die einzeln aufgehängten Räder besaßen Stabilisatoren und Torsionsstäbe. Der gedrosselte 1442-cm³-Motor des Sportwagens Matra Bagheera (80 PS, 5600 U/min, 145 km/h) arbeitete mit Vierganggetriebe. Merkmale: Radstand 252 cm, Länge 431 cm, Breite 166 cm, Höhe 173 cm, Gewicht 1129 kg. Es wurden 29 938 Stück produziert.

Matra Rancho

Matra Rancho AS

Matra Rancho

Matra Rancho X

Mazda

(Japan)

Die Firma Tokyo Cork Kogyo entstand 1920 in Hiroshima. Sie produzierte erst Flaschenkorken, ab 1930 Motorräder und 1931 das Dreirad-Mobil DA (482 cm³). Es trug den vom Gründer Jujiro Matsuda und der parsischen Lichtgottheit Ahura Mazda entlehnten Namen Mazda. Im ersten Jahr verkauften sich 66 Stück. Nach dem Krieg (1958) fertigte man Lkws, ab 1960 auch Pkws. Mit der Massenproduktion von Wankelmotoren machte sich Mazda einen Namen. 1979 erwarb Ford 24,5 % der Anteile (seit 1996 hält die Firma 33,4 %). Mazdas werden in Japan und andernorts gebaut (teils unter dem Markennamen Ford). Es gab nicht viele 4x4-Versionen. Anfang der 1980er erhielt der Straßen-Mazda 323F AWD. Seit Oktober 1998 baut man den Suzuki Jimny (3V-„Turbo", 0,7 l) als Mazda AZ-Offroad. Der auf dem 323 (März 1999) basierende Mazda Premacy MPV hat 2x4-Antrieb. Ein großes MPV (4x2, Herbst 1988) gibt es seit Frühjahr 1989 auch mit 4x4, aber es ist nur ein Straßenwagen.

Mazda Pick-up – B-Serie

Die ersten Mazda-Pick-ups (4x2) waren 1961 der B 360 und der B 1500 (1965 und 1977 modifiziert). In den 1970ern exportierte man die B-Pick-ups (1,6-, 1,8-, 2,0- und 2,2-l-Benziner oder 2,2-l-Diesel) nach Amerika, Südafrika und Europa. Bis 1985 entstanden fast 1,8 Mio., die dann von der neuen B-Serie abgelöst wurden. Die Palette der leichten Nutzfahrzeuge umfasst den Scrum (den kleinsten Pick-up überhaupt), den Bongo/E 2000 und weitere Pritschenwagen, Lieferwagen, Minivans und Kleinbusse.

Mazda Fighter/Bravo/B-Serie
(Thailand)

1999 rollten die ersten Autos durch die Tore der 1998 von Ford (45 %), Mazda (45 %) und mehreren Thais (10 %) gegründeten Firma AutoAlliance (in Thailand fertigt man seit 1950 Mazdas). Ihre Wagen enthalten zu 70 % heimische Teile. Im ersten Jahr baute man 24009 Mazda- und 25593 Ford-Pick-ups. Ab Juni 1999 vertrieb Mazda sie in Europa als Mazda B Series/Fighter, während Ford sie als Ranger anbot. Die Zweitürer-Pick-ups (mit langer Kabine) bzw. Viertürer-Doppelkabiner fassen 5 Fahrgäste. Sie besitzen Leiterrahmen und einzeln aufgehängte Räder mit Torsionsstäben und Stabilisator. Die starre Hinterachse hat Blattfederung. Ein sparsamer 4V-OHC-Motor (12V, 2499 cm³, 3500 U/min, 156 km/h) treibt die Hinterräder an. Bei Bedarf lässt sich auch der FWD über eine Klauenkupplung im linken Schalthebel zu- und über einen Remote-Frei-

Mazda Tribute, 2001

laufbutton abschalten. Das hintere Differential hat eine Sperre (75 %), das Fünfganggetriebe Geländeuntersetzung. Der B Fighter weist einen Radstand von 300 cm auf; er ist 502 cm lang, 169,5 cm breit und 175 cm hoch; Bodenfreiheit 20,5 cm, Eigengewicht 1710 kg, Nutzlast 1115 kg, Wattiefe 45 cm, Überhangwinkel 35°/28°.

Mazda Tribute

2000 debütierte in Los Angeles ein fünftüriges SUV. Es war in Kooperation mit Ford-Technikern entstanden und besaß eine selbsttragende fünfsitzige Stahlkarosserie. Kraft spendet ein 4V- (1988 cm³, 124 PS, 5300 U/min, 166 km/h) oder V6-Motor (2OHC, 24V, 2967 cm³, 197 PS, 6000 U/min, 180 km/h). Der Tribute hat permanenten AWD mit variabler Drehmomentverteilung. Sein 3-l-Motor wirkt auf eine Viergang-Automatik, während das 2-l-Modell eine Fünfgang-Handschaltung aufweist. Die Räder sind einzeln aufgehängt (vorn an McPherson-Federbeinen mit Stabilisator, hinten an Längs- und Querlenkarmen mit Spiralfedern und Stabilisator). Maße: Radstand 262 cm, Länge 439,5 cm, Breite 182,5 cm, Höhe 176,5 cm, Radstand 20 cm. Eigengewicht 1558 kg (2 l) bzw. 1665 kg (3 l), Nutzlast 565/560 kg, Wattiefe 45 cm, Überhangwinkel 30°/31°.

Mazda B 2500 4x4, 2003

Mebea

(Griechenland)

In den späten 1950ern startete Reliant seine Politik des „Autobau-Exports" in Entwicklungsländer. 1958 begann ein Projekt für ein Fahrzeug, das nicht in Großbritannien gebaut wurde. Man produzierte es bei der israelischen Firma Autocars als Sussita-Kombi, bei Otosan (Türkei) als Anadol, bei Sipani (Indien) als Dolphin und bei Mebea (Athen) als leichten Fox. Die Firma Mebea existierte in den 1970ern und 1980ern. Sie fing mit dem Pkw Reliant an und lieferte Dreirad-Mobile.

Mebea Fox ❹

Der Mebea Fox (ein Lizenzbau des Reliant Fox) war ein Pick-up für Strandfahrten und leichtere Nutzeinsätze. Die zweitürige Fiberglaskarosserie fasste 2 oder 4 Fahrgäste nebst Reisegepäck. Die Hinterräder trieb ein 4V-Fordmotor (848 cm³, 40 PS, 5500 U/min) mit Vierganggetriebe an. Der Fox hatte 214,6 cm Radstand; er war 338 cm lang, 154 cm breit, und 149 cm hoch; Bodenfreiheit 32 cm, Gewicht 522 kg, Nutzlast 320 kg. Es gab ihn mit Hardtop-Kabine und Leinen-Faltdach oder als Cabrio mit Leinenverdeck über Fahrer- und Gepäckraum.

Chrysler Hellas Farmobil

Griechische Spezialvarianten ❷ ❽ ❹

Im Land der Berge und Strände wurden auch viele andere interessante Autos montiert, z. B. der Mahindra & Mahindra und der Puch G. In den 1980ern baute Automeccanica s.a. (Athen) den Sowjet-Geländewagen Lada Niva als 2121, 2121V Van, 2121P Pick-up und 2121A Cabrio (4V-Motor, 1570 cm³, 76 PS, 5400 U/min), anfangs mit Vier-, später mit Fünfganggetriebe und Untersetzung. In den 1970ern vertrieb Chrysler Hellas den leichten Nutz-Pick-up Farmobil mit flachem, luftgekühltem 2V-Motor (697 cm³, 38 PS, 5000 U/min, SAE) für die Hinterachse. Die türlose Karosserie saß auf einem Leiterchassis. Die Räder waren einzeln aufgehängt (Spiralfedern). Der Typ wog leer 568 kg und trug 616 kg Nutzlast (4 Personen oder 2 mit Gepäck). Radstand 176 cm, Länge 335 cm, Breite 159,5 cm, Höhe 169 cm, Bodenfreiheit 23 cm. In den späten 1970ern und frühen 1980ern baute die Firma Samba mit einer Fissore-Lizenz den Beach-Pick-up Amico auf der Basis des Fiat 127.

Mebea Fox

159

Mercedes-Benz

(Deutschland)

1883 gründete Karl Benz die Firma Benz & Cie. Zwei Jahre später testete er ein Dreirad-Mobil – das weltweit erste Fahrzeug mit Verbrennungsmotor; man produzierte es ab 1887. Gottlieb Daimlers Firma entstand 1882, er baute 1885 sein erstes Motorrad, dem 1886 ein Auto folgte. 1926 fusionierten die Firmen. Benz verwendete den Markennamen Mercedes (Ende des 19. Jahrhunderts erwarb der Böhme Emil Jelinek, Generalkonsul Österreich-Ungarns in Nizza, einen Daimler, den er stark verbesserte und nach seiner Tochter Mercedes taufte). Die Firma übernahm die Änderungen und – ab 1901 – den Namen. In den nächsten 110 Jahren wurde die Marke Mercedes-Benz des Daimler-Benz-Konzerns weltberühmt für hochwertige, sichere und teure Autos. 1998 fusionierte man mit Chrysler: Die Deutschen brachten 57 % ein, die Amerikaner 43 % – so entstand DaimlerChrysler mit den Marken MCC, AMG, McLaren, Mitsubishi und Hyundai (ehem. Mercedes) bzw. Dodge, Plymouth, Chrysler und Jeep (ehem. Chrysler). Im Zweiten Weltkrieg gab es den Fünfsitzer Mercedes-Benz 170VK. Ein 4V-SV-Benziner (1697 cm³, 38 PS) trieb über ein Vierganggetriebe die Hinterräder an. Die einzeln aufgehängten Räder hatten vorn Querblatt-, hinten Spiralfedern. Das gleiche Konzept wies der 320WK auf,

der aber einen 6V-SV-Motor besaß (3208 cm³, 78 PS). Der auch als G5 bekannte W152 war ein zwei- oder viersitziger Softtop mit permanentem AWD, 4V-SV-Motor (2006 cm³, 45 PS), Fünfganggetriebe und Zwei- oder Vierradlenkung. Der schwere Geländewagen Mercedes Benz 1500A wog 2675 kg. Die Hinter- oder alle Räder trieb ein 6V-OHV-Motor (2594 cm³, 60 PS) mit Vierganggetriebe und Zweigang-Hilfsuntersetzung. Es gab Blattfederung. Genau das Gegenteil war das elegante Sechsrad-Cabrio Mercedes-Benz G4 (6x4) mit 8V-OHV-Motor (5401 cm³, 110 PS), Vierganggetriebe nebst Untersetzung und Blattfedern.

Boehringer/Mercedes-Benz Unimog

Im Sommer 1945 begann Boehringer mit der Arbeit an einem 4x4-Auto. Es wurde 1948 in Frankfurt als Unimog präsentiert. Im Mai 1951 übertrug man das vielversprechende Projekt Daimler-Benz. Boehringer baute nur etwa 600 Stück. Ihnen folgte eine halbe Million mehrerer Unimog-Generationen, die für ihre Leistungen unter Extrembedingungen berühmt sind. Der Unimog faszinierte die Japaner, die ihn für Expeditionen nutzten und den Prototyp Urban Unimog bauten, auf den die Deutschen in den 1980ern mit dem „Freizeit-Sportwagen" Fun Mog antworteten. Der Unimog nahm an vielen Rallyes teil. 1985 siegte er in Dakar.

Der auf dem U90 basierende Unimog Fun Mog, 1991

Mercedes-Benz G (Cabrio), 2000

Mercedes-Benz G
(Österreich, Deutschland)   ❾ ❷

Der Mercedes G („G" bedeutet Geländewagen) entstand Mitte der 1970er im Zuge der Bemühungen um einen europäischen „Militär-Jeep". Die Pläne fielen durch, aber die Firma beschloss, das Konzept weiterzuverfolgen, da sie Aufträge vom Militär bekommen hatte. Steyr-Puch, wo der Wagen heute gebaut wird, trug zur Entwicklung bei. Der Typ hat Leiterrahmen und in Graz gefertigte Karosserien, die meist von Mercedes-Pkws stammen. Er wird in Österreich und einigen anderen Ländern als Puch angeboten und in kleiner Stückzahl in Griechenland gebaut.

Die Generation G 460/461 wurde 1979–1998 produziert. Sie besaß RWD (mit FWD-Option) und eine 100 %-Sperre, die ab 1985 Standard war (beim G 461 gegen Zuzahlung). Die 1. Generation hatte Viergang-Handschaltung oder (als Extra) Viergang-Automatik mit Untersetzung. Ab 1983 kam ein fünfter Gang hinzu. Die starren Achsen besaßen Stabilisatoren und Spiralfedern. Der Radstand der Drei- oder Fünftürer-Kombis betrug 240/285 cm; sie waren 414,5/459,5 cm lang, 170 cm breit und 192,5/192 cm hoch; nach 1987 gab es einige mit langem Radstand (312 cm). Eigengewicht +1775 kg, Nutzlast 550 kg. Modelle: 230 G (1979–1982, 4V-Benziner, 2298 cm³, 102 PS, 5250 U/min); 230 GE (1982–1996, dto., 122 PS, 5100 U/min); 280 GE (1980–1990, 6V-Benziner, 2746 cm³, 150 PS, 5250 U/min); 240 GD (1979–1987, 4V-TD, 2399 cm³, 72 PS, 4400 U/min); 250 GD (1987–1991, 5V-D, 2497 cm³, 84 PS, 4600 U/min); 300 GD (1980–1991, 5V-D, 2998 cm³, 88 PS, 4400 U/min); 290 GD (1993–1998, 5V-D, 2874 cm³, 95 PS, 4000 U/min) und 290 GD Turbo (1998, 5V-TD, 2874 cm³, 120 PS, 3800 U/min).

Die 2. Generation (G 463, 1990–1996) hat permanenten 4x4-Antrieb, ein von Hand sperrbares Zwischenachsdifferential und 100 %-Sperren an Vorder- und Hinterdifferential. Die Wagen haben Fünf- (bis Mitte der 1990er) oder Vierganggetriebe; ab 1998 gab es auch Fünfgang-Automatik mit Untersetzung. Die Leiterrahmen und starre Achsen behielt man bei. Weitere Merkmale der Drei- bzw. Fünftürer-Kombis: Radstand 240/285 cm, Länge 427,5/468 cm, Breite 169–176 cm, Höhe 194,1/193,6 cm, Leergewicht +2050 kg, Nutzlast min. 520 kg. Modelle: 230 GE (1990–1994, 4V-Benziner, 2298 cm³, 126 PS, 5000 U/min); 300 GE (1990–1994, 6V, 2960 cm³, 170 PS, 5550 U/min); G 320 (1994–1998, 6V, 3199 cm³, 210 PS, 5500 U/min); G 320 (ab 1998, 6V, 3199 cm³, 215 PS, 5500 U/min); G 500 V8 (ab 1998, V8, 4966 cm³, 296 PS, 5750 U/min); 250 GD (1990–1992, 5V-D, 2497 cm³, 94 PS, 4600 U/min); 300 GD (1990–1994, 6V-D, 2996 cm³, 113 PS, 4600 U/min); 350 GD Turbo (1994–1996, 6V-TD, 3449 cm³, 136 PS, 4000 U/min) und G 300 TD (1996–2000, 6V-TD 2996 cm³, 177 PS, 4400 U/min).

Der 290 D – die bisher am stärksten überarbeitete Version – kam im Sommer 2000 heraus; er hatte ei-

nen 5V-D (2874 cm³, 120 PS, 3800 U/min), wurde aber nur bis Herbst 2001 gebaut. Es gab folgende TDs mit Common Rail: den V8 400 CDI (32V, zwei Turbolader und Zwischenkühler, ab 2000 3996 cm³, 250 PS, 4000 U/min) und den 5V 270 CDI (ab Herbst 2002 2688 cm³, 156 PS, 3800 U/min). Diese Generation brachte stärkere Verbesserungen als alle früheren G-Modelle, u. a. das Armaturenbrett und die GPS-gestützte Merian-Navigation.

Mercedes ML
(USA, Österreich) ❸

Im Mai 1997 kam in den USA ein luxuriöses SUV heraus, das man in Tuscaloosa baute. Europäer konnten es erst 1997 auf der IAA bewundern. Die 5-türige Kombi-Karosserie für 5 (auf Wunsch bis zu 7) Personen ist auf einen Leiterrahmen genietet. Der ML hat permanenten AWD (Kräfteverhältnis 48:52) und seit Anfang 2001 auskoppelbares ESP. Das Getriebe besitzt fünf Gänge samt Untersetzung; die Bremsen verfügen über ABS und EBD. Alle Räder sind einzeln aufgehängt (mit Spiralfedern und einem Stabilisator). Auf der IAA 2001 stellte die Firma eine leicht aufpolierte Variante mit von den G-Modellen bekannten Common-Rail-Motoren vor. Modelle: ML 230 (Herbst 1997–2000, 4V-Benziner, 16V, 2295 cm³, 150 PS, 5400 U/min); ML 320 (1997–2000, V6-Benziner, 18V, 3199 cm³, 180 PS,

5800 U/min); ML 320 (ab 2001, dto., 218 PS, 5600 U/min); ML 430 (2000/01, V8-Benziner, 4260 cm³, 272 PS 5500 U/min); ML 55 AMG (seit der IAA 1999, V8-Benziner, 24V, 5439 cm³, 347 PS, 5500 U/min); ML 270 CDI (seit der IAA 1999, 5V-TD, Common Rail, 20V, 2688 cm³, 163 PS; 4200 U/min); ML 500 (seit der IAA 2001, V8-Benziner, 24V, 4966 cm³, 292 PS, 5600 U/min); ML 400 CDI (seit der IAA 2001, V8-TD, Common Rail, 32V, 3999 cm³, 250 PS, 4000 U/min) und ML 350 (ab Herbst 2002, V6-Benziner, 18V, 3724 cm³, 234 PS, 5600 U/min).

Mercedes-Benz ML, 2001

Mercedes – Geländeversionen ❷ ❸

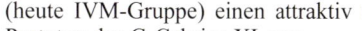

Die Kunden haben unterschiedliche Wünsche. Dem begegnet man mit Zubehör, Ausstattungspaketen der Marke AMG (heute Mercedes) oder Spezialisten wie Brabus, Carlsson, Hamann, Lorinser und vielen kleinen (etwa A.R.T). Neben luxuriösen und notwendigen Accessoires gibt es getunte Motoren, Getriebe, Chassis (inkl. Federung) und Stoßdämpfer verschiedener Art. In Genf stellte die Karosseriefirma Baur (heute IVM-Gruppe) einen attraktiv überarbeiteten Prototyp des G-Cabrios XL vor.

Mercedes – MPVs und leichte Nutzfahrzeuge ❶ ❻ ❼

Zur besseren Nutzung des Permanentantriebs verwenden die Limousinen/Kombis das 4WD-System „4matic" mit Zwischenachsdifferential u. a. elektronischen Finessen. Der Sprinter (Leichtlieferwagen, Minivan, Chassis oder Chassis mit Doppelkabine) hat i. d. R. 4x2, doch gibt es ihn auch mit 4x4 (50:50). Straßen-Lieferwagen, MPVs der A-Klasse sowie den Vaneo- und V-Klassen fehlt diese Option. Antriebsarten: zuschaltbarer AWD (261), permanenter 4x4 (262) oder eine 261er-Version mit Hilfsuntersetzungs-Getriebe (263).

Ein Prototyp des Baur G-Cabrio XL, 2002

Minerva

(Belgien)

Minerva Commando

Minerva ❷

Die Firma Minerva wurde 1903 in Antwerpen-Mortsel gegründet und war vor dem Krieg für ihre Luxusautos berühmt. Danach geriet sie in eine tiefe Krise. Für die Armee entwarf man ein 4x4-Fahrzeug auf Fiat-Basis, das aber nicht akzeptiert wurde. Minerva (und Willys) gaben jedoch nicht auf, und 1951 traten sie erneut bei einer Armeeausschreibung über 2500 leichte Geländewagen an. Dazu erwarb Firmenchef van Roggen 1952 eine Land-Rover-Lizenz. Die belgische Armee verwendete den LR ab 1948. Sie bestellte über 10000 Fahrzeuge, und ab 1953 gab es ihn auch für Zivilisten. Die Minervas leisteten Jahrzehnte lang gute Dienste. Der Minerva Land Rover hatte ein 80″-Chassis. Zuerst importierte man aus Solihull völlig zerlegte Autos wie den CKD, aber es dauerte nicht lange, bis 63 % der Komponenten (Chassis, Stahlkarosserie u. a.) von Hand in Belgien gefertigt wurden. Nur die Triebstränge mit den 1997-cm³-Motoren und den Getrieben importierte man weiterhin. Vom Land Rover ist der Minerva anhand der nach vorn abfallenden Schutzbleche und der Scheinwerfer zu unterscheiden. Die Produktion lief 1956 aus. Die Armee erwarb 8440 Wagen; 1456 gingen an die Gendarmerie, die Grenzer und einige Zivilpersonen. 1951–1956 wurden aus England 9905

CKDs verschifft. Nach anderen Quellen gab es 18000 Minervas mit belgischen Chassis, von denen etwa 1100 (eingeführt 1954) wie die englischen 86″ Radstand hatten. Ein Teil soll 4x2-Antrieb besessen haben. Die Armee mottete einige der Neufahrzeuge ein, indem sie diese der Mobilisierungsreserve zuwies. Angeblich konnte man in den 1990ern in Belgien sehr günstig fast neue Minervas erwerben. 1953–1956 baute die Firma SV-Continental-Motoren. Man verwendete sie in mehreren Prototypen, die wenige Tage vor Ablauf des Vertrags mit Land Rover präsentiert wurden. Sie hatten eine selbsttragende Stahlkarosserie (mit dem Motor auf einem Hilfsrahmen) und einen kurzen oder langen Radstand; ferner konnten sie 70 % Steigung bewältigen. die Zivilversion hieß Minerva C20, die militärische M 20. Die Straße, an der das Werk lag, heißt weiterhin Minervastraat.

Mitsubishi

(Japan)

Ein Nachbau des PX 33 auf der Rallye Paris–Dakar

Yataro Iwasaki stieg aus eigener Kraft zum reichen Unternehmer auf. 1870 kaufte er drei Dampfer und gründete Tsukumo Shokai; fünf Jahre später taufte er die erfolgreiche Reederei Mitsubishi Steamship Company. Das Logo mit den drei Diamanten (mitsu, „drei"; bishi, „Diamanten") entsprach dem Familienwappen von Iwasakis Eltern. Die Steine symbolisierten Shokais wichtigste Prinzipien: Verantwortung gegenüber der Firma, ehrliches, aufrechtes Verhalten und Patriotismus. 1901 importierte der Werftmanager Ryukichi Kawada aus den USA einen Dampfwagen und wurde so Japans erster Autofahrer. 1917 montierte er den ersten Pkw und 1920 den ersten Lkw, den T-1. 1931 brachte man den ersten japanischen Dieselmotor heraus, 1934 den PX 33, ein Personen-Cabrio (u. a. mit Dieselmotor) – das erste japanische Vierrad-Auto mit 4x4-Antrieb. 1970 schuf die Mitsubishi Motors Corporation (MMC) eine eigene Spezialsparte für Bau, Montage und Vertrieb von Autos. 1970 erwarb Chrysler 15 % der MMC Anteile. Seit damals verkaufte man auch in den USA und bald darauf in Europa Autos. 1999 stellte MMC einen revolutionären Direkteinspritzer-Benzinmotor vor, den GDI. Seit 1999 liefert die Firma GDI-Motoren an die PSA-Gruppe, und man vereinbarte mit Fiat Entwicklung und Bau des Sportwagens LUV 4x4. Seit 1982 hält Mitsubishi 8,8 % von Hyundai, seit 1983 8 % der malaysischen Firma Proton. Aufgrund der Beziehung zu Chrysler gingen 34 % von Mitsubishi im Jahr 2000 an DaimlerChrysler. Mitsubishi baut bzw. montiert Autos in 18 Ländern, darunter Hyundai in Südkorea, Mahindra in Indien, Liebao in China, Morattab im Iran, Proton in Malaysia und Colt in Südafrika. Neben Geländefahrzeugen gab es mehrere Generationen von Tourenwagen mit 4WD, u. a. den Spitzen-Rennwagen Lancer EVO, die Mittelklasse-Limousinen und -Kombis Galant/Legnum/Aspire (2x4- oder 4x4-Antrieb) und den Kleinwagen Colt.

Mitsubishi Jeep ❷

1953 begann Mitsubishi mit dem Import von CKDs und der Montage von Kaiser-Frazer Jeeps, doch die Amerikaner kündigten den Vertrag. Im gleichen Jahr erwarben die Japaner von der Willys Overland Corp.

Mitsubishi Jeep Turbo, Anfang der 1970er-Jahre

eine Lizenz für den Bau des Jeeps CJ3B. Sie bauten den Jeep bis 1999. Fast alle Wagen gingen an die Streitkräfte, später an US-Armeen im Pazifik, Südvietnam, Südkorea und andere fernöstliche Staaten. Nach und nach verbesserte man die Autos; die ersten hatten Dreiganggetriebe, Zweigang-Untersetzung (mit optional auskoppelbarem FWD) und starre Achsen mit halbelliptischen Längsblattfedern. Merkmale: Radstand 203,2 cm, Länge 333 cm, Breite 159,5 cm, Höhe 184,5 cm, Bodenfreiheit 21 cm, Eigengewicht 1240 kg. Sie hatten japanische Motoren: erst einen 4V-F-Head- (2199 cm³, 70 PS), später einen 2384-cm³-Motor (110 PS, JIS) oder einen Diesel (2659 cm³, 80 PS, JIS), dem einer mit 2199 cm³ vorausging (Benzin, 76 PS, SAE oder Diesel, 61 PS, SAE); später gab es Benziner mit 1995 cm³ und 2555 cm³. Die Wagen fassten 4–9 Personen; ihr Radstand betrug 203,2, 222,5 oder 264 cm. Es gab sie als Softtop, Hardtop und Kombi.

Mitsubishi Pajero ❷

Der PX 33 von 1934 ist wohl der Ahnherr aller japanischen Geländewagen. In kurzer Zeit entwickelte man drei Varianten, eine mit 6V Diesel 4454D von Mitsubishi (OHC, 4390 cm³, 70 PS). Einige Autos dienten im Krieg als Siebensitzer-Kommandeurswagen. Sie hatten Vierganggetriebe mit Eingang-Hilfsuntersetzung, die über vier Wellen beim Antrieb aller vier Räder mithalf. Der Radstand des Typs betrug 287 cm; er war 420 cm lang, 160 cm breit und 165 cm hoch. Die 4x4-Cabrios mit großer Bodenfreiheit waren für ihre hohe Lebensdauer berühmt und wurden im Gebirge und in Gegenden eingesetzt, wo man erst mit dem Straßenbau begann. Eine Massenproduktion unterblieb.
1969 bereitete man ein Konzept für den Geländewagen Minica Jeep (auf der Basis des Mitsubishi-Minicars) vor, 1973 für den Pajero II, 1977 für den

Mitsubishi – ein neues Serienmodell, England, 2001

Mitsubishi Shogun Sport, 2000

Jeep Concept und 1978 für einen produktionsreifen Prototyp des Pajero. Er wurde 1979 in Tokio präsentiert. Der Verkauf begann 1981: in Nordamerika und spanischsprachigen Ländern als Montero, in Großbritannien und Japan als Shogun. Die erste Generation trug den Codenamen L 040. Versionen: 3- und 5-türiger Kombi mit normalem und (ab 1985) hohem Dach, Soft- und Hardtop. Sie fassten 4–7 Fahrgäste. Motoren: 4V-Benziner (2555 cm³, 103 PS, 4500 U/min, 144 km/h), V6 (2972 cm³, 141 PS, 5000 U/min, 164 km/h; Automatik: 155 km/h); TD (2346 cm³, 84 PS, 4200 U/min, 140 km/h; 2477 cm³ 84 PS, 4200 U/min, 142 km/h); TD mit Zwischenkühler (ab 1988; 95 PS, 4200 U/min,, 144 km/h).

Der Pajero 2,3 TD war der erste Geländewagen mit TD. Er hatte Fünf- oder (ab 1987) Vierganggetriebe mit Zweigang-Untersetzung, jeweils mit 2,6-l-Motor. Der Antrieb wirkte auf die Hinter-, optional auch auf die Vorderräder. Die Vorderräder besaßen automatischen Freilauf und eine Differentialsperre. Die Autos hatten Leiterrahmen und einzeln aufgehängte Vorderräder (mit Stabilisator und Torsionsstäben); die starre Hinterachse besaß Blattfederung. Ab 1989 hatte das Modell 2,6 l hinten Spiralfedern, die man 1990 auch bei den TD-Autos einbaute. Maße: Radstand 235/269,5 cm, Länge 393,5/460 cm, Breite 168 cm, Höhe 184,5/198,5 cm, Bodenfreiheit 20,5 cm, 19,5 cm (2,5 TD) oder 18,5 cm (3,0 V6). Eigengewicht +1460 kg, Nutzlast max. 655 kg, Überhangwinkel 36°/26°. Der Pajero bewältigt 25–30° Steigung. Nach Auslauf der Produktion in Japan erwarb Hyundai eine Lizenz, und der Wagen wurde in Korea weiterhin als Galloper (1. Generation) gebaut.

1991 kam die schnittigere 2. Generation V 20 (auch als größere Kurzversion) heraus. Ferner gab es ein Cabrio mit elektronisch gesteuertem Zweiteiler-Verdeck. Motoren: V6 (3 l, 150 PS, 5000 U/min, 164 km/h), V6 (24V, 3497 cm³, 208 PS, 5000 U/min, 178

km/h), 4V-TD (mit Zwischenkühler) (2477 cm³, 99 PS, 4200 U/min, 141 km/h) und TD (2835 cm³, 125 PS, 4000 U/min, 156 km/h). Die neue AWD-Version Super Select arbeitete mit einem Multimode-System. Der Pajero besaß ein Zwischenachsdifferential mit Viskokupplung; die Kraftverteilung erfolgte im Verhältnis 50:50. Die Stoßdämpfer waren dreistufig einstellbar. Die Bremsen der stärkeren Modelle (alle mit Scheiben) hatten ABS. Weitere Merkmale: Radstand 242/272,5 cm, Länge 414,5/472,5 cm, Breite 178,5

Mitsubishi Pajero 4x4, 1983

H. Auriol am Steuer eines Pajero, Paris–Dakar, 1992

cm, Höhe 181,5/186,5 cm, Bodenfreiheit 20 cm (3,5 VO und 2,8 TD: 20,5 cm). Eigengewicht +1860 kg, Nutzlast max. 640 kg, Überhangwinkel 36°/27°. Der Wagen bewältigt 27,5° Steigung. Im Juli 1996 wurde der Pajero optisch aufpoliert. Ihm folgte bald der Fünftürer-Kombi Pajero Sport.

Der 3- oder 5-türige Kombi V60 der 3. Generation kam im Herbst 1999 als Pajero 2000 heraus (die vorherige Generation wurde weiterhin als Pajero Classic gebaut). Die Wagen besaßen eine revolutionäre starre, selbsttragende Karosserie mit niedrigerem Boden, aber gleicher Bodenfreiheit. Der Pajero beeindruckt durch seine große Motorenauswahl: V6-Benziner (GDI, 24V, 3497 cm^3, 220 PS; 5500 U/min, 190 km/h); V6 (24V, 3800 cm^3, 218 PS; 5500 U/min, SAE); V6 (24V, 2972 cm^3, 170 PS, 5000 U/min, 175 km/h); neuer 4V-TD (16V, Direktzündung, 3200 cm^3, 160 PS; 3800 U/min, 170 km/h) sowie TD (2477 cm^3, 115 PS, 4000 U/min, 150 km/h oder 2835 cm^3, 125 PS, 4000 U/min). Der permanente 4x4-Antrieb (Super Select) verteilt die Kraft im Verhältnis 33:47; er hat ein Zwischenachsdifferential mit Handbremse und Viskokupplung, auskoppelbaren FWD sowie hinten eine Differentialsperre samt Handbremse für das dortige Differential. Zur Fünfgang-Handschaltung oder Fünf- bzw. Viergang-Automatik kommt eine Zweigang-Untersetzung. Der Pajero war der erste Geländewagen mit Wahl zwischen Halbautomatik (Automatik) und Handschaltung ohne Kupplung. Alle Räder sind einzeln aufgehängt (vorn mit einem Stabilisator und Spiralfedern). Der Radstand beträgt 254,5 cm (Dreitürer) bzw. 272,5 (Fünftürer), die Länge 425,5/460 cm, die Breite 189,5/177,5 cm, die Höhe 172/190 cm und die Bodenfreiheit 23 cm. Eigengewicht +1800/2085 kg, Nutzlast +710/+685 kg. Bis Ende 2001 wurden in

Mitsubishi Pajero (Fünftürer), 1999

Mitsubishi Pajero Pinin, Genf 1999

Mitsubishi Pajero Sport, 1999

Japan über 2,1 Mio. Pajeros gebaut, von denen über 1,5 Mio. in den Export gingen. Mitsubishi schickt den Pajero bei vielen Rennen an den Start. Er gewann fünfmal das FIA-Langstreckenrennen um den Rallye World Cup. Mitsubishi war mit seinem Ralli-art-Team vom ersten Jahr an bei der Rallye Paris–Dakar dabei: Sechsmal errang es Gold. Außer sorgfältig präparierten Serienwagen entsandte man auch einige Spezialanfertigungen. In den 1980ern präsentierte man Wagen mit der Karosserie des historischen PX 33 auf Pajero-Chassis. 2002 debütierte in Paris der Kombi/Coupé Pajero EVO, den man schon wenige Monate später in Serie produzierte.

Mitsubishi Pajero Sport/ Montero Sport/Challenger ❷

Der Pajero Sport kam im Juli 1996 heraus; eine aufpolierte Version folgte im Herbst 1999. Die elegante Karosserie war auf den Leiterrahmen des Pick-ups L 200 (mit verkürztem Radstand) genietet. Sein Chassis entspricht dem des „langen" V 20 und verfügt über ein komplettes Aggregat, Kühlerhaube, Seitentüren und L200-Armaturenbrett. Als Antrieb dient ein TD (2477 cm³, 99 PS, 4000 U/min, 150 km/h). Außerhalb Europas sind auch ein 2,8 TD und ein 3,5 V6 GDI (mit Automatik) verfügbar. Der Wagen be-

Mitsubishi Pajero EVO auf der Rallye Paris-Dakar, 2003

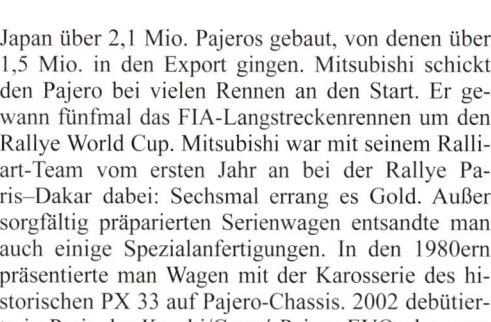

sitzt permanenten RWD (mit Easy Select), und bis 100 km/h lassen sich auch die Vorderräder antreiben; hinzu kommen halbautomatischer Freilauf an den Vorderrädern und eine hintere Differentialsperre. Es gibt Fünf- oder Viergang-Automatik mit Gelände-Untersetzung. Die Vorderradaufhängung entspricht dem Pajero, während die starre Hinterachse mit Panhardstab, Spiralfedern und Stabilisator aufwartet. Der Pajero Sport hat einen Radstand von 272,5 cm; er ist 454,5 cm lang, 177,5 cm breit und 173 cm hoch; Bodenfreiheit 20,5 cm, Eigengewicht 1895 kg, Nutzlast 580 kg, Wattiefe 50 cm, Überhangwinkel 37°/26°.

Mitsubishi Pajero Pinin/i.o.
(Italien/Japan) ❷

Der Pajero Pinin wurde im Juni 1998 in Japan und danach in Europa vorgestellt, wo Mitsubishi ihn im italienischen Pininfarina baut („io" ist das italienische Wort für „ich"). Mechanisch ist er ein kleinerer, einfacherer Pajero. Der kurze Dreitürer-Kombi bietet kaum Gepäckraum – im Gegensatz zum langen, ausgereifteren Fünftürer Pinin Wagon. Der MMC stuft beide (anders als den Geländewagen Pajero) als SUVs ein. Kraft spendet ein 4V 1,8 MPI (1834 cm³, 114 PS, 5500 U/min, 161 km/h) oder ein GDI-Benziner mit Direkteinspritzung (16V, 1999 cm³, 129 PS, 5000 U/min). Letzterer verfügt über das System Super Select 4WDi mit optionalem FWD. Das Auto hat Fünfganggetriebe ohne Untersetzung. Der Pinin hat ein Zwischenachsdifferential und 4x4-Antrieb (Verhältnis 50:50), eine andere Version RWD, optionalen FWD, Zwischenachsdifferential mit Viskokupplung und Untersetzung. Die Vorder-

räder sind einzeln aufgehängt (an McPherson-Federbeinen mit Stabilisator), die starre Hinterachse besitzt Panhardstab, Stabilisator und Spiralfederung. Merkmale: Radstand 228/245 cm, Länge 373,5/403,5 cm, Breite 169,5 cm, Höhe 170/174 cm, Bodenfreiheit 20/17,5 cm, Eigengewicht +1210/1415 kg, Nutzlast 480/425 kg, Überhangwinkel 33°/38°, Wattiefe 50 cm.

Mitsubishi Outlander/Airtrek ❷

Das für aktive Freizeitgestaltung gedachte SUV Airtrek debütierte im Sommer 2001. Sein europäischer Start (Outlander) erfolgte 2003 in Genf. Der Neuling übernahm die 4WD-Mechanik vom Space Wagon. Er besaß 4V-Motoren (1997/2378 cm³, 16V, MPI vom Galant bzw. Space Wagon; 136 PS, MIVEC mit variabler Ventil-Zeitsteuerung vom Coupé Eclipse; 165 PS). Das Spitzenmodell Sport soll überdies ne-

Mitsubishi Outlander, 2003

ben dem heutigen 2,4-l-Motor einen 2-l-Benzin-Turbo (240 PS, 5500 U/min) bekommen – nur mit permanentem 4x4-Antrieb und Handschaltung. Den Outlander gibt es mit Frontantrieb (2WD) oder AWD (mit Kraftverteilung im Verhältnis 50:50). Der 4WD besitzt ein Zwischenachsdifferential mit Viskokupplung. Getriebe: Fünfgang-Handschaltung oder Viergang-Automatik (nur beim 2,4 l MIVEC). Weitere Ausstattung: selbsttragende Fünftürer-Karosserie, Einzelradaufhängung (vorn McPherson-Typ mit Stabilisator, hinten Lenkarme, Stabilisator und Spiralfedern). Radstand 262,5 cm, 455 cm (Airtrek: 441 cm), Breite 175 cm, Höhe 167 cm, Bodenfreiheit 19 cm, Eigengewicht +1350 (4WD)/+ 1450 kg, Nutzlast 275/375 kg.

Mitsubishi L 200/Pajero Pick-up/ Strada (Japan/Thailand) ❷ ❻

In den späten 1960ern debütierte die 2. Generation des Pick-ups L 200. Sie kam rechtzeitig nach Europa. Die 2. Generation des L 200 wurde 1993 auf der IAA (1991 in Japan) präsentiert; sie hatte viel mit dem Pajero L 040 gemein. Der L 200 (Generation V20) besaß einen TD mit oder ohne Zwischenkühler (2,5 l, 87 PS, 4200 U/min bzw. 99 PS, 4200 U/min, 144 km/h) mit der Option, den FWD im Leerlauf zu aktivieren. Hinten saß eine Differentialsperre (68 %), während die Vorderradnaben automatischen Freilauf besaßen. Die Vorderachse hat Einzelaufhängung (mit Torsionsstab), die starre Hinterachse Längsblattfedern. Radstand 296 cm, Länge 492 cm, Breite 174 cm, Höhe 174,5 cm, Bodenfreiheit 21,5 cm, Leergewicht 1640 kg, Nutzlast 885 kg. Das ursprüngliche „Arbeitspferd" wurde zum Statussym-

bol. Es wuchs und bekam eine immer bessere Ausstattung. Ab Oktober 2001 hieß es aus Marketinggründen in manchen Ländern Europas Pajero Pickup. Der L200 wurde zur Ausgangsbasis für den Pajero Sport, der den Großteil der Mechanik und in Grenzen auch das aufpolierte Outfit des Vorgängers erbte. Die neuen „Lifestyle"-Pick-ups werden in Thailand gebaut: ein Zweisitzer (EK GL), ein Zwei- bis Viersitzer (KK GL) und ein luxuriöser, 4-türiger Fünfsitzer (DK GLS). Sie haben TD-Motoren (2477 cm³, 115 PS, 4000 U/min, 152 km/h). Das Getriebe besitzt fünf Gänge nebst Untersetzung. Der 4WD (Easy Select) verfügt über optionalen FWD (bis 100 km/h) und eine 100 %-Sperre für das hintere Differential. Radstand 296 cm, Länge 501/512,5 cm, Breite 169,5/177,5 cm, Höhe 175/180 cm hoch; Bodenfreiheit 21 cm (beim luxuriösen, zweifarbigen Fünfsitzer DK 4WD GLS 23,5 cm). Eigengewicht +1675 kg, Nutzlast max. 1155 kg.

Mitsubishi L200 Pick Up, Dakar 2002

Mitsubishi Space Gear/Delica ❷ ❼

Der Delica (Minivan auf Pajero-Basis) kam im Mai 1994 heraus. Seit 1995 gibt es ihn auch mit 4x4. Das LUV wurde vom australischen Magazin „Overland" zum „Allradfahrzeug des Jahres" gekürt. Als Antrieb dienen Benziner (16V, 2351 cm³, 132 PS, 5500 U/min, 1997 cm³, 116 PS, 6000 U/min oder V6, 24V, 2972 cm³, 185 PS, 5500 U/min) und TD (2477 cm³, 99 PS, 4200 U/min oder 2835 cm³, 125 PS, 4000 U/min). Ab 2000 gab es einen anderen Benziner (16V, 2351 cm³, 128 PS, 5500 U/min), während der 2 l (113 PS), der V6 3 l und die Diesel erhalten blieben. Neben Viergang-Automatik gab es Fünfgang-Handschaltung. Die Kraft wirkt auf die Hinterräder (bei manchen Modellen auf alle), und zwar via Zwischenachsdifferential, Viskokupplung und Zweigang-Untersetzung. Die 4WD-Modelle von 2000 hatten RWD mit FWD-Option; sonst blieb die Mechanik die alte. Das LUV besitzt einen Leiterrahmen und vorn McPherson-Einzelradaufhängung mit Stabilisator, an der starren Hinterachse Panhardstab, Spiralfedern und Stabilisator. Der Fünftürer bietet max. 9 Personen Platz. Merkmale: Radstand 280/300 cm, Länge 459,5/499,5 cm, Breite 169,5 cm, Höhe 195/196–207 cm, Bodenfreiheit 19 cm, Eigengewicht +1660/1735 kg (4WD), Nutzlast 725/845 kg.

Mitsubishi – MPV 4WD ❼

Das auch als Space Wagon, Chariot (Japan) und Colt Vista/Eagle Summit Wagon (USA) bekannte Auto ist ein MPV von 1983 mit 2x4 bzw. (ab 1984) 4x4. Im Mai 1991 kam als 2. Generation der Space Wagon Van heraus. Die 3. Generation (ein reiner Straßen-

wagen) debütierte 1997 in Tokio; das viertürige MPV Space Runner ist ein verkürzter Space Wagon. 1997 gab es die 2. Generation und den Lieferwagen Space Runner Van. Dem gleichen Zweck dient der in Europa nur für den dortigen Markt ab Herbst 1998 gebaute Mitsubishi Space Star (2x4). Im Februar 2003 lief in Japan die Produktion des Grandis an; sein Europastart war für April 2004 geplant.

Mitsubishi Delica/L 300/L 400 ❽

1968 brachte die Firma das LUV Delica Pick-up/ Truck (600 kg Nutzlast) heraus. Ihm folgten ein Jahr darauf ein Lieferwagen, ein Kombi, ein Kleinbus und ein Chassis. Sie wurden später als L 300 bekannt. Zu den 4x2-Versionen kamen solche mit 4x4. Anfang der 1980er gelangte der L 300 der 2. Generation nach Europa. Die 3. Generation erschien 1986; die 4. Generation (1999) gibt es auch als Mazda Bongo. 2000 präsentierte man (nicht in Europa) die moderneren L 300/Delica Export (4x2 und 4x4). Ab 1994 waren auch größere Varianten (Delica Cargo/L 400; 4x2 oder 4x4) im Angebot.

Mitsubishi L300 4x4, Andorra 2001

Monteverdi Range Rover (Fünftürer), 1981

Monteverdi

(Schweiz)

Peter Monteverdi begann als Eigentümer einer Reparaturwerkstatt mit Tankstelle; später befasste er sich mit Umbau, Bau und Restaurierung von Luxusautos. Er besitzt in Basel ein Automuseum und modifizierte u. a. den Monteverdi Subaru Integral (4x4) und den Toyota Super Ace (4x2).

Range Rover (Viertürer), Monteverdi-Design

Die Schweiz diente unwissentlich als Versuchskaninchen: Der Range Rover hatte anfangs drei Türen. Rover erlaubte FLM Panelcraft, Fünftürer zu bauen, war aber mit dem Ergebnis nicht zufrieden. Dann stellte Monteverdi 1980 in Genf seinen fünftürigen RR vor. Die Wahrheit ist schwer herauszufinden: Ein Communiqué von LR besagt, jemand habe sich nachträglich erinnert, der Auftrag zum Umbau sei „irgendwann 1979" ergangen. Man weiß

nicht, ob Monteverdi die Firmenpläne zum Bau eines Fünftürer-RR kannte, der dann 16 Monate nach Genf 1980 herauskam. Die Arbeit an der Karosserie überließ er der italienischen Firma Fissore, die aus England neue Dreitürer mit weißem Grundanstrich bezog. Monteverdi baute sie um und verkaufte davon 50–350 Exemplare; geplant waren 300 p. a. Die Wagen mit luxuriöser ausgestatteter Kabine fanden Käufer in Europa und im Nahen Osten. 1982 stellte Monteverdi in Genf einen Kompressormotor vor, doch brach er das Projekt binnen Monatsfrist ab. Ein dreitüriger Kompressor-RR wurde 1983 in Genf auch von der Schweizer Firma Nova Swiss präsentiert.

Monteverdi Safari

1976 zeigte der Visionär Monteverdi in Genf einen luxuriösen Dreitürer mit 5 Sitzen – den Monteverdi Safari. Ausgangsbasis war der International Scout. Entwickelt und gebaut wurde der Prototyp bei Fissore. Unter der Haube brummte ein US-V8-Motor (5633 cm³, 165 PS, 3600 U/min, SAE, 170 km/h). Gegen Zuzahlung gab es auch 7206 cm³ (305 PS, 4200 U/min). Eine Dreigang-Automatik übertrug das Drehmoment auf die Hinterräder. Die Zweigang-Hilfsuntersetzung ermöglichte die Aktivierung des FWD. Der Wagen besaß auch eine automatische Bremse für das hintere Differential, eine Handbremse für das vordere und automatische Freiläufe für die Vorderräder. Gegen Zuzahlung bekam der Kombi auch Viergang-Handschaltung. Das Auto hatte ein Leiterchassis mit starren Achsen, die halbelliptische Federn und Torsionsstabilisatoren aufwiesen. Merkmale: Radstand 254 cm, Länge 456 cm, Breite 179 cm, Höhe 174 cm, Bodenfreiheit 19 cm, Eigengewicht 1900 kg, Nutzlast 1300 kg.

Monteverdi Sahara, 1981

Monteverdi Military 230M

Monteverdi Sahara, 1981

Monteverdi 260F

Bodenfreiheit 19,5 cm. Der 434 cm lange und 173 cm breite Wagen hat einen V6-Diesel (3253 cm³, 82 PS, 3800 U/min, SAE, 145 km/h).

Monteverdi Military ❷ ❾

Rayton Fissore brachte viele unauffällige, spartanische Geländewagen heraus, die er über die Firma Saurer an das Schweizer Bundesheer verkaufen wollte. 1979 zeigte er in Genf den türlosen Monteverdi 230 M (Militär) mit Mica-Seitenfenstern im Leinwandverdeck: Er wurde zur Vorlage für den zivilen Monteverdi 250 Z und den Monteverdi 260 F, einen Trambus mit Klappverdeck zum Personentransport. Vorgestellt wurden beide 1979 in Basel; sie hatten 4V-Motoren von Chrysler (3203 cm³, 87 PS). Monteverdi verkaufte die Prototypen und eine Lizenz an Saurer. Geplant war eine Serienproduktion. Saurer kaufte sich dann aber bei Daimler-Benz ein und legte das vielversprechende Projekt auf Eis.

Monteverdi Toyota Super-Ace, 1983

Monteverdi Sahara ❷

Im Mai 1978 bekam der Safari einen modernen, sportlichen Bruder, den auf einem neueren International Scout II basierenden Monteverdi Sahara. Der Dreitürer-Kombi für 5 Personen mit mattschwarzem Vinyldach übernahm Motor (5,7 l), Getriebe, Chassis und Radstand vom Safari. Neu war die Wahl zwischen Vierganggetriebe mit Differentialsperre und optional auskoppelbarem FWD oder Chrysler-Dreigang-Automatik. Das Gewicht beträgt 50 kg, die

Morattab Pazhan Double Cab, 2000

Morattab New Pazhan V6, 2000

Morattab

(Iran)

Morattab Land Rover/Pazhan, Morattab Pajero ❷

Die 1958 gegründete Teheraner Firma Morattab Industries begann 1962 mit der Montage von Land Rovern. Ab Mitte der 1980er bezog sie CKD-Bausätze des Santana LR Serie IIIA. Man übernahm nach und nach die Produktion und entwickelte eigene Varianten. Am Ende kamen 75 % der Teile aus dem Iran. So entstanden 0,5-Tonner für das Militär. Sie weichen vom Original ab, da man Teile des LR Serie IIA verwendete. Das Werk in Farsi lieferte 88″- und 109″-Modelle. Der iranische Lightweight erinnert an den spanischen Militar/Ligero. Einige Wagen wurden exportiert, u. a. nach Algerien. Der politische Kurswechsel nach dem Yom-Kippur-Krieg (1973)

und die Politik in der Region erschweren eine offizielle, autorisierte Kooperation zwischen Land Rover und Morattab. Die heutigen Modelle Pazhan 2400 GS/GSV/GL/GD/GLD/Single Cab und Pazhan 3000 GLV/GLD Double Cab (seit 2002 gibt es auch den 2001 in Teheran gezeigten New Pazhan V6-3,0) wirken wie Zerrbilder des Defenders. Ein Gesetz gebietet, dass 80 % der Teile aus dem Iran stammen müssen. Man baut drei- und fünftürige Kombis und Pickups mit 1–2 Sitzreihen. Als Antrieb dient ein 4V-Motor (2,4 l, 105 PS) oder ein neuer V6 (3 l, 160 PS). Für 2002 gab es Pläne zur Montage des 2001 in Teheran vorgestellten Pajero GL/GLS (Lizenz; ein kurzer Mitsubishi Pajero von 1991–1999) mit V6-Motoren (3 l, 161 PS und 3,5 l).

2002 produzierte man 653 Autos, obwohl das Werk auf 1000 ausgelegt ist. Die Firma sollte Teil der IDRO (Industrial Development and Renovation Organisation) werden, aber 2002 regelte man die Besitzverhältnisse neu (IDRO 32 %, Privatinvestoren 14 %, Azeghan-Stiftung 54 %).

Morattab Pazhan V6 3000 GLV ,2000

Moretti

(Italien)

1926 gründete Giovanni Moretti eine Maschinenbaufabrik, die sich später v. a. mit dem Umbau von Autos befasste. Anfang der 1970er betrug ihr Jahresausstoß 5000 Fahrzeuge. Auf der Turiner Autoshow debütierte 1977 der Van Paguro, ein begrenzt geländetaugliches Auto.

Moretti Minimaxi 500, Minimaxi 126 ❹

Das Viersitzer-Beachcar (4x2) basierte auf dem Fiat 500 F. Es debütierte 1970 in Turin und besaß einen luftgekühlten 2V-Heckmotor (499,5 cm³, 18 PS, 4600 U/min, 95 km/h) und Einzelradaufhängung. Ein Nachfolger mit dem gleichen Konzept – der 1973 in Turin gezeigte Minimaxi 126 – hatte einen 594-cm³-Motor (23 PS, 4800 U/min, 105 km/h).

Moretti Minimaxi 500

Moretti Midimaxi 127

Moretti Midimaxi Fiat 127, Panda Rock ❹

1971 debütierte in Turin der Midimaxi Fiat 127 (2x4) mit 4V-Motor (903 cm³, 47 PS, 6200 U/min, 140 km/h). In der zweiten Hälfte der 1970er gab es ihn auch als Hardtop. Dem Midimaxi II folgte 1982 in Turin der Midimaxi III mit Merkmalen des verjüngten Fiat 127 („1050"-Motor, 50 PS, 5600 U/min, 140 km/h, Fünfganggetriebe). Im April 1982 zeigte man die Freizeit-Cabrios Panda Rock 30 mit 2V-Motor (652 cm³, 30 PS, 5500 U/min, 115 km/h) und Panda Rock 45 mit 4V-Motor (903 cm³, 45 PS, 5600 U/min, 140 km/h). Später folgten ähnliche Modelle (Moretti Uno Folk und Moretti Regata Skipper).

Moretti Sporting ❷

Moretti nahm sich auch des Modells Campagnola an, dem er einen verglasten Kombi-Aufbau mit drei Türen verpasste. Es gab nur sehr wenige Exemplare.

Moretti Midimaxi 127

MTX Beach Buggy

MTX

(Tschechien)

MTX Buggy ❹

Ende der 1960er stillten die zur Firma Metalex gehörigen MTX-Werkstätten den Durst nach Rennwagen. Ihre Spezialität – Metalliclackierung – schützte Stahlkonstruktionen vor Korrosion. Mit dem Gewinn finanzierte die Firma Autos. Als Profi war sie östlich von Deutschland konkurrenzlos. Ab 1970 baute sie kleine Stückzahlen des Zweisitzers MTX Skoda Buggy (4x2), des ersten tschechischen Autocross-Specials mit Teilen des Skoda 100/110. 1973 kam der MTX 2-02 (gleiche Mechanik) heraus, 1988 der MTX 2-04 mit dem Metalex-Motor des Lada 1600 (150 PS, 7000 U/min). Ing. Král entwarf den MTX Beach Buggy. Er sollte bei Verold in Prag gebaut werden und wurde auf den Autoshows von Prag und Brno (Brünn) gezeigt. Im Mai 1992 vollendete MTX einen Prototyp des Verold Bagheera (Brno 1992) mit Teilen des Skoda Favorit. Verold zog sich aus dem Projekt zurück, worauf MTX den Wagen an die Mechanik des Ford Fiesta (1,1–1,8 l, auf Wunsch mit Selbstsperr-Viskodifferential, 2x4) anpasste und in kleinen Serien baute. 1980 rüstete MTX die Armee mit dem umgebauten UAZ-469 BI aus.

MTX Skoda Buggy

MTX – ein UAZ-Paradefahrzeug

MTX 2-04 Buggy

MX Cooperation

(Liechtenstein)

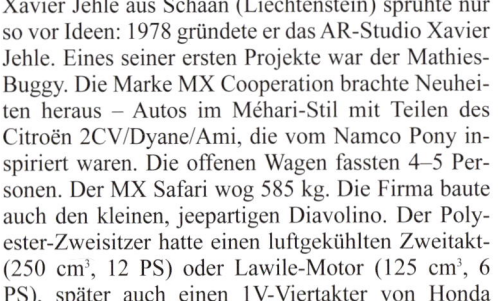

Xavier Jehle aus Schaan (Liechtenstein) sprühte nur so vor Ideen: 1978 gründete er das AR-Studio Xavier Jehle. Eines seiner ersten Projekte war der Mathies-Buggy. Die Marke MX Cooperation brachte Neuheiten heraus – Autos im Méhari-Stil mit Teilen des Citroën 2CV/Dyane/Ami, die vom Namco Pony inspiriert waren. Die offenen Wagen fassten 4–5 Personen. Der MX Safari wog 585 kg. Die Firma baute auch den kleinen, jeepartigen Diavolino. Der Polyester-Zweisitzer hatte einen luftgekühlten Zweitakt- (250 cm³, 12 PS) oder Lawile-Motor (125 cm³, 6 PS), später auch einen 1V-Viertakter von Honda (430 cm³, 11 PS) mit Vierganggetriebe (z. T. von Fiat). Der Diavolino wog 340 kg und war 207 cm lang und 132 c, breit. Maße der neuen Version: Länge 230 cm, Breite 145 cm, Eigengewicht 460 kg. Die Firma machte etwa 1992 dicht.

IMC griff das Konzept eines kleinen jeepartigen Autos auf. Der Piccolino wurde in der Schweiz gebaut und sollte in Italien in Großserie gehen. Ein 2V-Diesel Ruggerini (650 cm³, 80 km/h) wirkte über ein Variomatic-Zentrifugalgetriebe auf die Vorderräder. Der 210 cm lange, 127 cm breite und 380 kg schwere Wagen bot 2 Personen Platz. Den fehlenden Kofferraum ersetzte ein Anhänger mit max. 600 kg Nutzlast.

Mitte der 1980er präsentierte die Schweizer Autofirma ZRB Automobile ein Fahrzeug namens Strega (Hexe). Der Wagen mit 2x2 Sitzen war 267 cm lang und 132 cm breit; er wog 366 kg und besaß einen luftgekühlten Viertakt-Diesel (750 cm³, 18 PS). Das Auto hatte Vierganggetriebe und eine Polyester-karosserie für 2 Erwachsene und 2 Kinder. Alle „Jeeps" waren ab 16 Jahren zugelassen.

MX Cooperation

Namco

(Griechenland)

Namco Pony ❹

Der Citroën-Importeur aus Thessaloniki war von 1976 bis 1995 aktiv. Er produzierte bis 1983 nach dem Konzept des Méhari und Dalat das Freizeit- und Nutzauto Pony mit 2-CV-Fahrgestell, Einzelradaufhängung und 2x4-Antrieb. Für die 2- bis 5-sitzige Karosserie gab es einen laminierten Hardtop-Aufbau. Modelle: Freizeitwagen Pony Camper, Pick-up und Lieferwagen. Antrieb: 2V-Motor (602 cm³, 32 PS, 5400 U/min, 118 km/h; in Deutschland 597 cm³, 32 PS). Der Pony wurde in viele Länder exportiert. Vom Erfolg zeugen der Jahresausstoß (4000 Autos) und 17000 Wagen für die griechische Armee. Geplant war auch ein Modell auf Ford-Fiesta-Basis.

Namco Pony

Namco Pony

Namco Pony Van

Namco Pony Van

Nissan

(Japan)

Nissan Patrol Carrier 4W66, 1956–1958

1911 gründete Masujiro Hashimoto in Tokio die Firma Kwaishinsha Co. Ihr erstes Auto hieß DAT – ein Akronym aus den Familiennamen der Mitgründer: Kenjiro Dena, Rokuro Aoyamy und Takeuchi. 1925 fusionierte sie mit der Jitsuyo Jidosha Co. (Osaka), die das 1,3-l-Auto Lila baute. Man fertigte weiterhin beide Wagen, deren Namen öfter wechselten, aber nun das Wort DAT enthielten. 1931 schluckte man die Tobata Imono Co. und nannte den neuen Wagen fortan Datson („Sohn des Dat"); leider klingt das Wort „son" im Japanischen nach Zerstörung, Verwüstung und Ruin – um so schlimmer, als gerade ein Hurrikan die Firma verwüstet hatte. Also taufte man das Auto Datsun – in der Hoffnung, dass „sun" vor weiterem Unheil schützen werde. 1936 schloss man mit Graham-Paige einen Vertrag zum Erwerb einer Crusader-Lizenz. Ab 1937 wurde das Auto unter dem Namen Nissan gebaut (die Firma Nissan Motor Co. entstand 1934), den man bald mit luxuriöseren Wagen verband, bis er 1983 zum einzigen Markennamen der Firma wurde. Ab 1938 konzentrierte sich Nissan auf Nutzfahrzeuge, Armeelieferungen (den legendären Lkw Nissan 180, 4x2) und Flugzeugmotoren. Nach Kriegsende baute man den 4W72 (eine Kopie des Dodge WC52), einen Dreivierteltonner mit 4x4, 6V-SV-Motor (3670 cm³, 105 PS), Vier- und Eingetriebe, RWD mit FWD-Option und starren Achsen mit Blattfederung. Radstand 280 cm, Länge 476 cm, Breite 204,5 cm, Höhe 236 cm, Eigengewicht 2750 kg. In den frühen 1960ern folgte ihm der Nissan 4W73, ein Dreivierteltonner 4x4 mit 6V-Motor (OHV, 3956 cm³, 125 PS) und Vierganggetriebe; Maße und Aussehen entsprachen etwa dem Dodge M37. Auf dem zivilen Markt hieß er Nissan Carier; später baute man ihn in Indien. Eine wichtige europäische Erwerbung waren die 35 % von Motor

Ibérica, die man 1980 von Massey Ferguson kaufte. Ende der 1980er betrug Nissans Anteil an dieser Firma 84,4 %. Mitte der 1980er gehörten zum Konzern auch Nissan Diesel und Fuji Heavy Industries (mit Verbindungen zu Subaru). Ende der 1990er geriet die Firma in eine Krise. Gerettet wurde sie von Renault, die im März 1999 36,8 % der Aktien übernahmen. Die französischen Manager ergriffen drakonische Maßnahmen (Vereinheitlichung der Modelle unter Anpassung an Renault), die Nissan bezahlte. Die Produktion erfolgt in 16 Ländern. Nissan-Tourenwagen (z. B. der Kleinwagen Sunny/Pulsar ab März 1982, sein größerer Bruder Bluebird ab 1980 und der Primera ab Herbst 2001) hatten als Alternative AWD. An Geländewagen-Prototypen gab es den Nissan Crossbow 4x4 (IAA 2001) und den Yanya (Genf 2002). Eleganz zeichnete auch den mächtigen Trailrunner 4x4 Coupé aus (IAA 1997).

Nissan Patrol 60

2001 feierte der Patrol seinen 50. Geburtstag. Selbst Nissan hatte 1950 mit seinem 4W-60 bei der Ausschreibung für einen japanischen Armee-Geländewagen keinen Erfolg. 1951 kam der neue 4W-70 auf den Markt – ein jeepähnlicher Nissan. Der Gelände-

Nissan Patrol 160 Safari, 1980–1983

wagen hatte ein Leinenverdeck, harte Sitzbänke, einen 6V-SV-Benziner (3670 cm³, 85 PS), starre Achsen mit halbelliptischen Federn und optionalen FWD (im Leerlauf auskuppelbar). Später hieß er 4W-60. Die Serienproduktion lief 1953 in einer Fabrik in Oppama an. Die Autos gingen an Polizei und Feuerwehr; die ersten sechs exportierte man nach Argentinien. Der L4W-60 (1955) besaß einen „92"-Motor (92 PS); gleichzeitig kam der 4W-61 mit SV-Motor (3956 cm³, 105 PS) heraus. 1958 folgte der 4W-65 (erstmals auch als Achtsitzer-Kombi), und 1956 bekam der 4W-66 einen umkonstruierten OHV-Motor (3956 cm³, 125 PS, 3400 U/min). Beim Modell von 1960 ließ sich der FWD in Fahrt aktivieren. Das Dreiganggetriebe und die starren Achsen mit Blattfederung behielt man bei. Ab den späten 1950ern wurde das Auto in viele Länder exportiert. 1960 verpasste man ihm ein neues Outfit bzw. Inneres und erstmals den Namen Patrol. Es hatte Dreiganggetriebe mit Zweigang-Hilfsuntersetzung. Dank des Stabilisators an der Vorderachse (des ersten an einem Geländewagen) besaß es exzellente Fahreigenschaften; das Chassis passte sich dem Terrain an. Der Wagen wurde als zuverlässig und unverwüstlich berühmt. Die Wattiefe (anfangs 71 cm) stieg nach einer Spezialumrüstung auf 101,5 cm. Neben dem Softtop L-60 kam 1963 in den USA der Hardtop KL-60 heraus. 1968 stieg die Motorleistung um 5 PS, und gleichzeitig debütierte der überlange Pick-up 62Z(L)G60H mit Dreiganggetriebe und 145-PS-Motor. 1974 erhielt die Baureihe Patrol 60 Vierganggetriebe und 4-l-Motoren (145 PS). Neben einem Pick-up bot Nissan den kurzen/langen Softtop (L)60, den dreitürigen langen/kurzen Kombi W(L)G60, den Dreitürer-Hardtop K(L)60 und Aufbauten wie einen mobilen Filmprojektor an. Weitere Merkmale: Radstand 220/250 und 280 cm (Pick-up), Länge 377/407 und 448,5 cm, Breite 172,5/169 cm (Kombi), Höhe 198/189,5/194,7 (Hardtop) und 187 cm (Pick-up), Bodenfreiheit 22,2 oder 21,3 cm (Langversionen). Leer wog das Auto +1580 kg; es konnte 6–8 Personen und 800 kg Nutzlast oder (als Pick-up) 2 plus 1000 kg befördern. 1974 entstanden erstmals über 10000 Stück. Die Produktion des Nissan 60 (1. Generation) lief 1982 nach 170000 Autos aus.

Nissan Patrol 160/Safari
(Japan, Spanien) ❷

Im November 1979 debütierte die 2. Generation – der Patrol 160 (manchmal mit MQ-Code) mit AWD. Neben einer neuen Karosserie besaß er 6V-Motoren – OHC-Benziner (2734 cm³, 120 PS) oder OHV-Diesel (3224 cm³, 95 PS; ab 1983 TD mit 110 PS). Die Militärversion MC-4 hatte einen 4V-Diesel (2,8 l), Vierganggetriebe und als D-Version (ab 1983) auch Fünfganggetriebe mit Untersetzung. Die starren Achsen besaßen weiterhin Längsblattfedern. 1984 gab es ein Facelifting: Statt runder erhielt der Wagen rechteckige Scheinwerfer. 1985 bekam er ein Fünfganggetriebe, und ab 1988 gab es nur noch einen TD-Motor (3,3 l). Gleichzeitig lief in Spanien die Produktion der (billigeren) K260 und W260 an, welche die Lizenzmodelle Patrol TH und TB (1983) mit lokalen Perkins-Motoren ablösten. Gekauft wurden sie sowohl von Zivilisten als auch von Militärs. Motoren der späten 1980er: 6V (2753 cm³, 120 PS, 4800 U/min oder 134 PS, 5200 U/min, JIS oder 3956 cm³, 150 PS, 3800 U/min, SAE); 6V-Diesel (3246 cm³, 95 PS, 3600 U/min) und TD (3246 cm³, 120 PS, 4000 U/min); für spanische Kunden auch ein 4V (2702 cm³, 70 PS, 3600 U/min). Die FWD-Option blieb erhalten; gegen Aufpreis gab es hinten eine Differentialsperre. Die Getriebe hatten 4 oder 5 Gänge (nebst Untersetzung) oder Dreigang-Automatik. Einige Modelle besaßen vorn Trommelbremsen.

Nissan Patrol 160, 1983–1987

Merkmale: Radstand 235/297 cm (Kombi), Länge 407 und 423/469 cm (Kombi), Breite 169 cm, Höhe 183/185 und 180,5/198,5 cm (beide Kombis), Bodenfreiheit 21 cm. Der dreitürige Soft-/Hardtop fasst max. 5 Personen und wiegt (leer) +1635 kg, der 5-türige 5- bis 10-sitzige Kombi leer +1760 kg. Versionen: Kombi, Hardtop mit normalem oder hohem Dach, Cabrio und kurzer/langer Pick-up. Zum Produktionsstopp in Spanien liegen abweichende Angaben vor: Manche setzen ihn 1990 an, doch wurde der Patrol dort bis zur Jahrtausendwende verkauft. Tatsächlich lief die Produktion erst im Juni 2001 aus. Der erfolgreiche Exportartikel erntete auch sportliche Lorbeeren. In Dakar kam er 1989 in der Gesamtwertung auf Platz 1, 1988 auf Rang 2. In seiner Klasse siegte er fünfmal. 1992 gewann er bei der Rallye Paris–Moskau–Peking, dazu viermal bei der Pharao's Rallye und fünfmal bei der Atlas-Rallye. Goldkränze erhielten die Nissan-Piloten auch in den Vereinigten Arabischen Emiraten, Portugal, Spanien, Tunesien, Italien, Australien und anderen Ländern. 1993 gewann der Typ bei Raid Rallyes Gold in der Kategorie Design.

Nissan Patrol GR/New Safari ❷

1988 debütierte der Patrol GR (Grand Raid), ein teurer Drei- (für 4–5 Personen) oder Fünftürer-Kombi (für 4–7 Personen) mit der Codebezeichnung „Y60", den man nur in Japan baute. Er gilt als 3. Generation des Patrol und zielte auf Kunden, die kein Nutzfahrzeug, sondern ein Auto für Freizeitaktivitäten und Stadtfahrten wünschten. Der GR ist besser ausgestattet; sein Chassis hat einen Leiterrahmen und

geometrisch präzisere Achsen mit Spiralfederung. Vorn gibt es einen Panhardstab (auf Wunsch mit Stabilisator), hinten beides. Der Wagen hat RWD mit FWD-Option. Die Freiläufe der Vorderräder waren von Hand oder automatisch deaktivierbar; es gab eine Zweigang-Untersetzung und (hinten) ein Differential mit Sperre. Die Handschaltung besaß 5 Gänge, die Automatik 4 und ein durch einen Konverter verstärktes Doppeldrehmoment. Motoren: 6V-TD (2826 cm^3, 115 PS, 4400 U/min, 150 km/h) oder 4169 cm^3 (125 PS, 4000 U/min, JIS, 150 km/h). In den 1990ern gab es neue Modelle: 6V-TD (2826 cm^3, 116 PS, 4400 U/min oder 4169 cm^3, 145 PS, 4000 U/min) und gleich starke Benziner (175 PS, 4200 U/min, JIS oder 160 PS, 4000 U/min, ECE). Getriebe und Zweigang-Untersetzung blieben die alten. Das hintere Differential hatte eine Handsperre, ein anderes Umsetzungsverhältnis beim Fünfgang-

Nissan Patrol Safari, 1985

getriebe oder Automatik. Es wurden Scheibenbremsen eingebaut. Merkmale: Radstand 240/297 cm, Länge 424/481 cm, Breite 180/193 cm, Höhe 180/195 cm, Bodenfreiheit 20,5 cm, Eigengewicht +1836/1885 kg, Nutzlast 615/825 kg.

Die 6. Generation des Patrol debütierte 1997 auf der IAA. Der Nissan Y61 war der weltweit erste Geländewagen mit elektrisch gesteuertem, auskoppelbarem Hinterachsdifferential. Die Maße blieben unverändert. Neben dem bekannten 2,8-l-TD (heute 129 PS, 4000 U/min, 155 km/h – er lief 2002 aus) gab es einen 6V-Benziner (4479 cm³, 200 PS, 4400 U/min, JIS, +170 km/h), einen 4V-TD-Direkteinspritzer (16V, 2953 cm³, 170 PS, 3600 U/min, JIS, +165 km/h; ab Ende der 1990er 158 PS, 3600 U/min) und einen 6V-TD (4169 cm³, 160 PS, 3600 U/min, JIS, 150 km/h). Diese Generation des GR besitzt kein Zwischenachsdifferential, sondern eines mit 100 %-Sperre. Der FWD ist aktivierbar, bis 40 km/h erreicht sind. Merkmale: Radstand 240 cm, Länge 444

cm, Breite 193 cm, Höhe 184 cm, Bodenfreiheit 22 cm, Wattiefe 70 cm, Überhangwinkel 37°/30°. Leer wog das Auto +2220/2335 kg; die Nutzlast betrug 650/745 kg. Die Ende 1999 aufpolierte Kombi-Version hatte 3 oder 5 Türen und war luxuriöser ausgestattet.

Nissan Terrano/Pathfinder ❷

Dis Weiterentwicklung des Nissan Terrano folgte dem bewährten Konzept von Opel, Toyota oder Mitsubishi aus den mittleren 1980ern: Man schweißte eine elegante, gut ausgestattete Karosserie auf ein verkürztes Chassis. Der Sicherheit zuliebe wichen die Blattfedern Torsionsstäben oder – besser noch – Spiralfedern. Unter der Haube saß ein Diesel oder ein 6V-Benziner. Nissan ging den gleichen Weg: als Ausgangsbasis diente der Pick-up „Light Duty". Der Neuling vom August 1986 hieß zu Hause Terrano, in den USA Pathfinder. Der 3- bis 5-sitzige Freizeit-

Nissan Patrol GR Y60 SWB 1. Generation (1988–1997)

Nissan Terrano Pick Up, 1985

Nissan Terrano, 1982

Nissan Pathfinder Luxury Edition, 2001

Kombi saß auf einem Leiterrahmen. Für den Export baute die Firma einen 4V-Benziner (2388 cm³, 101 PS, 4800 U/min, für den Inlandsmarkt 103 PS, 4800 U/min, JIS, 150 km/h), einen V6-Benziner mit Zentraleinspritzung (2960 cm³, 136 PS, 4800 U/min; für die USA 147 PS, SAE; für Japan 140 PS, JIS) und einen 4V-TD (2663 cm³, 100 PS, 4000 U/min oder 85 PS, 4300 U/min, atmosphärisch). Es gab Hinterradantrieb und FWD-Option. Die Freiläufe der Vorderradnaben arbeiteten automatisch. Im Angebot waren auch Geländeuntersetzung und Differentialsperre. Das Auto hatte Fünfgang-Handschaltung oder Dreigang-Planetenautomatik (plus Konverter zur Verdopplung des Drehmoments). Merkmale: Radstand 265 cm, Länge 436,5 cm, Breite 169

cm, Höhe 168 cm, Bodenfreiheit 21 cm, Eigengewicht +1670 kg. 1997 gab es einen TD (3,2 l).

Das „Kind" der Modernisierungswelle von 1999 hat nur einen Namen: Pathfinder. 2001 gab es endlich auch einen V6-Benziner (3498 cm³, 220 PS, 6000 U/min, 175 km/h). Der luxuriöse fünftürige Fünfsitzer-Kombi hat AWD mit variabler Kraftverteilung zwischen beiden Achsen (auch für den Fall, dass 100 % auf die Hinterräder übertragen werden). Das Auto besitzt eine elektronisch gesteuerte Viskokupplung, die mit der Viergang-Automatik und der Zweigang-Untersetzung zusammenwirkt. Die Hinterachse verfügt über eine Differentialsperre. Die nun selbsttragende Karosserie hat hinten McPherson-Einzelradaufhängung, an der starren Hinterachse Spiralfederung mit Panhardstab und Stabilisator. Der Radstand beträgt 270 cm; das Auto ist 464 cm lang, 182 cm breit und 175 cm hoch; Bodenfreiheit 21 cm. Das Auto wiegt leer 1950 kg und kann 450 kg Nutzlast befördern. In Europa bekommt man den Typ nur selten zu sehen: Er zielt vor allem auf die nordamerikanische Kundschaft.

Nissan Terrano II (Spanien) ❷

Das Montagewerk Nissan Ibérica in Barcelona baute ab 1993 die „Zwillinge" Nissan Terrano II und Ford Maverick. Konstruiert hatte man beide in Nissans Technologiezentrum in Cranfield (Großbritannien). Der Terrano II ist ein Fünfsitzer-Kombi mit 3–5 Türen. Er hat Hinterradantrieb (bis 40 km/h optional auch FWD).Vorn gibt es automatischen Freilauf, während die Hinterachse eine Differentialsperre besitzt. Motoren: 4V-Benziner (12V, 2389 cm³, 124 PS, 5200 U/min, 160 km/h) oder -TD (2664 cm³, 99 PS, 4000 U/min, 145 km/h). Getriebe: Fünf Gänge mit Zweigang-Untersetzung. Der Terrano II hatte einen Leiterrahmen und vorn Doppel-Querlenker mit Torsionsstäben; an der starren Hinterachse gab es Längslenkarme (beiderseits mit Panhardstab und Stabilisator). Merkmale: Radstand 245/265 cm, Länge 401,5/458,5 cm, Breite 173,5 cm, Höhe 180/181 cm, Bodenfreiheit 21 cm, Eigengewicht +1620/1750 kg, Nutzlast 680/830 kg.

Terrano II Fun (mit Beach- und Outdoor-Verdeck), 2001

Nissan X-Trail, 2001

Im Juli 1996 wurde der Terrano II umkonstruiert, weitere Änderungen erfolgten 1999. Im Frühjahr 2002 verbesserte man die Vorderpartie (neues Kühlergitter, Kunststoffteile und rechteckige Scheinwerfer mit Nebelleuchten). Er heißt schlicht Terrano. Kraft spendet ein TD (2664 cm³, 125 PS, 3600 U/min, 155 km/h) oder ein Patrol-Motor (2953 cm³, 154 PS, 3600 U/min, 170 km/h). Einige Autos haben noch 4V-Benziner (2,4 l, 118 PS). Die Länge misst nun 424/472 cm, während der Radstand unverändert blieb; das Auto ist 175,5 cm breit und 181 cm hoch. Leergewicht +1700/1815 kg, Nutzlast 810/765 kg, Wattiefe 45 cm, Überhangwinkel 35°/26°.

Nissan X-Trail ❸

In Europa stellte Nissan erst auf der IAA 2001 ein SUV vor. Der 5-türige Fünfsitzer-Kombi mit selbsttragender Karosserie bietet viel Platz und Komfort.

Der X-Trail hat AWD (mit manuell oder automatisch auskoppelbarem RWD; im letzteren Fall verteilt sich die Antriebskraft im Verhältnis 57:43). Das SUV besitzt hinten eine Differentialsperre, außerdem ein ESP. Es führt 4V-Benziner (16V, 1998 cm³, 140 PS, 6000 U/min, 177 km/h oder 16V, 2488 cm³, 165 PS, 6000 U/min, 187 km/h) oder einen TD Common Rail (16V, 2184 cm³, 114 PS, 4000 U/min, 165 km/h). Autos mit Diesel haben Sechsganggetriebe ohne Untersetzung, Benziner Fünf- oder Viergang-Automatik. Das von einem Pkw entlehnte Chassis arbeitet vorn und hinten mit Einzelradaufhängung. Vorn gibt es einen McPherson-Lenkarm samt Stabilisator, hinten Lenkarme, Spiralfedern und einen Stabilisator. Das Auto hat Scheibenbremsen mit ABS und EBD. Es hat 262,5 cm Radstand und ist 451 cm lang, 176,5 cm breit und 167,5 cm hoch; Bodenfreiheit 20 cm, Eigengewicht +1450 kg, Nutzlast 550 kg, Wattiefe 30 cm, Überhangwinkel 28°/25°.

Nissan X-Trail, 2001

Nissan Terrano II als spanischer Polizeiwagen, 2002

Nissan Pick-up ❻

1934 begann Nissan mit dem Bau von Pick-ups (4x2, ab 1980 auch 4x4), die von Pkws abgeleitet waren. Ihre Motoren verwendeten als Brennstoff sowohl Diesel als auch Benzin. Die Pick-ups hatten Zweisitzer- (Long Body) oder vier- bis fünfsitzige Kabinen (Double Cab; jeweils mit 2 Türen). 1997 präsentierte man die 16. Generation. Seit kurzem gibt es auch eine spezielle Pick-up-Version für Ausflüge und Freizeitaktivitäten. Die letzten Neuerungen nahm man 2001 vor. Die Autos haben nun mehr verchromte Teile, eine einheitliche Frontpartie und bequemere Kabinen (Navara-Ausstattung). Das Modell hat RWD (bis 50 km/h lässt sich der FWD aktivieren), automatischen Freilauf an den Vorderrädern und hinten eine Differentialsperre. Das Fünfgang-getriebe besitzt eine Zweigang-Untersetzung. Einer der Motoren ist ein 4V-TD (2488 cm3, 133 PS, 4000 U/min, 163 km/h). Die Stahlkarosserie (Pick-up/King Cab/Double Cab) ist auf den Leiterrahmen genietet. Die Vorderräder haben McPherson-Aufhängung mit Torsionsstäben und Stabilisator, die starre Hinterachse Blattfederung. Merkmale: Radstand 294,7 cm, Länge 495,5 cm, Breite 182,5 cm, Höhe 172 cm, Bodenfreiheit 22 cm, Überhangwinkel 31°/31°, Eigengewicht 1880 kg, Nutzlast 980 kg.

Nissan Prairie ❼

Dieses kompakte, vom Sunny abgeleitete SUV mit quer liegendem Frontmotor und RWD kam im August 1982 heraus. Ab September 1985 gab es auch eine Variante mit RWD-Option und Benzin-

Nissan Pick Up, 2002

motor (1974 cm³, 91 PS, 5200 U/min, JIS oder 99 PS, 5600 U/min; mit Katalysator: 98 PS, 5200 U/min). Im Herbst 1988 erschien die 3. Generation: Prairie/Prairie Joy mit permanentem 4x4, Kraftverteilung im Verhältnis 50:50 und McPherson-Federbeinen. Der 4WD verfügte über ein Zwischenachsdifferential mit Viskokupplung und (gegen Zuzahlung) eine hintere Differentialsperre. Der Prairie/Liberty vom Herbst 1998 ist eher ein Straßenwagen.

Nissan Vanette/Serena
(Japan, Spanien)

Der Vanette wird in Japan seit 1986 gebaut. Die 2. Generation (Vanette/Serena), ein Viertürer-Kombi oder Lieferwagen mit 4–8 Sitzen, debütierte dort im Juli 1991. Seit 1992 wird er mit 4x2 in Spanien produziert. Die 4WD-Version (50:50) bekam außerdem

einen stärkeren 4V-Motor (16V, 1998 cm³, 126 PS oder 130 PS, 6000 U/min, JIS, 170 km/h), dazu Fünfganggetriebe oder Viergang-Automatik; das gilt auch für den anderen 4V-Motor, einen Diesel (2283 cm³, 75 PS, 4300 U/min oder 91 PS, JIS, 135 km/h). Hinten gab es eine Differentialsperre, vorn eine McPherson-Achse mit Stabilisator, hinten Doppelquerlenker, einen Querlenkarm, Querblattfedern sowie (gegen Zuzahlung) einen Stabilisator. Einige Autos mit Dieselmotor besaßen starre Vorderachsen. Die 3., auch als Mazda Bongo bekannte japanische Generation (1999) hat 4x2- und 4x4-Antrieb. Es gibt sie als Minibus, Kombi, Lieferwagen, Minivan und Pritschen-Lkw mit 500–1000 kg Nutzlast und 1,8-l-(90 PS) oder 2,2-l-Diesel-Motor (79 PS).

Ford Maverick (vorn) und Nissan Terrano II (hinten); Alcocebre (Spanien), 2002

OMAI Cabrio, 1987

OMAI

(Italien)

Omai Sheveró ❷

Die Firma OMAI aus Ortona betrat 1988 die Bühne und verschwand 1992. Den Viersitzer-Geländewagen Sheveró gab es als Soft- (Cabrio) oder Hardtop (Metal Top). Das Leiterchassis ruhte auf starren

Achsen mit Längsblattfedern und Torsionsstabilisatoren. Die Mechanik stammte vom Fiat. Der 4V-Diesel SOFIM ($2445\ cm^3$, 72 PS, 4200 U/min, 135 km/h) war mit einem Fünfganggetriebe, Zweigang-Untersetzung und Radnabensperren verbunden. Es gab auch ein Torsen-Zwischenachsdifferential und Differentialsperren an den Achsen (vorn 25 %, hinten 50 %). Radstand 230 cm, Länge 397 cm, Breite 170 cm, Höhe 194 cm, Bodenfreiheit 27 cm, Eigengewicht +1730 kg, Wattiefe 60 cm. Steigung 90 %, Seitenneigung 43°; Überhangwinkel 47°/45°.

OMAI Cabrio, 1989

Opel und Vauxhall

(Europa)

1868 gründete Adam Opel eine Firma, die 1886 das erste fahrtüchtige Motorrad baute. 1893 lieferten seine Söhne ihr erstes Auto, den Lutzmann (ab 1902 in Serie gefertigt). 1929 erwarb General Motors 80 % der Aktien (ab 1927 montierte man in Deutschland Autos). Die Firma Vauxhall entstand 1857 in Großbritannien; 1903 stellte sie ihr erstes Auto vor, den 5 HP. 1925 übernahm GM die Kontrolle. Unter amerikanischer Führung wurden die Marken stärker. Ab den 1970ern wurden die Bauteile (später auch die Modelle) durch Einsparungen und erhöhte Investitionen vereinheitlicht – bei den britischen LUVs wie Bedford ebenso wie bei den weltweiten Aktivitäten von GM. Opel ist in Europa und Übersee aktiv, die beiden britischen Marken beiderseits des Ärmelkanals. Auf einem Fließband entstehen so identische Modelle mit verschiedenen Namen. Opel/Vauxhall werden in 10 Ländern gebaut, als Chevrolet in 6 Staaten und als Holden in Australien (früher auch in Japan als Isuzu und in Südkorea als Daewoo). Zur europäischen GM-Palette gehören Limousinen, Kombis, Coupés (Vectra und Calibra) sowie 4WDs.

Opel/Vauxhall Frontera/ Frontera Sport (Großbritannien) ❷

Der Frontera debütierte 1991 in Genf. Opel (und Vauxhall) stiegen so bei den Geländewagen ein. Außerdem gab es nach einem Fünftürer-Kombi mit 7 Sitzen den Dreitürer Frontera Sport (4–5 Sitze) für Wochenendausflüge. Die im Vauxhall-Werk Luton gebauten Autos sind eigentlich Isuzus, d.h. Kopien des kurzen Isuzu MU/Amigo vom Januar 1989 und des langen Isuzu MU Wizard (1991, ein Ableger des Isuzu Rodeo mit Merkmalen des Pick-ups Isuzu Campo). Fronteras hatten RWD (mit FWD-Option). Die Sperrung des Vorderradfreilaufs erfolgte automatisch; gegen Aufpreis gab es auch eine Hand- und eine hintere Differentialsperre. Das Auto hatte Fünfganggetriebe nebst Zweigang-Untersetzung und vorn Scheibenbremsen (ab 1995 auch hinten). Die vordere Trapezachse hatte einen Torsionsstab samt Stabilisator, die starre Hinterachse bis April 1995 halbelliptische, später Spiralfedern. Die Karosserie saß auf einem Leiterchassis. In den ersten 4 Jahren hatten die europäischen Motoren keine Funkenzündung. Es waren 4V-Benziner – ein Opel mit 1998 cm³, 115 PS, 5200 U/min und 158 km/h, einer mit 2410 cm³, 125 PS und 4800 U/min (nur beim

Opel Frontera Sport, 1998

Frontera) und ein TD mit Indirekt-Einspritzung und Zwischenkühler (2260 cm³, 100 PS, 4200 U/min). Das änderte sich nach einem Facelifting im Frühjahr 1995, als man einen 2198-cm³-Motor (136 PS, 5200 U/min, 161 km/h) und v. a. einen japanischen TD (2772 cm³, 113 PS, 3600 U/min, 149 km/h) einführte. Neben einer Kombiversion kam 1994 ein Sport-Softtop heraus, der aber nicht überzeugte. Radstand 233/276 cm, Länge 420,7/470,8 cm, Breite 178/172,8 cm, Höhe 169,8/171,5 cm, Bodenfreiheit bis Frühjahr 1995 18,5 cm, danach 20,5 cm. Das Leergewicht betrug +1588/2395 kg (Benziner) bzw. 2540 kg (Diesel). Es gab auch eine Van-Version.

Ende 1998 kamen die Kurz- und Langversionen der 2. Generation heraus. Sie haben hinten serienmäßig Differentialsperren, und bis 100 km/h ist der FWD aktivierbar. Das Vierganggetriebe gibt es zusammen

mit einem 2,2-l-Motor (136 PS). Neben den beiden erwähnten neuen Motoren gab es nur noch einen V6-Benziner (24V, 3165 cm³, 205 PS, 5400 U/min) und einen 4V-Reihen-TD mit Direktzündung (2172 cm³, 116 PS, 3800 U/min). Maße: Radstand 246/270 cm, Länge 427/466 cm, Breite 178,5 cm, Höhe 169/174 cm; Bodenfreiheit 23 cm, Leergewicht +1660/1720 kg, Nutzlast 640 kg.

Opel/Vauxhall Monterey
(Großbritannien)

Der Monterey ist die 2. Generation des Isuzu Trooper. Er kam im April 1992 heraus und war fast bis Ende der 1990er lieferbar. Auf manchen Märkten musste er ein paar Jahre mit japanischen Original-Troopern konkurrieren, die sich über andere Kanäle gut verkauften. Die europäischen Wagen waren besser ausgestattet (und teurer). Die kurzen oder langen Fünfsitzer-Kombis hatten 3 oder 5 Türen, RWD mit FWD-Option, Freilaufautomatik und Differentialsperre (gegen Zuzahlung). Sie besaßen Fünfgang-Handschaltung oder Viergang-Automatik (nur beim Benzinmotor). Ihr Chassis entsprach dem des Frontera (bis auf die Spiralfedern und Panhardstäbe der Hinterachse). Motoren: ein V6-Benziner (24V, 3165 cm³, 177 PS, 5200 U/min, 170 km/h) und ein 4V-Reihen-TD mit Direktzündung (3059 cm³, 114 PS, 3600 U/min, 150 km/h). Maße: Radstand 233/276 cm, Länge 427/470 cm, Breite 174,5 cm, Höhe 184 cm, Bodenfreiheit 21 cm. Das Eigengewicht betrug +1795/1880 kg.

Opel Monterey, 1998

[Image: Opel Monterey SUV photographed from rear with license plate GG·RR 208 and MONTEREY spare tire cover]

Opel Campo
(Japan, Thailand)

Fernöstliche Campo-Pick-ups tauchten in der 2. Hälfte der 1990er im Opel-Vertriebsnetz auf. Die erste Generation wurde ab 1997 produziert, die

zweite ab 1998: Sie hatten 4x2- und 4x4-Antrieb; als Karosserien gab es den Pick-up, den Sport und den Crew, als Motoren TDS (2,5 DI und 3,1 l). Der Radstand betrug 302,3 cm, die Nutzlast 965–1000 kg. Der Opel Campo entspricht dem japanischen bzw. thailändischen Isuzu Pick-up/TFR/Campo.

Opel Campo, 1998

Oto Melara

(Italien)

Oto Melara Gorgona Combat ❾ ❷

1984 gründete Ing. A. Costa in La Spezia die Waffenfabrik Oto Melara SpA. Den Durchbruch versuchte er mit dem Panzerfahrzeug Gorgona. Die riesige Limousine Command (1984) und der militärische Combat (August 1985) ähneln dem Lambo LM 002. Alle hatten viertürige Alu-Karosserien mit vier Sitzen. Kraft spendete ein 4V-Fiat-Reihenbenziner im Heck (2445 cm³, 95 PS, 4200 U/min, 120 km/h), der Gorgona R 2,5 oder ein TD-VM (2393 cm³, 100 PS, 4200 U/min, 120 km/h). Das Auto besaß 4x4-Antrieb, Fünfganggetriebe, Zweigang-Untersetzung, ein Zwischenachsdifferential, Differentiale mit Sperrautomatik an beiden Achsen und kugelsichere Reifen. Sein Rahmen bestand aus Stahl und Aluminium. Die einzeln aufgehängten Räder besaßen McPherson-Federbeine. Radstand 250 cm, Länge 468 cm, Breite 170 cm, Höhe 162 cm; Bodenfreiheit 38,5 cm. Leergewicht Combat 2730 kg, Command 2610 kg; Nutzlast 300 kg; Steigung 75 %, Seitenneigung 40°, Überhangwinkel jeweils 40°. Die Produktion lief Anfang der 1990er aus.

Eine Kolonne von 110 Otokar Land Rovern

Oto Melara Command

Otokar

(Türkei)

1963 gründete Izzet Unver die Busfirma Otobüs Karoseri Sanayi A. S. In einem Istanbuler Vorort baute er den ÖPNV-Bus „Apollo" und Magirus-Deutz-Lkws. Anfang der 1970er ging eine Mehrheit der Firma an die Finanzgruppe KOC. Otokar ist einer der wichtigsten Auto- und Kleinbusbauer (Deutz-Motoren) für den ÖPNV der Türkei. Neben den Sultan-Bussen fertigte man die Lkws 80 P10/80 P15, Vierachs-Sattelschlepper, Anhänger und Lkw-Karosserien. Die Produktion lief nach der Übernahme der Istanbuler Firma Fruehauf Tasit Araclari an.

Otokar montiert seit 1986 britische Land Rover. Die Türken führten früh eigene Teile ein und erweiterten das Programm um in England unbekannte Varianten. Die Kapazität der Fabrik in Jandarma (2000 Stück) war bald zu gering. Man versuchte, den Wagen auch im Ausland zu bauen. Er ging z. B. an die Armee Pakistans. Der Staat übernimmt ein Viertel der Produktion; der Rest sind Spezialvarianten für Armee, Polizei und paramilitärische Verbände, die man seit Mitte der 1980er baut. Einige gehen auch an Rettungsdienste, Bergwerke und Telekommunikationsunternehmen. Im Januar 1996 zog die Firma von Istanbul-Bahcelievler in die modernen Werkshallen von Adapazari-Arifiye um. Dort baute man 2000 2398 LR. 1987 entstanden 400 One Ten, v. a. für das Innen- und Verteidigungsministerium. Sie ähnelten englischen Defendern. Den Namen Defender verwendete man in der Türkei erst ab 2001. Motoren: V8 (3,5 l, 134 PS) oder 4V-TD (2,5 l, 111 PS). Es gibt die Modelle 90, 100 und 130 (für 2–11 Personen plus Zuladung). Die 110″- und 127″-Chassis sind Sondervarianten für Ambulanzen, Feuerwehren, Rettungsdienste, Abschlepp- und Laborwagen. Das Programm umfasst auch gepanzerte und Militärversionen. Der gepanzerte Mannschaftstransporter Zirhli Personel Tasiyici ähnelt einem LR (1987 erwarb man eine Lizenz für den taktischen LR). Der Cobra und der Akrep („Skorpion") werden nicht zivil genutzt, ebenso der Werttransporter 111 E.5 Z. Der Cobra kann 1 m tief waten; es gibt ihn auch als Schwimmwagen (Bodenfreiheit 35 cm, Seitenneigung 40 %, Steigung 70 %). Das schafft auch der zivile LR mit 21,5 cm Bodenfreiheit (Wattiefe 60 cm).

Otokar Land Rover 130

Peugeot 206 WRC, 2002

Peugeot VLTT, 1961

Peugeot

(Frankreich)

1890 gründeten die Brüder Peugeot eine der größten Autofirmen. Armand Peugeot begann mit Fahrrädern, denen 1888 ein Dreirad und 1891 ein Auto folgten. 1974 erwarb Peugeot 32 % der Citroën-Aktien, 1978 die europäischen Chrysler-Zweige. So legte man das Fundament für die PSA-Gruppe, wie man sie heute kennt. Peugeot und Citroën agieren äußerlich unabhängig, arbeiten aber in Technologie und Produktion eng zusammen. Beide haben sich im Bau von Geländewagen nicht hervorgetan. Peugeot gehörte zu den Firmen, die einen offenen „Halbketten-Pkw" bauten, das Modell 201 A. Alle fünf Autos von 1933 hatten 1,5-l-Motoren, erregten aber – anders als die Renaults und Citroëns – kein öffentliches oder kommerzielles Interesse. Der 4x4-Antrieb ist seit Jahren (mit Dangel-Motor) beim robusten Lkw 504, dem 2002 in Paris „verjüngten" Partner, dem Van Expert und den Lieferwagen J5/Boxer im Einsatz. Dass die Firma den 4x4-Antrieb vorangebracht hat, bezeugen die Sieger bei vielen Rallyes: Der 205 Turbo 16 (1981) gewann 1987 umgebaut zum 205 Turbo Grand Raid mit seinem Nachfolger 11 von 11 Rennen, u. a. 1987 und 1988 in Dakar; abgelöst wurde er 1988 vom 405 Turbo 16, der 1989 und 1990 in Dakar siegte; der heutige Peugeot 206 WRC war der „König" beim World Cup 2000–2002. Der 205 Turbo 16 Grand Raid und der baugleiche 405 Turbo 16 belegten 1988 und 1989 beim Pikes Peak Platz 1. 2002 zeigte man in Paris den Prototyp Sésame – ein nur 370 cm langes 4x4-Stadtauto, das aus dem Escapade-Projekt von 1999 hervorging.

Peugeot 203 R/RA/RB/VLTT/VPS ❷

Nach 1945 gab es noch viele Jeeps, doch die Regierung wollte ihren eigenen leichten Geländewagen. 1947 legte man nach langem Hin und Her die Spezifikation vor und bat um Angebote von Großfirmen. Weder Citroën noch Renault oder Peugeot zeigten Interesse; so ging der Auftrag an die Firma Delahaye, die die Armee 1951–1955 belieferte. Man kam jedoch mit der komplexen Konstruktion nicht zurecht. Bevor die Probleme gelöst waren, verlor Delahaye den Auftrag – für die Firma das Todesurteil. Er ging 1955 an die Firma Hotchkiss, die 1957–1966 Jeeps in Lizenz baute.

Peugeot erwachte aus der Lethargie und beantragte 1950 die Zulassung des 203R als Farmfahrzeug. Eines der jeepähnlichen Autos wurde Armeevertretern präsentiert. Es entsprach mechanisch der Limousine Peugeot 203 (1948) mit 4V-OHV-Motor (1290 cm³, 45 PS) und besaß starre Achsen mit Blattfederung. Da die Armee den Motor für zu schwach befand, präsentierte die Firma im folgenden Jahr

Peugeot 203 VPS, 1950

zwei Exemplare des 203RA mit dem 1468-cm^3-Motor der Limousine 403. Der Typ war auch als 403RA oder VLTT (Voiture Légère Tout-Terrain, Leichter Geländewagen) bekannt. Auch jetzt war die Armee noch nicht zufrieden. Es wurden nur 10 oder 12 Wagen gebaut. Da der Militär-Delahaye an schweren Mängeln litt, bekam die Firma 1954 mit dem 203RB – einer Variante mit anderer Vorderpartie – ihre dritte Chance. Die Armee bestellte 12 Stück, die man 1955–1956 testete, aber Hotchkiss war schneller und erhielt den Auftrag. Peugeot gab jedoch nicht auf, und 1957 schien das VPS (Véhicule Spéciale Peugeot) seine Kinderkrankheiten überwunden zu haben. Es fanden sich aber kein Abnehmer, sodass man das Projekt einstellte.

Peugeot P4   ❾ ❷

Ende der 1970er wurde der Hotchkiss-Jeep pensionsreif. 1977 bereitete die Firma Stemat (Departement Aveyron) den auf dem Peugeot 504 basierenden Prototyp des Veltt mit Benzin- und Dieselmoto-

ren vor. Im Februar 1981 schloss das Verteidigungsministerium mit Daimler-Benz einen Vertrag über den Bau von 15 000 Stück des G-Typs in Frankreich ab. Hundert Arbeiter montierten den Peugeot P4 im Werk Sochaux aus deutschen Teilen und mit französischen Motoren. Das 1750 kg schwere Auto brachte es auf 110 km/h. Die Serienproduktion lief 1982 an; 1986 folgten 3 zivile Versionen, die man auf der Geländewagen-Show im Val d'Isère präsentierte. Sie besaßen Behelfstüren aus Leinwand und ein Klappverdeck. Die auch in die Überseeterritorien exportierten Autos verkauften sich wegen der hohen Anschaffungs- und Wartungskosten nur schwer. Beliebt waren sie bei Feuerwehren. Zum Motor Peugeot XD 3 (2498 cm^3, 70,5 PS, 4500 U/min) von der Limousine 504 kam ein 4V-Benziner (1971 cm^3, 87 PS). Beide wirkten über ein Vierganggetriebe auf alle Räder; hinzu kam Zweigang-Untersetzung. Die Achsen besaßen Spiralfederung (vorn mit Stabilisator). Radstand 240 bzw. 285 cm, Länge 420/465 cm, Breite 170 cm, Höhe 190 cm, Eigengewicht 1895/2065 kg, Nutzlast 750/1000 kg. 1987 schickte das Team von Peugeot-Talbot-Sport einen P4 mit V6-Motor (3 l, 196 PS) und Fünfganggetriebe zur Pharao's Rallye und nach Dakar – mit guten Resultaten. 1982–1992 wurden 13 647 Stück gebaut.

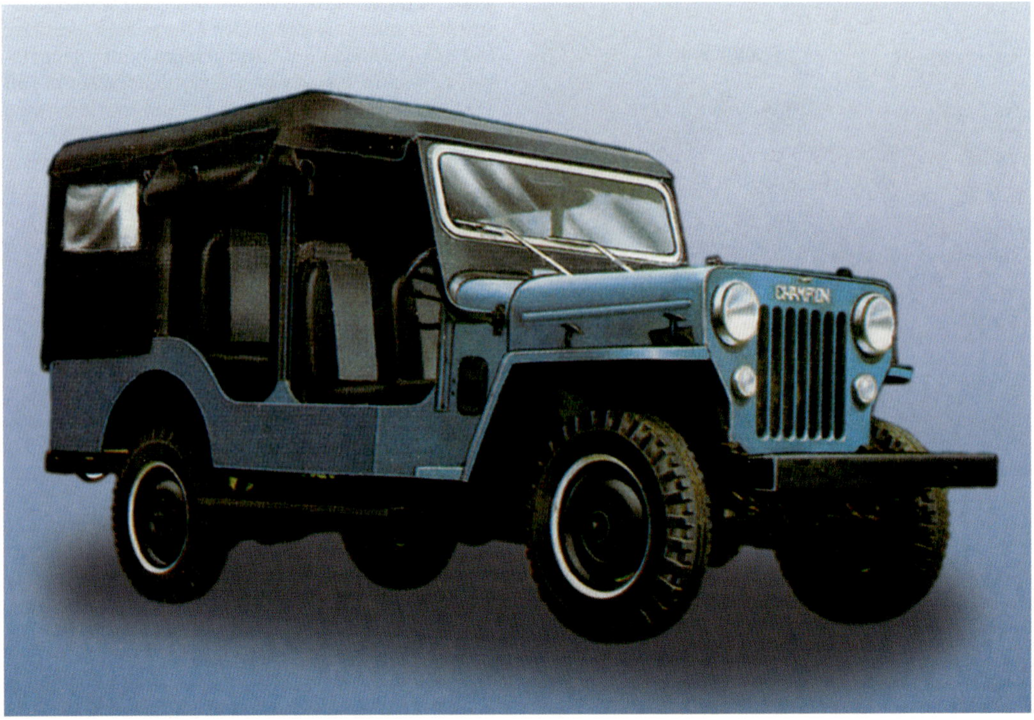

Phooltas

(Indien)

Die Firma Phooltas Transmotives (Patna) ging 1991 aus Trishul Autocrafts Private hervor. Sie baute eine Zeit lang den Trishul Tourer, der aber nicht den Zeitgeschmack traf.

Phooltas Champion, 1993

Phooltas Champion   ❶ ❷

Von 1991 bis zum Ende (Mitte der 1990er) konzentrierte sich Phooltas auf ein jeepartiges Auto: Der offene Champion wies ein ähnliches Design wie der Tourer auf und besaß keine Türen. Als Antrieb diente ein 4V Simpsons (Perkins) P-4 (3150 cm³, 55 PS, 2400 U/min). Das Auto hatte Dreiganggetriebe. Bei permanentem AWD (gegen Aufpreis) gab es als Zugabe noch Zweigang-Hilfsuntersetzung. Die starren Achsen hatten halbelliptische Längsfedern. Merkmale: Radstand 236,5 cm, Länge 415 cm, Breite 170 cm, Höhe 198 cm, Eigengewicht 2110 kg (4x2) oder 2175 kg (4x4).

Poncin VP 2000

Poncin VP 2000

Poncin

(Frankreich)

Gilles Poncins Firma Véhicules Poncin SA (Tournes) existierte von 1981 bis 1993. Man plante 250 Autos p. a. An der Verbesserung der 4x4- und 6x6-Versionen und an der Entwicklung eines modernen 4x4-Modells beteiligte sich Ardennes Equipement (Poncin sollte angeblich in neue Anlagen in Sedan umziehen). Man exportierte die Autos in Nachbarländer, fasste auch Ägypten und den Nahen Osten ins Auge und kündigte den Verkauf einer Lizenz für 4x4- und 6x6-Fahrzeuge an eine Firma in Dubai an.

Poncin VP 2000

Spezialisiert hatte sich Poncin auf Fahrzeuge für fast unpassierbares Gelände (auf Wunsch mit geeigneten Anhängern). Für Schlamm- und Schneefahrten wurden Felgenbänder angelegt. Der schwimmfähige VP diente zu Strandarbeiten, zum Fischen und als Schneemobil. Den Standardmodellen VP 2000 und VP 2025 folgten die größeren VP 2500 und VP 4000.

Alle hatten 6x6 (der VP 2800 sogar 8x8). Der Stahlgitterrahmen trug eine leichte rost- und wasserresistente Polyesterkarosserie. Der VP war ein Zweisitzer mit Überrollbügel und Gepäckraum hinter dem flachen 2V-Mittelmotor vom Citroën 2CV (602 cm^3, 30 PS). Er hatte Vierganggetriebe. Testberichte priesen die akrobatischen Fahreigenschaften. Gefälle und Seitenneigung 45°, Bodenfreiheit 22 cm. Länge x Breite x Höhe: 265 x 170 x 100 cm; Leergewicht 620 kg, Nutzlast max. 430 kg.

Poncin 4x4

Ende der 1980er brachte man eine Art offenen Jeep ohne Türen heraus. Zwei weitere Sitze ließen sich im Gepäckraum montieren. Wahlweise gab es ein Leinenverdeck. Ein Renault-Benziner (2165 cm^3, 106 PS, 125 km/h) trieb die hinteren oder alle Räder an (Alternative: ein Renault-TD, 2068 cm^3, 88 PS, 4500 U/min). Das Vierganggetriebe besaß auch einen „langsamen" Gang fürs Gelände. Die Vorder- und Hinterachsdifferentiale erhielten gegen Aufpreis Sperren. Die Räder hatten Einzelaufhängung (Spiralfedern) und Scheibenbremsen. Maße (mit Reserverad am Heck, Länge x Breite x Höhe): 352 x 160 x 171 cm; Radstand 214 cm, Bodenfreiheit 32 cm, Leergewicht 1150 kg, Nutzlast max. 500 kg; Steigung 45°, Gefälle 54°. Das neue Modell „De Luxe" sollte ab 1991 gebaut werden; weitere Pläne betrafen einen 4x4-Geländewagen mit 4V-Fordmotor (2,3 l).

Poncin 6x6

1990 kam der größere eckigere Poncin 6x6 mit Überrollbügel auf den Markt. Die Firma bot ihn für bis zu 10 Personen oder 1000 kg Nutzlast an. Mechanisch entspricht er der 4x4-Version. Als Motor dient ein 2,2-l-Benziner (106 PS; 120 km/h). Der Poncin 6x6 vertrug max. 45° Gefälle. Länge 450 cm, Breite 175 cm, Höhe 183 cm, Radstand zwischen Achse 1 und 2: 214 cm, zwischen 2 und 3: 83 cm; Bodenfreiheit 32 cm, Eigengewicht 1600 kg.

Poncin 4x4

Poncin 6x6

Porsche

(Deutschland)

Der Name Ferdinand Porsches taucht auch in den Kapiteln über Audi, Steyr und VW auf. 1930 gründete er in Stuttgart ein Konstruktionsbüro, das viele Autos entwarf. Nach dem Krieg war er im Gmünd (Österreich) aktiv, aber die Firma zog bald nach Stuttgart um, wo sich bessere Perspektiven boten. Einige Sport- und Rennwagen besaßen AWD, z. B. der sündhaft teure Porsche 959, der auf dem eher unauffälligen 911 basierte, aber im Heck einen 6V-Boxermotor (450 PS) und computergesteuerte Differentiale hatte. Er debütierte 1983. Der Prototyp siegte 1984 in Dakar, ein Serienwagen 1986.

Porsche 597 ❷

Porsche baute mehrere Geländewagen, die aber nie in Serie gingen. Das änderte sich mit dem Modell 597 „Jagdwagen" von 1954. In 5 Jahren baute man 71 Prototypen. Sie hatten ein Leinen-Klappverdeck mit einem breiten, später 2 schmalen Ausschnitt(en) und statt der Türen erhöhte Türschwellen. Das sorgte für eine Wattiefe von 50 cm. Das Reserverad war auf der Kühlerhaube montiert, der 1,5-l-Boxermotor (für AWD, später 1,6 l) im Heck. Der Wagen wog leer 990 kg. Die erste Version hatte einen Radstand von 206 cm, jene mit verstärktem Fahrgestell aus der letzten Entwicklungsphase 240 cm. Die Bundeswehr

wählte jedoch den DKW Munga, so dass man das Projekt 1957 abbrach.

Porsche Cayenne ❸

Auf das Porsche SUV – den bislang schnellsten Serien-Geländewagen – musste man bis zum Pariser Autosalon von 2002 warten. Der fünftürige Fünfsitzer Cayenne steht mechanisch dem VW Touareg nah, der ganz in der Nähe seine Weltpremiere erlebte. Der Porsche verbindet hochwertige Ausstattung und modernste Technik mit Sport- und Geländewagenqualitäten. Der Cayenne S hat einen V8-Benziner (VarioCam, 32V, 4511 cm^3, 340 PS, 6000 U/min, 242 km/h, Beschleunigung von 0 auf 100 km/h in 7,2 s) und Sechsgang-Handschaltung oder -Automatik. Der Cayenne Turbo besitzt zusätzlich Vorverdichtung (450 PS, 6000 U/min, 266 km/h, Beschleunigung von 0 auf 100 in 5,5 s) und Tiptronic-Sechsgang-Automatik.

Per Knopfdruck (am Lenkrad) kann man in einen anderen Gang schalten. Als Antriebsmechanik dient das ausgefeilte PTM (Porsche Traction Management), welches das Drehmoment normalerweise über ein Zwischenachsdifferential und eine Lamellenkupplung im optimalen Verhältnis (38:62) auf die Achsen verteilt. Das Auto hat Gelände-Untersetzung. Sobald eine Achse ins Rutschen gerät, überträgt das System automatisch 100 % der Antriebskraft auf die problemfreie Achse. Zur Mechanik gehören auch PSM (Porsche Stability Management),

Porsche 597

ein ABD und ASR. Der Cayenne hat Luftfederung und sechs über elektronisch gesteuerte Stoßdämpfer einstellbare Bodenfreiheitsstufen (standardmäßig beträgt die Bodenfreiheit 21,7 cm; sie lässt sich auf der Autobahn um 6 cm verringern und im Gelände um 5,6 cm erhöhen. Die aktive Chassis-Anpassung (PASM) funktioniert nur in den drei Modi Komfort, Normal und Sport. Eine hintere Differentialsperre und auskoppelbare Stabilisatoren gibt es nur gegen Aufpreis. Merkmale: Radstand 285,5 cm, Länge 478,2 cm, Breite 192,8 cm, Höhe 169,9 cm. Eigengewicht +2245 kg, Nutzlast 815 kg, Überhangwinkel 29°/26°. Der Porsche kann mit 55-cm-Luftfederung bis zu 50 cm tief waten.

Porsche Cayenne S, 2003

Portaro

(Portugal)

Die Lissabonner Firma Sociedade Electro-Mecánica de Automóveis baut seit Mitte der 1970er den rumänischen Aro 24 unter dem Markennamen Portaro.

Portaro Celta

Die Portugiesen stellen seit 1978 in Genf aus. Zum Celta 250 von 1976 gesellten sich 1978 der Celta 260 Turbo und der Celta 260 – das erste portugiesische Auto mit 4V-TD von Daihatsu (2530 cm³; D 75 PS, 3600 U/min, 112 km/h; TD 95 PS, 4300 U/min 130 km/h). Der Portaro hat Scheibenbremsen. Radstand (235 cm/Celta 320: 320 cm), Länge 397,4/497,4 cm, Breite 178,4 cm, Höhe 193,6/185 cm. Die Softtop-Version besaß Leinen-Seitenwände mit oder ohne Kunststofffenster. Die Maße entsprachen denen des ARO. Das Auto hatte Vierganggetriebe nebst Untersetzung (gegen Ende auch Fünfganggetriebe). Später erweiterte sich die Auswahl um 4V-Benziner von Volvo: den Kompressor Celta 210 PT Turbo (2127 cm³, 155 PS, 5500 U/min, 160 km/h) und den atmosphärischen 230 PV (2320 cm³, 112 PS, 5000 U/min, 140 km/h).

Portaro 260 DCM

Portaro 260 Celta

Portaro 240

Renault

(Frankreich)

1898 bauten die Brüder Louis und Marcel Renault die Voiturette ¾ CV; Louis ließ sie später patentieren und begann mit der Produktion. Marcel starb 1903 beim Autorennen Paris–Madrid. Louis leitete die Firma bis Kriegsende; dann klagte man ihn der Kollaboration mit den Deutschen an. Der Betrieb wurde verstaatlicht. Ab 1955 hießen die Lkws Saviem, später RVI. Renault erlebte Phasen von Aufstieg und Niedergang. In den 1990ern erfolgte die Reprivatisierung. 1983–1987 besaß Renault die US-Firma AMC, zu der u. a. ein Jeep gehörte. 1999 erwarb man 51 % von Dacia (Rumänien) und 36,8 % von Nissan. Die Modelle von 2000 wurden bereits allmählich an Nissan angeglichen.

1923–1925 veranstaltete Renault einen Wettstreit mit Citroën: Trans-Sahara- und Trans-Afrika-Rennen in offenen Renault 10 CV mit 6x4-Antrieb. Nach dem Krieg baute man den Kleinbus/Lieferwagen Goélette R2086 4x2 (den die Armee mit 6x6- und 4x2-Chassis übernahm) und den 1,5-Tonner Galion R2167 4x4 Sinpar. Damals arbeitete Renault eng und exklusiv mit einem Betrieb zum Umbau der Straßenwagen R 4/6/12 von 2x4- zu 4x4-Versionen zusammen. In Genf präsentierte man 1983 den robusteren Renault 18 Break 4x4 mit 1647-cm³-Motor (73 PS), der ab 1985 als 18 TX Break 4x4 (T, 2165 cm³, 103 PS) gebaut wurde, und den im März 1983 eingeführten 18 Break GTD 4x4 mit TD (2068 cm³, 67 PS). Der R 18 lief 1986 aus. Abgelöst wurde er vom R 21, der als Kombi R Nevada die 4x4-Tradition fortführte, aber kaum Eindruck machte. Der „Vater" der MPVs, der Espace, kam im Februar 1984 heraus. Ab Februar 1988 gab es auch den Espace Quadra 4x4.

Renault Colorale ❷

1950 kam der robuste Kombi/Minivan Colorale auf den Markt, eine Mischung aus Coloniale und Rurale. Die Karosserie stammte vom Taxi Prairie und stand dem Pick-up Savane nahe. 1951 zeigte man in Paris ein 4x4-Modell, dem sich 1952 die Serienversion mit 500 kg (Gelände) und 750 kg (Straße) Nutzlast anschloss. Es hatte permanenten AWD, Vierganggetriebe und Zweigang-Untersetzung. Als Antrieb diente ein 4V-Benziner (2383 cm³, 48 PS, 2800 U/min, 90 km/h; 1953–1956 und später 60 PS, 4000 U/min). Die starren Achsen hatten Längsblattfedern. Leergewicht 1890 kg, Radstand 266 cm, Länge 438 cm, Breite 145 cm, Höhe 182 cm, Bodenfreiheit 56,4 cm. Die 4x4-Modelle hießen Prairie, Pick-up und Savane. Am besten verkaufte sich das Auto an Landwirte, die Polizei und an die norwegische Armee (1954–1956). Ein Teilnehmer an der Dakar-Rallye von 1983 folgte in einem Lkw mit Colorale-Karosserie und dem Chassis des R 2087 4x4 den Abenteurern. 1952–1955 produzierte man 1151 4x4-Autos.

Renault Prairie R 2092, 1953

Renault 5 Rodéo und der Jeep Cherokee, 1985

Renault 4/6 Rodéo, 5 Rodéo ❹

Der Renault 4 Rodéo kam 1970 auf den Markt. Er bewährte sich auf dem Land und bei Strandfahrten. Das vom R4 abgeleitete Auto hatte einen Frontmotor und 2x4-Antrieb. Gebaut wurde es für Renault bei A.C.L., später bei Teilhol. Es besaß eine Kunststoffkarosserie mit 4V-Motor (OHV, 845 cm³, 34 PS, 5000 U/min); Radstand 240,5 cm, Eigengewicht 655 kg. Man produzierte es bis 1981. 1973 folgte der kantigere, robuste R 6 Rodéo mit 1108-cm³-Motor vom R6 (47 PS, 5300 U/min, 110 km/h). 1980 gab es den stärkeren 1289-cm³-Motor (45 PS, 5000 U/min, 110 km/h). Die Wagen hatten Leinwand-Klappverdecke. Die letzten Autos wurden 1986–1988 montiert.
1981 debütierte in Genf der kantige Rodéo 5 mit auffälligen Stoßstangen, Kotflügeln und kräftigen Mit-

telwandsäulen. Die ersten Wagen waren leuchtend orange-mattschwarz lackiert. Radstand 244 cm, Eigengewicht 720 kg; sie besaßen R5-Mechanik und den bekannten 1108-cm³-Motor. Teilhol baute das Auto ab 1982. Zum letzten Mal tauchte es 1985 in einem Werbeprospekt auf.

Renault Jeep (USA, Frankreich) ❷

1983–1987 nutzte Renault seine Rechte an der Marke Jeep und bot den Jeep CJ7 als Soft- und Hardtop an (Mai 1982–1987 mit Renault-Diesel, 2068 cm³; Mai 1983–1987 auch mit Benziner, 1992 cm³). Nachfolger war der Jeep Wrangler Texan/Laredo/Sahara (1990, 2464 cm³). Es gab auch den Drei- oder Fünftürer-Geländewagen Jeep Cherokee/Cherokee Chief (1984–1987 mit 2068-cm³-D, ab 1990 mit 2068-cm³-D und ein Jahr später mit TD). Ab 1992

Renault 6 Rodéo

gab es den Cherokee Limited mit Benzinmotor oder TD. Die Produktion der Jeeps lief 1993 aus.

Renault Scenic RX4 ❸

1996 brachte die Firma als Erste ein kleines MPV heraus, den Mittelklassewagen Scenic, der auf dem Mégane 2x4 basierte. Er wurde im Frühjahr 1999 aufpoliert, und ein Jahr später folgte als erstes Renault-SUV der Scenic RX4. Man schuf eine Klasse kleiner 2-l-SUVs. Das Modell war zusammen mit Steyr entwickelt und gebaut worden. Dank höherer Straßenlage, umlaufender Stoßdämpfer und des Reserverads am Heck wirkte der fünftürige Fünfsitzer wesentlich robuster. Er hat permanenten AWD mit variabler Kraftübertragung auf die Achsen. Die Vorderräder (mit Bremsschlupfkontrolle) sind ununterbrochen in Betrieb, die hinteren automatisch, wenn die Viskokupplung aktiv wird. Der RX4 hat Fünf-

Renault Rodéo 6

ganggetriebe und 4V-Motoren – entweder 1998-cm^3-Benziner (140 PS, 5500 U/min, 180 km/h) oder 1870-cm^3-TD (Common Rail, 140 PS, 4000 U/min, 165 km/h).

Renault Rodéo 6 (links) und 4 (rechts)

„Röntgenaufnahme" des Renault Scenic RX4, 2000

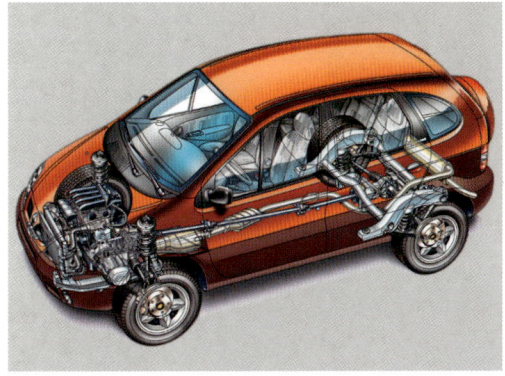

Die selbsttragende Karosserie hat vorn McPherson-Federbeine samt Stabilisator, hinten separate Aufhängung mit Spiralfedern plus Stabilisator. Dazu gibt es Scheibenbremsen. Im Gelände ist das Auto viel „zahmer" als man annehmen könnte. Überhangwinkel 30°/36°, Wattiefe 25 cm, Steigung 38°, Radstand 262 cm (Standard-Scenic: 258 cm), Länge 442,5 (417) cm, Breite 177,5 (170) cm, Höhe 172 (168) cm, Bodenfreiheit 18 (12) cm, Eigengewicht +1465 (1235) kg, Nutzlast 525 (560 kg). 2003 zeigte man in Genf einen neuen Scenic ohne RX4-Pendant.

Renault Kangoo 4x4

Der Kangoo (Dezember 1997) war auch eine Klasse für sich. Der praktische, „hochbeinige" fünftürige Fünfsitzer-Van/Kombi hat RWD. Im April 1998 kam der Pampa mit noch höherer Bodenfreiheit heraus, dem 2001 der Kangoo 4x4 folgte. Er zeichnet sich durch Kunststoffkotflügel aus. Sein permanenter 4x4-Antrieb kam vom Nissan. Anfangs ist nur die Vorderachse aktiv; sobald eines ihrer Räder ins Rutschen gerät, wird eine elektromagnetisch und öldruckgesteuerte Lamellenkupplung aktiviert, und die Hinterräder arbeiten im Verhältnis 57:43 mit.

Renault Scenic RX4, 2000

Der Kangoo 4x4 hat automatische Antischlupf-kontrolle, die das Rutschen der Räder verlangsamt. Er führt Benziner – entweder 1870 cm^3 (80 PS, 4000 U/min, 160 km/h) oder 1870-cm^3-dCi (80 PS, 4000 U/min, 142 km/h). Die Karosserie ist selbsttragend. Die Vorderräder haben McPherson-Aufhängung, die hinteren Doppellenkarme mit Spiralfedern. Das tüchtige Auto kommt selbst in schwierigstem Gelände zurecht. Radstand 262,4 cm, Länge 399,5 cm, Breite 167,2 cm, Höhe 189,4 cm, Bodenfreiheit 20,5 cm, Wattiefe 30 cm, Überhangwinkel 29°/36°, Leergewicht 1300 kg, Nutzlast 550 kg. In Paris testete Renault 2002 den Publikumsgeschmack mit einem Prototyp des Pick-ups Kangoo Break'up (4x4, offenes Heck, hintere Dachpartie und Seitenwände zum Transport schwerer Sportgeräte).

Renault – Leichte Nutzfahrzeuge und Prototypen ❽ ❿

Kleinbusse, Minivans, Pick-ups und Pritschenwagen der Marke Estafette zeigten die klassische Anordnung, während die kleinen Vans 4 F 4/F 6 4x2-Antrieb hatten. Den Trafic, einen Nachfolger des Estafette, gab es als 4x2, 2x4 oder 4x4 und mit vielen Karosserien und Benzinern oder Dieseln. Sein großer Bruder Master kam mit 4x2 und 2x4 heraus.

1997 zeigte man in Genf einen dreiachsigen Prototyp des Pangea-Gelenkwagens für Expeditionen (der Vorläufer des Kangoo), dem 1998 der dreisitzige Alu-Gelände-Tourenwagen Zo folgte. Zukunftsweisend war der Kaleos, der Komfort und Fahreigenschaften einer Luxus-Limousine mit Geländeausstat-

Renault Kangoo 4x4 auf der Piste der Rallye Paris–Dakar, 2000

Prototyp des Renault Kaleos, 2000

Prototyp des Renault Pangea, Genf 1997

tung (4x4) verbindet. Er hat ein verstellbares Chassis mit um 10-cm veränderbarer Federung (einer Kombination aus Pneumatik und Hydraulik), einen hybriden 2-l-Motor (170 PS) und einen Elektromotor, Proactive-Automatik, ESP, Bremskraftverstärker und ASR. Merkmale: Radstand 274 cm, Länge 451 cm, Breite 190 cm, Höhe max. 170 cm, Eigengewicht ca. 2000 kg. In Dakar halten selbst die besten Teams Abstand von Jean-Louis Schlesser (dem Raid-Rallye-Weltmeister 1988/89), der mit dem Renault-Sport-Team den Renault Elf Buggy/Mégane mit Zweiradantrieb und V6-Motor (3,5 l) präpariert. Bis 2000 siegte er zweimal; um einen dritten Erfolg brachte ihn sein Ex-Partner Kleinschmidt im Mitsubishi Pajero, der ein Foul beging. 2000 trat sein Team im Buggy und im Rennwagen Kangoo 4x4 an.

Prototyp des Renault Zo, Genf 1998

Renault Buggy Mégane auf der Rallye Paris–Dakar, 2000

Repetti & Monteglio

(Italien)

Die 1960 gegründete Karosseriefabrik Repetti &
Monteglio spezialisierte sich auf gepanzerte Fahrzeuge für Werttransporte, Postdienste u. ä. Kunden,
die ihr Geld gefahrlos und kugelsicher befördern
wollten.

Repetti & Monteglio Panda 4x4   ❷ ❾

Auf der Basis des Fiat Panda 4x4 baute die Firma gepanzerte Streifenwagen mit kleinen kugelsicheren
Fenstern. In den späten 1980ern und frühen 1990ern
brachte sie als 4x4-Prototyp u. a. einen Gelände-
Zweisitzer und einen schnittigen Freizeit-Softtop
heraus.

Repetti & Monteglio – ein gepanzerter Panda 4x4

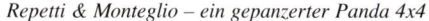

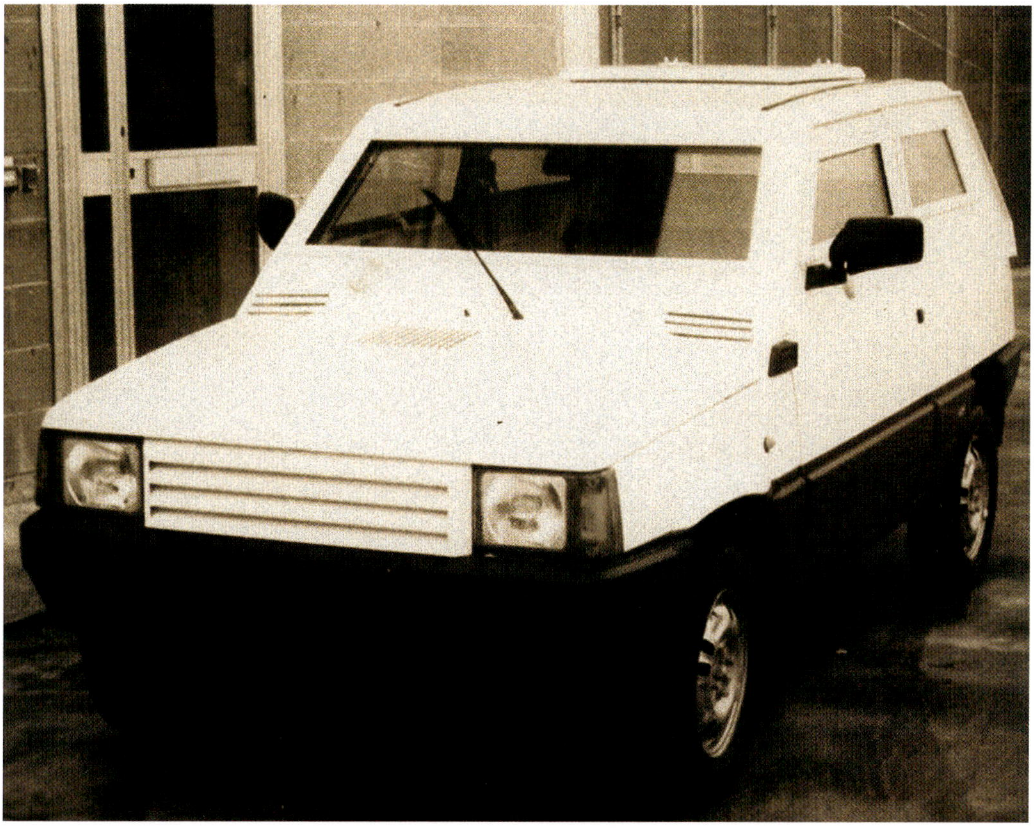

RMA und Amphicar

(Deutschland)

Die Rheinauer Maschinen- & Armaturenbau GmbH, die ihr Geld gewöhnlich mit Röhren und Halterungen für Wasser-, Gas- und Ölleitungen verdiente, machte sich 1987 an die Entwicklung eines Amphibienfahrzeugs.

RMA Amphi-Ranger

Dieser robuste Dreitürer-Kombi mit selbsttragender, wasserdichter Alu-Karosserie bot 4+2 Personen Platz. Sein Vorläufer war der Amphi-Ranger 2800 SR (Seewasser-Resistent), den die Firma entwickelte, um ihn selbst beim Legen, Inspizieren und Reparieren von Rohrleitungen einzusetzen. Das Auto erregte Interesse, so dass man beschloss, eine modernere Version des RMA an andere Firmen und Privatunternehmer zu verkaufen (in Deutschland durften Privatleute keine Schwimmwagen besitzen). Der bullige RMA entsprach mechanisch dem Ford

Scorpio 2,9i V6. Er hatte zuerst einen 2792-cm³-Motor (135 PS, 5200 U/min, 140 km/h), ab 1986 einen mit 2933 cm³ (145 PS, 5500 U/min). Im Normalfall wurden die Hinterräder angetrieben, aber es bestand die Option auf RWD, und man konnte an beiden Achsen 100 %-Differentialsperen aktivieren. Die Räder hatten Einzelaufhängung mit Spiralfedern. Merkmale des RMA: Radstand 250 cm, Länge 470 cm, Breite 193 cm, Höhe 191,5 cm, Bodenfreiheit 25 cm, Eigengewicht 1940 kg, Nutzlast 860 kg, Steigung 84 %. Seitenneigung 40°, Überhangwinkel 40°/35°.

1961–1968 baute eine Berliner Firma das Freizeit-Amphibienfahrzeug Amphicar. Von den 3000 Exemplaren gingen viele in die USA. Die selbsttragende Stahlkarosserie bot 2 Personen Platz. Als Antrieb diente der britische 4V-Motor Triumph Herald (1147 cm³, 38,3 PS, 4750 U/min, 105 km/h auf der Straße, 12 km/h im Wasser). Der Motor saß im Heck und wirkte über ein Vierganggetriebe auf die Hinterräder. Zur Fortbewegung im Wasser dienten zwei Schrauben. Radstand 210 cm, Länge 433 cm, Breite 156,5 cm, Höhe 152 cm, Bodenfreiheit 23,5 cm, Eigengewicht 1050 kg, Nutzlast 300 kg.

RMA Amphi-Ranger

Amphicar, 1962

Samas Yetti 903, 1974

Samas

(Italien)

SAMAS

Samas Yetti

Samas Yetti

1968 bereitete die Societá Albese Meccanica Auto-
veicoli Speciali (SAMAS) den Yetti vor – einen
Geländewagen mit Fiat-850-Motor. 1971 bekam das
Auto als Antrieb den 4V Fiat 127 (903 cm³, 47 PS,
6200 U/min, 199 km/h) – geboren war der Samas
Yetti 903. Er besaß RWD mit Vierganggetriebe, doch
konnte man auch die Hinterräder aktivieren. Zum
besseren Manövrieren dienten die lenkbaren Hinterräder. Überdies gab es eine Gelände-Untersetzung
und ein Sperrdifferential an der Hinterachse. Die
Räder verfügten über separate Lenkarm-Aufhän-
gung mit Yetti-Spiralfedern. Die Karosserie gab es
als Hard- und Softtop. Der Yetti hatte einen Radstand
von 174 cm; er war 310 cm lang, 148 cm breit und
180 cm hoch; Bodenfreiheit 31 cm, Leergewicht
900 kg, Nutzlast 400 kg oder 2 Personen mit 330 kg
Gepäck. Das Auto bewältigte 100 % Steigung; die
Seitenneigung betrug max. 39°.

Santa Ana, Santana

(Spanien)

Im Frühjahr 1954 startete das Industrieministerium in der Provinz Jaën (Nordandalusien) ein Industrialisierungsprogramm. Es hatte keine konkreten Pläne, doch das hielt es nicht davon ab, Bewerber einzuladen und Investoren zu suchen, u. a. den Jungunternehmer Alfredo Jiménez Cassina, der in den größten Olivenhainen der Welt eine Landmaschinenfabrik bauen wollte. Zu seinem Erstaunen bekam er dafür Hilfe von der Regierung. Mit Freunden kaufte er bei Linares ein Grundstück, das er „Santa Ana" nannte. So entstand der Firmenname Metalurgica de Santa Ana SA (MSA). Die erste Montagehalle entstand 1955 – ohne dass man wusste, was dort produziert werden sollte … Man einigte sich auf ein Allzweckfahrzeug. Da die einzigen damals in Spanien gebauten Autos Lizenz-Jeeps waren, war Cassina an einer Lizenz für Land Rover interessiert. Rover wusste, dass das gebirgige, unterentwickelte Spanien gute Perspektiven bot. 1953 erkundete es die Möglichkeit CKDs zu montieren – ohne Resultat: Franco verlangte, dass mindestens 70 % der Teile aus Spanien stammten. Rover stimmte zu, und der Vertrag wurde 1958 unterschrieben. Cassinas Pläne förderte insgeheim der Rover-Importeur Tabanera Romagosa SA. Dem Vertrag nach trug er die Verantwortung, aber „zwei Hähne auf einem Misthaufen" waren zu viel. Im März 1959 wurden Rover und MSA Vertragspart-

ner. Der erste LR verließ Linares im November 1958. Die Kapazität war auf 2500 ausgelegt, aber bis 1968 rollten höchstens 800 p. a. vom Band. Die Produktion stieg stetig an. Man baute Getriebe für ein Citroën-Zweigwerk in Vigo und erwarb die Lizenz für den Lieferwagen Commer Santana. Dazu entstanden Landmaschinen. Die Firma eröffnete auch ein Zweigwerk in Manzanares (Vorort von Ciudad Real) und ein Vertriebszentrum in La Carolina bei Linares. Ab 1981 hießen die Autos Land Rover Santana. Der Ruf und die Gewinne kulminierten Anfang der 1980er. Santanas tauchten auch dort auf, wo die Briten keine LR verkaufen konnten. Dann änderte sich das Klima, und nicht einmal die japanische Konkurrenz bewegte die Spanier zur Modernisierung; den Briten wurden deren selbstständige Aktivitäten in Mittel- und Südamerika und im Iran schließlich zu bunt. Santanas gingen nach Kolumbien, Afghanistan und Pakistan. Ihren Höhepunkt erreichte die Krise 1986, als Santana einen Lizenzvertrag mit Suzuki abschloss. Fünf Jahre später kamen LR und Suzukis aus dem gleichen Stall, und nun kündigte LR die Partnerschaft auf – nicht so sehr wegen der Konkurrenz, sondern der zunehmenden Verschuldung. In England versuchte Rover, modernere und luxuriösere Autos zu liefern; diesem Trend verschloss sich Santana. Die Spanier florierten in Europa, verloren jedoch ihre Märkte in Übersee. So erschien es 1989 undenkbar, LR Santanas mit Blattfedern in Großserie zu produzieren. Im Juni 1990 verkaufte Rover seinen 23%-Anteil an MSA. San-

Santana Ligero, Spanien 1999

tana stellte 287 067 Wagen mit 88″ Radstand, 143 779 mit 109″ und 44 355 Spezialversionen und CKDs für den Export nach Übersee her. Die erwähnte Trennung war für Santana ein großer Nachteil. 1991 wurde Suzuki mit 49 % wichtigster Aktionär und taufte die Firma in Santana Motor SA um. Hunderte von Arbeitern wurden entlassen, die Produktion von Citroëns sogar eingestellt. Die Lage verschärfte sich so, dass Suzuki 1993 83,74 % seiner Aktien an IFA, eine Holding der Regionalregierung,

verkaufte. 1994 wurde das Montageband in Linares stillgelegt, und Santana erklärte sich für insolvent. 1995 übernahm die Regierung die Firma und weitete den Vertrag mit Suzuki auf andere Modelle aus. Die Produktion lief vorsichtig an, und 1996 erzielte man einen kleinen Gewinn. 1998 plante das Management die Entwicklung eines Geländewagens. 1999 betrug der Ausstoß 34 355 Autos, ein Jahr später 33 281. Der Vertrag mit Suzuki lief 2000 aus, der neue gilt bis 2006. 1998 sollte ein neues Auto vorgestellt werden (angeblich ein europäischer Geländewagen mit Ford- oder Peugeot-Motoren), doch der Prototyp PS-10 debütierte erst 1999 in Sevilla.

Santana Land Rover

Der Santa LR von 1959 entsprach den britischen LR Serie II 88″ und 109″. Er besaß 4V-Benziner von Rover (2286 cm³, 57 PS, 4250 U/min, 95 km/h) oder Diesel (2052 cm³, 52 PS, 3500 U/min). 1962 stieg die Leistung des Benziners auf 62 PS, und man begann mit dem Export. Die Montage in England lief manchmal nur dank der Zulieferungen von Santana. Schon 1961 erhielten die Spanier von dort Grünes Licht für den Export. Die ersten Autos gingen in den Mittleren Osten, nach Südamerika und Afrika. 1962 ging Santana zum LR Serie IIA über. 1968 brachte man fünftürige LR heraus. Sie waren bei Taxifahrern auf dem Land beliebt. 1969 folgte eine weitere Modernisierung, und es gab eine verbesserte Militär-Variante. 1970 starteten die Especial-Modelle mit der Luxusausstattung „de lujo".

Santana Land Rover 88, 1989

1972 änderten sich u. a. die Scheinwerfer (sie saßen nun auf den Stoßstangen). In Großbritannien baute man damals den LR Serie IIA, doch diese Änderung übernahm man dort erst in der Serie III. In Spanien führte man 1972 einteilige Glasfrontscheiben ein, die es in England erst 1986 gab. Vom Santana Serie IIA wurden etwa 10000 gebaut. 1977 debütierte der Santana 109. Es gab ihn nur als lange Version und mit 6V-Benziner (104 PS) oder Diesel (94 PS) (beide 3429 cm³) ab. Der Militär-Santana 88 und der 109 Militar entstanden in den späten 1970ern. Der 88 leitet sich vom britischen Lightweight mit 4V-Benziner (2286 cm³) ab. Die Armee erwarb etwa 3500 Stück; weitere wurden nach Ägypten, Marokko und evtl. auch Algerien exportiert. Die 4V-Motoren (1981) hatten fünffach gelagerte Nockenwellen, die ein Kettenrad antrieb (beim Original ein Riemen). Die 109-Modelle mit 6V-Motoren und der Hardtop-Karosserie Especial (Kombi) hatte zu öffnende Seitenfenster und Fiberglasdächer. Santana stellte den Bau des Serie III 1982 ein; damals betrug der Ausstoß 4000 p. a. Im Oktober folgte der Serie IIIA. Eine britische Neuerung konnten die Spanier nicht übernehmen: Spiralfedern und permanenten 4x4-Antrieb; sie fürchteten die Reaktionen der Kunden in Südamerika. Der IIIA ist eigentlich ein stark verbesserter Serie III mit einem Paar „parabolischer" Blattfedern. Anstelle der Vorderachs-Trommelbremsen gab es Scheibenbremsen, dazu eine Lenkhilfe. 1982 präsentierte man die Cazorla-Luxusmodelle: Sie hatten neben Vierganggetriebe später auch (wie der britische One Ten) das neue LT85-Fünfganggetriebe (gegen Aufpreis mit den Systemen Zweiradantrieb, neutral, AWD und 4x4 mit Untersetzung). Sie besaßen die

erwähnten 4V- oder 6V-Diesel-, selten auch Benziner. Der alte 4V-Diesel blieb erhalten, jedoch – mit neuem Zusatz – als Turbolader (75 PS). Ziviler wirkte der Wagen durch ein anderes Kühlergitter, die einteilige Frontscheibe und drei Scheibenwischer. Er ähnelte dem LR One Ten. Seine Beschreibung entspricht den luxuriöseren Kombi-Modellen; ansonsten sah er aus wie in der Phase des Serie III.
Modelle: 109 4-Cil, 109 6-Cil, Super Turbo (mit altem 4V-TD) und Cazorla (109", 6V-Benziner/Diesel), 88/109 Super, später 88/109 Super Turbo und zuletzt – als luxuriöseste Variante – Cazorla 6-Cil. Der Santana Gran Capacidad – ein langer 119"-Pickup – sah aus wie die Serie III, hatte aber 4V-Motoren und wog 3150 kg. Sein britisches Gegenstück war der HCPU. Der Santa Serie IIIA wurde bis Ende der 1980er gebaut. Oft ging er als CKD in den Iran. 1987 versuchte die Firma, ihr Programm durch Verringerung der Auto-, Motoren- und Getriebetypen zu rationalisieren: Man ersetzte beide 2,25-l-Motoren durch einen britischen 4V-Benziner (2,5 l) und einen TD. Die Benziner wurden bald nur noch in Exportwagen eingebaut. Als einziges Getriebe überlebte das LT85. Die Produktion von Ligero, Turbo und Cazorla wurde gestoppt. Als Ersatz kamen die schlichten 2.5 DC, 2.5 DL und 3.5 DL, die luxuriösen 2500 DC, 2500 DL und 3500 DL sowie der 2.5 DCLE (D = Diesel; C = corto = kurz; L = largo = lang; E = especial). Merkmale: Steigung 45°, Seitenneigung 43°, Überhang beim 109" (88") 53° (46°)/27° (36°), Bodenfreiheit 21 (20) cm; Maße (L x B x H): 473,6 (Kombi Especial) – 461,2 (377,5) cm x 200 (196,5) cm x 167,6 cm, Eigengewicht 1570 (Especial) – 1770 (1440) kg, Nutzlast 1190 (Especial) – 900 (760) kg.

Santana Land Rover Cazorla 6 Cilindros, 1982

Santana Ligero, im Hintergrund der Santana 1300, Spanien 1999

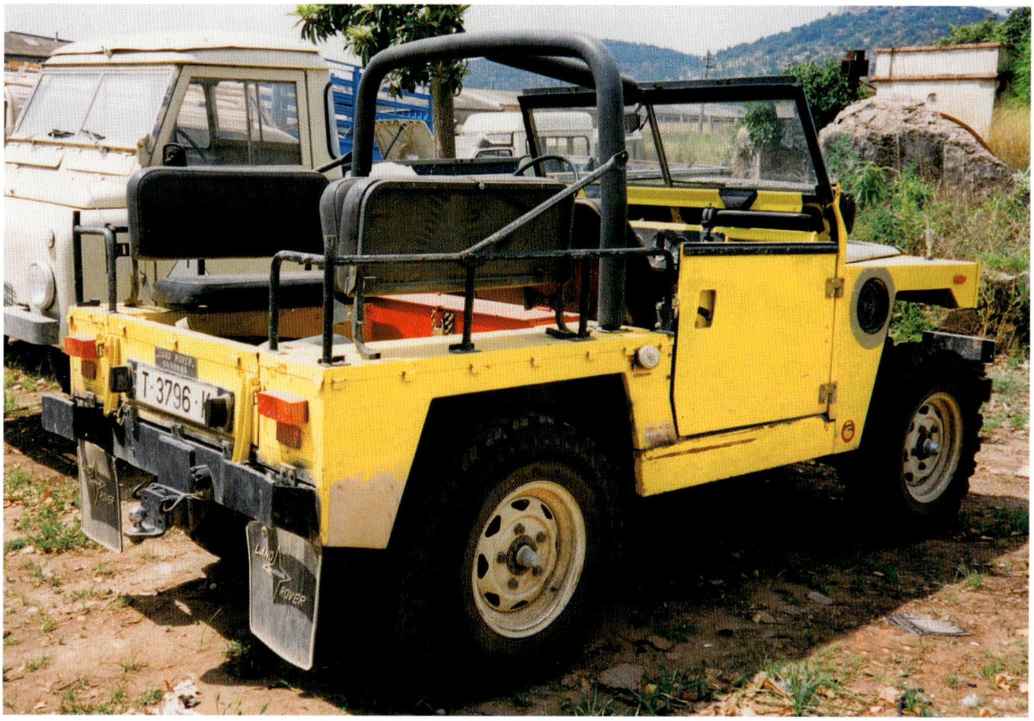

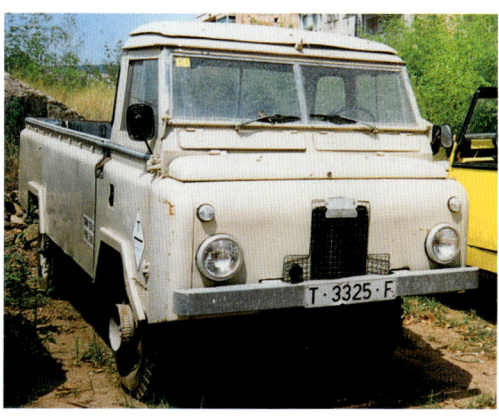

Santana Ligero ❷

1980 konnten sich auch zivile Kunden über den Militär-Santana Lightweight freuen, einen Freizeitwagen mit dem passenden Namen Ligero (leicht), der sich sehr gut verkaufte. Er war ein rein spanisches Produkt mit unpraktisch-minimalistischer Alu-Karosserie, Rechteckscheinwerfern und mächtigem Rohrrahmen; es gab ihn in Gelb, Orange oder Weiß. Rechtzeitig baute man vorn Scheibenbremsen und hinten Torsionsstäbe ein. Merkmale: L x B x H 365,5 x 199 x 157 cm, Radstand 223,5 cm, Bodenfreiheit 21 cm, Gewicht 1510 kg, Nutzlast (Personen und Gepäck) 650 kg. Die Produktion lief 1987 aus.

Santana Forward-Control 1300–3500 ❷ ❽

1967 brachte die Firma den Santana 1300 heraus, ein Pendant zum britischen Forward Control. Das auf dem LR Serie IIA 109″ basierende Auto wurde bis 1977 gebaut. 1978 präsentierte man den größeren Zweitonner Santana 2000 auf LR-Basis; ihn gab es auch mit Trambus-Kabine. Inspiriert war er vom britischen FC mit 101″-Chassis, hatte aber eine andere Radaufhängung und nur V6-Motoren (das Original hingegen einen V8). Man fertigte Chassis, Pick-ups, Pick-ups mit Viererkabinen, Muldenkipper, Viersitzer-Muldenkipper und achtsitzige, etwas unbequeme Kleinbusse. Das Design der Front- und Heckpartien war eine spanische Besonderheit. Dieses Auto hieß nicht Land Rover. Bis 1990 wurden 920 gebaut. Selbst nach Auslaufen des Vertrags mit LR fertigten die Spanier weiter Gelände-Lkws mit 6V-Motoren. Als die Produktion 1994 auslief, hießen sie Santana 2500 und Santana 3500. Alle hatten permanenten AWD, aber nach Einführung der 6V-Motoren und Verstärkung der Hinterachse bestand die Option, den FWD auszukoppeln.

Santana 1300, Spanien 1999

Santana 2.5

Nach dem Ausstieg der Briten baute MSA den LR
Serie IV, der aber nicht als LR lief. Es gab den 88″
und den 109″ mit Spiralfederung, deren reine
Zweckkarosserien etwa dem Serie IIIA entsprachen.
Die luxuriöseren Versionen verschwanden. Man behielt die 6V-Diesel bei, während die 4V-Benziner
nur im Export Verwendung fanden. Modelle: 2.5DL
und 2.5DC, für den Export 2.5GC und 2.5GL (G =
gazole = Benzin). Die Produktion des Serie IV lief
im Februar 1994 aus.

Santana M-300

M-300 ist die Abkürzung für einen nie in Serie gebauten militärischen Prototyp (M = militärisch) auf
der Basis des Santana Gran Capacidad mit 119″
Radstand und italienischem 6V-VM Diesel (105 PS).
MSA setzte große Hoffnungen auf ihn. Man erwog
eine Partnerschaft mit Nissan Motor Ibérica, doch
jene hatte ihren eigenen Geländewagen, den Patrol.
Anfang 1994 führten auch Finanzprobleme bei MSA
zur Aufgabe des Projekts.

Santana Suzuki SJ 410

Der Vertrag verpflichtete die Spanier zum Bau von
bis zu 10000 kleinen Suzuki-Geländewagen p. a.
Für Suzuki war er ein Weg, die Zollbestimmungen

zu umgehen. Die Montage des SJ 410 lief 1985 an;
ab 1986 folgte der SJ 413. Die originalen 1-l-Autos
wurden nur in Japan gefertigt. Nach der Verlagerung
der Produktion zu Santana ersetzte man den alten
Motor durch einen 4V (1324 cm^3, 63 PS), ab 1992
mit 68 PS und Vier- (SJ410) sowie ab 1987 mit
Fünfganggetriebe (für alle SJ410 und SJ413). Man
kann zwischen 4x2 und 4x4-Antrieb wählen. Der
SJ410/SJ413 hat 203 cm Radstand und die Maße (L
x B x H) 344 x 167,5 x 153 cm; Gewicht +920 kg,
Bodenfreiheit 21 cm. Lieferbar sind ein Hardtop, ein
Softtop, ein langer Pick-up, der Sport Style und die

Santana Suzuki SJ 410, Courréges

Santana Suzuki SJ 410, 1992

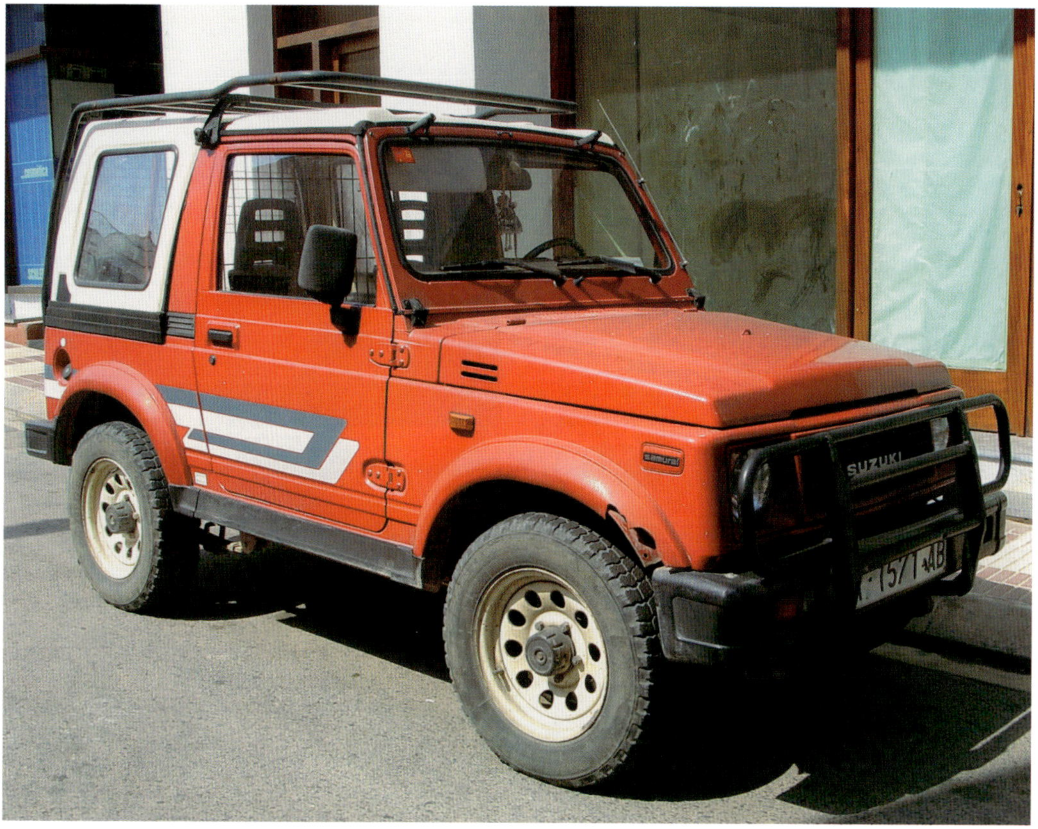

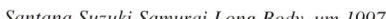

limitierten Modelle Rhino und Tobago. 1989 taufte man den SJ 413 in Samurai um.

Santana Suzuki Samurai ❷

Der Samurai kam 1989 auf den Markt (auch als Pick-up). Ein Spezialmodell für den Inlandsmarkt war 1990 der Samurai MIL. Der Samurai Long Body – eine andere interessante, 54 cm längere Variante – debütierte 1997 in Barcelona. 1999 wurde er modernisiert. Er hat einen 1,3-l-Benziner (69 PS) und kann 315–400 kg Nutzlast befördern. Es gibt auch einen 1,9-l-Diesel (64 PS). Im Angebot sind ein Dreitürer-Kombi, ein Dreitürer-Cabrio und ein Dreitürer-Hardtop. Anfang der 1990er verkaufte man in Frankreich das Spezialmodell Courréges. In Japan lief die Produktion des Samurai Ende 1997 aus.

Santana Samurai Pick-up, um 1997

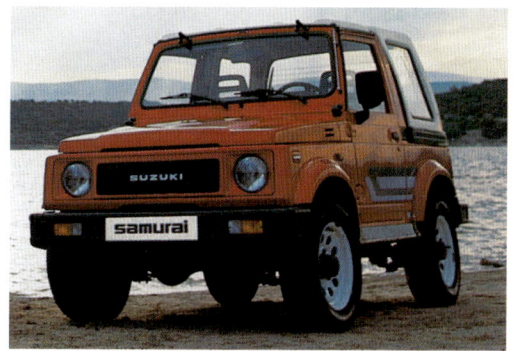

Santana Suzuki Samurai Long Body, um 1997

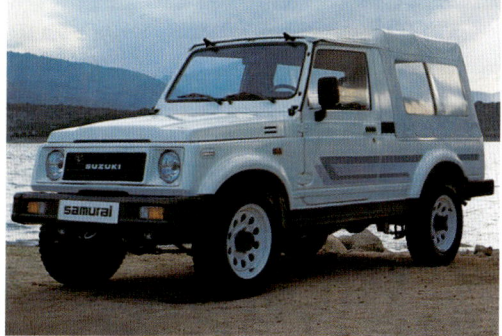

Santana Suzuki Vitara

Santana Suzuki Vitara, 1991

Der Vitara gehört zu den nach 1997 nicht in Japan gebauten Modellen. 1990 kamen ein zweitüriges Beach-Cabriolet heraus und ein Fünftürer-Kombi mit größerem Radstand. Zu den ursprünglichen japanischen 4V-Benzinern (1,6 l, 80 PS oder 1,6 l, 16V, 96 PS) kam 2001 ein moderner Peugeot-Diesel (HDI, 1,9 l, 90 PS). Die Bodenfreiheit beträgt laut Hersteller 21 cm. Spezialmodelle sind der Mustique (1992), der Rossini (1994), der SE Executive (1990), der Sport (Grundlage weiterer Verbesserungen), der Verdi (1994) und der X-EC (1993).

Santana Suzuki Jimny

1999 präsentierte man in Barcelona den Santana Suzuki Jimny Canvas Top Cabrio, ein Beachcar mit 1,3-l-Benziner (80 oder 82 PS). Die Neuheit von 2002 war ein Spezialmodell – der Suzuki Jimny Pepe Jeana.

Santana PS-10

Nach der Premiere des Prototyps (Seville 1999) kam das orthodoxe Serienmodell PS-10 eher unauffällig 2002 in Paris heraus. Die wieder erstandene Firma behauptet, die Geländewagenbauer hätten das alte Konzept aufgegeben, um in den modischen SUV-Sektor zu wechseln. Santana bietet einen echten Geländewagen für höchste Profiansprüche. Selbst Zivilfahrzeuge mussten Armeekriterien entsprechen. Von der Form her ist der Wagen vom Santana 2500 (LR Serie IV) mehr als inspiriert, doch hat er eine andere Frontpartie bzw. Heckschürzen. Die Alu-Karosserie besitzt ein „Sandwich-Dach" aus Kunst-

stoff und Fiberglas. Ein optimierter Leiterrahmen trägt den 4V-Diesel IVECO/PS10 (Common Rail, 2,8 l, 125 PS, 3600 U/min, 140 km/h), der auf ein Fünfganggetriebe (LT-85) mit Untersetzung wirkt. Der Santana hat permanenten 4x4 mit Option zum Auskoppeln der Vorderräder, dazu starre Achsen mit elliptischen Längsblattfedern und Scheibenbremsen. Wattiefe 50 cm, Steigung 45°, Seitenneigung 40°, Bodenfreiheit 21 cm, Überhangwinkel 60°/38°. Die Nutzlast beträgt 1000 kg. Grundmaße (L x B x H): 467,5 x 175 x 200 cm; Radstand 278,6 cm. Der Pariser Autosalon wurde über folgende Modelle informiert: Fünftürer-Kombi mit erhöhtem Dach mit/ohne unverglaste(r) Hecktür, Ambulanz, Feuerwehrauto, Pannendienstfahrzeug. Militärversionen: Pick-up mit max. 10 Sitzen, Softtop und Fallschirmjäger-Fahrzeug.

Santana PS-10 als Fallschirmjäger-Fahrzeug, 2002

Savio

(Italien)

Die Firma Stabilimenti Savio G. wurde 1919 von Giuseppe Savio in einem Turiner Vorort gegründet. Sie ging 1989 bankrott und erstand neu als Savio SpA Holding. 1976 demonstrierte sie in Turin die Leistungskraft des Fiat Campagnola. Der Savio Albarella (Turin 1968) war auch ein vom Fiat 500 F inspiriertes Beachcar (4x2). Der Savio 127 Albarella (2x4) wurde 1971 in Turin gezeigt. Ähnlich waren der Panda 30/45 und der Uno. Heute baut Savio Ambulanzen, Postwagen, Werttransporter und leichte Panzerwagen für Polizei und Armee. Sie werden in Italien, Griechenland und Tunesien angeboten.

Savio Jungla ❹

Der Jungla debütierte 1965 in Turin, ging jedoch erst 1966 in Serie. Er wurde bei Fiat entwickelt, aber bei Savio gebaut. Der 4V-Heckmotor Fiat 600D (767 cm³, 32 PS, SAE, 95 km/h) trieb die Hinterräder an. Alle Räder hatten Einzelaufhängung. Der Jungla mit

Savio Savana, 1966

135 cm Radstand war 321 cm lang, 200 cm breit und 142 cm hoch; Bodenfreiheit 21,5 cm, Eigengewicht 600 kg Nutzlast 380 kg, Steigung 30 %, Seitenneigung 35°. Der 600 wurde rechtzeitig vom spanischen Seat 600E abgelöst. Der Ausstoß der ersten 6 Jahre betrug ca. 2000 Stück; bis 1974 waren es insgesamt 3200. Am gleichen Band baute man in kleiner Anzahl den bulligeren Savio Savana (Turin 1966) mit der Mechanik des Fiat 124. 1974 debütierte in Turin der Jungla 126 (594 cm³, 23 PS, 105 km/h). Die Produktion lief ein Jahr später aus. Der Wagen war bis Mitte der 1970er-Jahre im Angebot.

Savio Jungla 600, 1992

Savio Albarella

Sbarro

(Schweiz)

Franco Sbarro war Rennfahrer, Ingenieur, Fabrikant und Autohändler. In den 1990ern gründete er eine Autodesignschule, die er immer noch leitet. 1986 präsentierte er in Genf den Prototyp eines Super-Buggys mit Boeingreifen auf Basis des Mercedes G, den Monster „G" (4x4). 1990 brachte er den viersitzigen Beach-Prototyp Evasion BX 4x4 mit Kunststoffeinzelkabine heraus, der 900 kg wog. Er nahm das Fahrgestell vom Citroën BX, behielt aber den 1,9-l-Motor (109 PS, 6000 U/min) bei. Das Auto hatte Fünfganggetriebe, ein Zwischenachsdifferential, hinten ein Torsen-Differential und Scheibenbremsen. In Genf debütierte 2003 der Citroën 4x4, der an exotischen 4x4-Autos Interessierte begeisterte.

Sbarro Windhound ❷

1978 überraschte Paris alle Welt mit diesem großen dreitürigen Luxus-Geländekombi. Er kann alle Motoren vom 4V bis zum V12 aufnehmen – ganz nach Kundenwunsch. Das gezeigte Auto hatte einen BMW 3,0 CSI, aber als Sbarro es 1978–1985 in Serie baute, entschieden sich die Käufer für Mercedes- und Jeep-Motoren. Ab 1979 gab es auch einen Viertürer. Beim Getriebe konnte man zwischen Vier- oder Fünfgang-Handschaltung bzw. -Automatik wählen. Standard waren Gelände-Untersetzung und 4x2- oder 4x4-Antrieb. Die Räder hatten Einzelaufhängung (Spiralfedern und Quertorsionsstabilisatoren). Hydraulik sorgte für 25–42 cm Bodenfreiheit. Höchstgeschwindigkeit 180–200 km/h, Radstand 270 cm, Breite 170 cm, Höhe 180 cm.

Sbarro Evasion BX 4x4, 1990

Das Innere des Sbarro Windhound 4x4

Sbarro Windhawk ❷

1980 erlebte Genf eine neue Phase des Windhound –
nun mit drei Antriebsachsen. (1981 sandte die Firma
eine Alternativversion mit RWD nach Genf). Das
Auto saß auf dem Chassis des Mercedes G. Den Motor übernahm man von der 450er Limousine, doch
ließ sich jeder andere einbauen. Der Windhawk hatte Fünfgang-Handschaltung mit 2 Untersetzungen
und Sperren an den 3 Differentialen. Der Fünftürer-
Kombi wog 2000–2500 kg und hatte einen Radstand
von 285 cm (zwischen den Hinterachsen 70 cm);
Breite 170 cm, Höhe 180 cm hoch; Bodenfreiheit 27
cm, Höchstgeschwindigkeit 180 km/h. Die Produktion ließ sich an den Fingern einer Hand abzählen.

Sbarro Windhound 4x4

SCAM

SCAM
VEICOLI INDUSTRIALI

(Italien)

1995 begann in Gavirate bei Varese die Entwicklung eines leichten Extrem-Gelände-Lkws. Der SCAM-Prototyp wurde 1998 auf der SAIE in Bologna vorgestellt. 1998 fusionierte die Firma mit dem Produzenten der leichten Gasolone-Universal-Lkws. Seit 2000 baut sie die Serien SM (für leichteres Gelände) und SMT (für ausgesprochen schweres Gelände). Pro Jahr entstehen ca. 200 Stück, meist mit Spezialaufbauten. Einige gingen an die Armeen Spaniens und Polens. Der SCAM ist mit dem ebenfalls von Ing. Brenna entworfenen Bremach mechanisch baugleich, aber moderner. Er zeichnet sich v. a. durch Rahmen und AWD aus (der Bremach hat auskoppelbaren FWD). Er hat permanenten 4x4-Antrieb und an den starren Achsen Blattfedern nebst Stabilisator, hinten eine Differentialsperre, ein Zwischenachsdifferential und doppelte Sechsgang-Untersetzung. Sie wird bei Leerlauf aktiviert; auf Wunsch gibt es auch vorn eine Differentialsperre. Die modifizierte Kabine stammt von Fiat. Das Auto (Radstand 285/320 cm) hat als Motor einen TD Iveco (2,8 l, 125 PS).

SCAM in Afrika, 2002

Scoiattolo

(Italien)

Die Firma La Nuova Carrozzeria aus Arco war auf Gelände- und Freizeitwagen spezialisiert. 1971 wurde sie Teil der Carrozzeria Arrigo Perini (AP). Später liefen ihre Autos unter dem Namen Scoiattolo.

Scoiattolo ❹

Ein Prototyp des Scoiattolo („Eichhörnchen", 4x2) entstand 1966, ging aber erst 1969 in Serie. Für 4 Mann dürfte die türlose Karosserie zu eng gewesen sein. Im Heck brummte ein 2V-Motor (499,5 cm³, 22 PS, 4600 U/min, SAE, 80 km/h) des Fiat 500 mit Vierganggetriebe. Alle Räder hatten Einzelaufhängung. Merkmale: Radstand 129 cm, Länge 285 cm, Breite 184 cm, Bodenfreiheit 23 cm, Eigengewicht 520 kg, Nutzlast 330 kg. Den Typ gab es bis 1973. 1975 wurde er vom Scoiattolo II mit der Mechanik des Fiat 126 abgelöst (594 cm³, 23 PS, 4700 U/min, 80 km/h). Radstand nun 186 cm, Länge 298 cm, Breite 137 cm, Höhe 156 cm; Bodenfreiheit 14 cm, Eigengewicht 660 kg.

AP Scoiattolo, 1971

Super Scoiattolo ❷ ❹

Der Super Scoiattolo (4x4) glich mechanisch dem Seat 600. Er hatte eine viertürige Karosserie mit zwei Notausgängen und einem Verdeck auf Stahlröhren. Ein 4V Fiat 600 D (767 cm³, 32 PS, 4800 U/min, SAE, 90 km/h) wirkte über ein Vierganggetriebe auf alle (einzeln aufgehängten) Räder. Merkmale: Radstand 130 cm, Länge 295 cm, Breite 200 cm, Bodenfreiheit 22 cm, Eigengewicht 620 kg, Nutzlast 300 kg; Steigung 100 %, Seitenneigung 40°, Wattiefe 30 cm.

Scoiattolo, 1981

Sinpar R4 als Militärfahrzeug

Sinpar R4 Plain Air

Sinpar

(Frankreich)

Der Sinpar vertritt in Frankreich seit den 1960ern die 4x4-Mechanik von Renault und Saviem. Änderungen erfolgten ohne offizielle Zustimmung von Renault. Die Autos wurden von ausgewählten Vertragshändlern angeboten. Die Firma Appareils Sinpar ist in Colombes zu Hause. Neben dem 4x4-Antrieb bot sie auch eigene 4x4-Karosserien an (meist Capriolets oder Beachcars). Neben Autos produziert man auch leichte Nutzfahrzeuge. 1968 bereitete die Firma den Torpedo S vor, einen Geländewagen mit Karosserie von Brissonneau & Lotz, der aber in Frankreich nicht in Serie ging; das geschah bei einem Renault-Ableger auf den Philippinen.

Renault 4 4x4 und 6 4x4 ❶ ❹

Der Renault 4 4x4 Sinpar (1964–1983) hatte eine Straßenwagen-Karosserie. Es gab ihn auch als verglasten Lieferwagen. Anders als die „08/15-Population" mit 2x4 trugen die Autos ein 4x4-Signet auf dem Kühler. Sinpar fügte RWD hinzu. Um ihn zu aktivieren, musste man anhalten oder mit höchstens 1 km/h fahren. Platzgründe erzwangen den Umbau des Tanks und anderer Chassis-Komponenten. Die Räder behielten ihre Einzelaufhängung. Neben eleganten Werkskarosserien wie dem offenen Plain Air mit Trapez-Türöffnungen sind die bekanntesten Modelle der Plain Air, der Pick Up, der Torpedo, der Ambulance und ein leichtes Armeeauto. Anfang der 1960er nahmen die R4 4x4 Sinpar an mehreren Autorennen in Frankreich und Nordafrika teil. Ein ähnliches Prinzip kam beim Bau und Vertrieb des größeren Renault 6 4x4 Sinpar „Berline" (Fließheck) oder dem Lieferwagen „Fourgonnette" zum Tragen.

Sinpar R4 4x4 Fourgonnette

Renault Sinpar NBS 12 ❹

In den frühen 1970ern vertrieben Sinpar und Renault den Renault NBS 12 gemeinsam. NBS sind die Anfangsbuchstaben der Worte neige-boue-sable („Schnee-Schlamm-Sand"). Das Auto bekam eine neue starre Achse, und der ursprüngliche FWD wich permanentem 4x4. Gegen Aufpreis gab es u. a. eine dickere Kupplung und statt der Gelände-Untersetzung einen ersten „Supergang" für extrem langsame Fahrt. Kraft spendete ein 4V-Standard-Benziner (1289 cm³, 60 PS, 5250 U/min, SAE). Auf Wunsch gab es statt des 50-l-Tanks einen mit 90 l. Lieferbar waren die gleichen Karosserien wie beim R 12: ein Fünfsitzer-Kombi und ein Zweisitzer-Lieferwagen. Merkmale: Eigengewicht 995 kg, Nutzlast (Fahrgäste samt Gepäck) 1180 kg; Länge 440 cm, Radstand 179 cm.

Nutzfahrzeuge Sinpar Renault/Saviem ❽ ❾

Ein nützlicher Helfer im Stadtverkehr war der kleine Sinpar Castor mit 190 oder 220 cm Radstand. Das Auto war 359 (416,5) cm lang, 172 cm breit und 228 cm hoch. Als Antrieb diente ein Dieselmotor (75 PS), welcher der Länge nach unter dem Fahrersitz der Trambus-Kabine saß. Das Getriebe befand sich unter seinem hinteren Teil und wirkte auf alle vier Räder. Die Fahrerkabine gab es als Soft- und Hardtop (Torpedo). Der Castro wurde als Träger aller möglichen Ausrüstungen eingesetzt. Es gab u. a. den Super Goelette mit 800 kg und den Super Galion mit 1500 kg Nutzlast. Beide hatten eine Trambus-Kabine, permanenten AWD und 40 % Steigfähigkeit. Es gab sie mit Benzin- oder Dieselmotor, mit 1 oder 2 Sitzreihen in der Kabine oder mit Torpedo-Kabine. Sinpar bot ein 4x4-Chassis mit der Kabine Mini Camion an, den MC 2 und MC 4 mit 2 bzw. 4 t Ladekapazität. Viele dieser Autos gingen an die Armee.

Sinpar Super Goelette

Sovamag

(Frankreich)

Cellule Ambulance, 2000

Sovamag ist gleichsam ein Synonym für schwere Militärautos der Firma Auverland, die heute zur Groupe Servanin gehört. Sie baute hauptsächlich Gelände- und Spezialfahrzeuge, deren Nutzlast 500–2500 kg betrug. Im Angebot sind drei Modellserien für Streitkräfte, Rettungsdienste und Feuerwehren.

Auverland „Militaire"

Diese leichteste Serie läuft noch unter der Marke Auverland. Zu ihr gehören mehrere Typen, u. a. halbzivile Wagen und reine Sondervarianten mit Bauteilen und Chassis der Modelle Auverland A3, A3 SL und A4.

Sovamag TC 8/10

Im Mittelpunkt des Angebots steht die Serie TC 10. Sie löste den TC 8 A (September 1988) ab und wurde im Januar 1991 modernisiert. Sie besaß einen Peugeot-Diesel (2498 cm³, 71 PS, 4500 U/min, 130 km/h) und folgende Merkmale: Radstand 276,9 cm, Länge 415 cm, Gewicht 1690 kg. Die Stahlkarosserie hatte 3 Türen, 8 Sitze und ein Leinwanddach. Der TC 8/10 ist nah mit dem A3 verwandt. Der Leiterrahmen wird durch Querröhren verstärkt. Die starren Achsen haben halbelliptische Längsblattfedern. Die Karosserie ist aus einer Stahlplatte geschweißt. Unter der kubischen Haube sitzt ein SOFIM-TD (4V, 2800 cm³, max. 92 PS, 3600 U/min). Es gibt ein SOFIM-Fünfganggetriebe mit Overland-Zweigang-

Untersetzung, die das Auskoppeln des FWD ermöglicht. Das hintere Differential besitzt eine Sperre. Zu den 12 Versionen der Serie gehören: ein Chassis mit Zweierkabine, der Zweitürer Pick-up, der Baché-Pritschenwagen mit Klappverdeck, mehrere Varianten eines Kleinbusses (u. a. der gepanzerte Blindé SL), das Löschfahrzeug Pompier und andere Tankwagen sowie der Ambulance für 2–4 Verletzte. Die Autos können 60 cm tief waten; Steigung 45°, Seitenneigung 40°, Überhangwinkel 53°/44°. Das Werk baut sie mit 2 Radständen: kurz (Court, 277 cm) und lang (SL, „Super Long", 445–490 cm; Modelle TC 10 DT/TC 10 DT SL); Breite 212 cm, Höhe 165,4 cm, Bodenfreiheit 24/27 cm, Gewicht (gleiche Versionen = Chassis mit Kabine) 1870/1940 kg, Nutzlast 1130/1560 kg.

Sovamag TC 24

Was zum Design des TC 10 gesagt wurde, gilt weitestgehend auch für den TC 24. Sein Motor hat 122 PS (3600 U/min, 110 km/h) und ein Hilfsgetriebe (nicht vom Auverland-Typ). Die halbelliptischen

Sovamag TC 24 Pompier (Feuerwehrversion) 2000

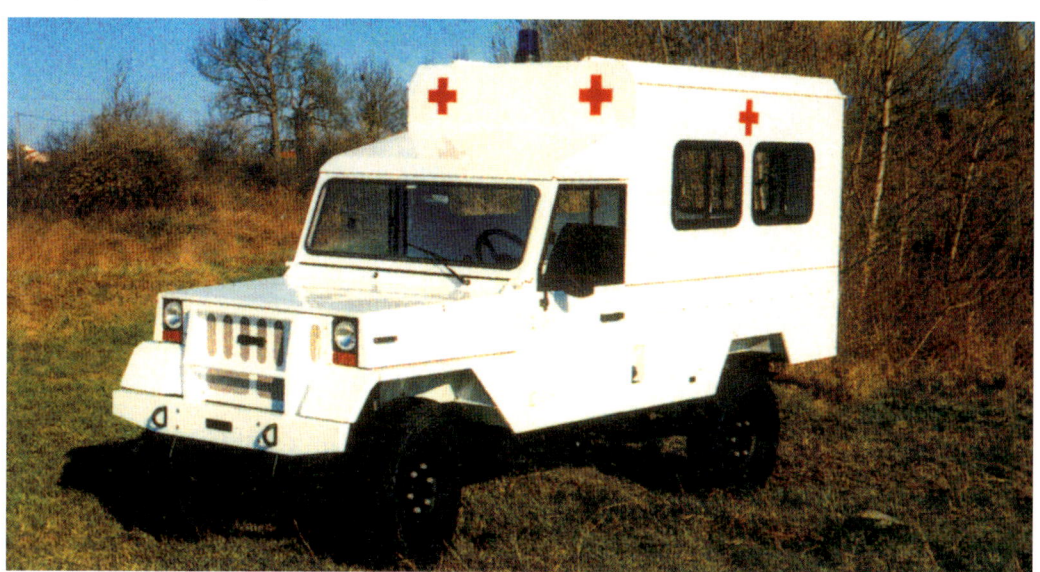

Federn unterstützt ein Luftdrucksystem, und hinten gibt es eine Differentialsperre. Wattiefe 90 cm, Steigung 45°, Seitenneigung 35°. Überhangwinkel 65°/45°. Den TC 24 gibt es serienmäßig mit 2 Radständen: als kurzen Court (360 cm) und als langen SL (Super Long, 440 cm). Chassislänge (Modelle TC 24/TC 24 SL) 515/615 cm, Höhe 227/235 cm, Breite 197,4 cm, Bodenfreiheit 28 cm; Gewicht dieser Version (Chassis mit Kabine) 2430/2500 kg, Nutzlast 2570/2500 kg. Es gibt mehr als 12 Karosserietypen, u. a. Lkws für 3 Fahrgäste in der Kabine und 14/24 auf der Plattform zum Transport von Soldaten; diese Wagen existieren auch in einer gepanzerten Variante und mit/ohne Anhänger. Weitere Modelle: Chassis mit Kabine, diverse Pritschen-Lkws, gepanzerte Minivans, Panzer- und Tankwagen.

Sovamag TC 24 Baché als Lkw mit Leinenverdeck

SsangYong Istana, 1995

SsangYong

(Südkorea)

Die Anfänge der Firma reichen bis 1939 zurück: Es fusionierten Textilfabrikanten und andere Betriebe. 1954 wurde die SsangYong Corp. gegründet (und angeblich auch ihre Sparte SsangYong Motor Company [SYMC]); das trifft aber nicht zu: damals entstand nämlich die Firma Ha Dong-Hwan, die Geländewagen, Lkws und Busse baute. Sie wurde 1977 in Dong A Motor Company umbenannt und 1986 von der SsangYong Business Group geschluckt, die ab 1988 SYMC hieß und sich Panther (GB) einverleibte. 1991 erwarb man eine Lizenz zum Bau leichter Mercedes-Nutzfahrzeuge und -Pkws (inkl. Motoren und Getriebe). Im Gegenzug erhielt Mercedes 5 % an SYMC. (Mercedes-Nutzfahrzeuge werden seit 1994 gebaut, Pkws seit 1996). Die Werke liegen

in Songtan und Pupyong, zwei Vororten von Seoul. Mitte der 1990er wurde nach 4 Jahren Vorbereitung der 4x2-Kleinbus bzw. Minivan Istana (Palast) nach Europa exportiert, doch verkaufte er sich schlecht. 1998 wurde SsangYong Teil von Daewoo. Man baute die Autos unter dem alten Namen und als Daewoos. SsangYong-Geländewagen wurden in Indonesien, Malaysia und (1998–2000) auch in Polen montiert. 2001 traf die Firma zahlreiche drakonische Sparmaßnahmen – so konnte man das Verkaufsziel von 120 000 Wagen erreichen, und die Umsätze steigen weiter an.

SsangYong Korando 4x4 ❷

SsangYong übernahm auch den Jeepproduzenten Dong A (genauer gesagt Keohwa). Im August 1988 wurden die Autos aufgemöbelt. Das erklärt den Namen Korando 4x4, eine Einwort-Verballhornung

SsangYong Korando 4x4, 1994

SsangYong Korando, 1998

von „Koreaner können es!" Die Wagen wurden in mehr als 30 Länder exportier, u. a. ab den frühen 1990ern nach Europa. Der Dreitürer-Kombi war dabei nicht so beliebt wie das Zweitürer-Cabrio (oder ein Softtop). Das Auto fasste 4, 6 oder 9 Personen. 1996 kam in Italien der Korando Adventures mit vielen Camping-Accessoires heraus. Die starren Achsen hatten Blattfedern und Teleskop-Stoßdämpfer. Auf dem Leiterrahmen saß vorn ein 4V-Diesel von Daewoo mit Wirbelkammern (2238 cm³, 68 PS, 4000 U/min, 125 km/h). Dazu gab es Fünfganggetriebe, Freilauf an den Radnaben, Untersetzung und die Option zum Auskoppeln des FWD. Steigung 45°, Seitenneigung 38°, Überhangwinkel 45°/30°. Radstand 239 cm (K-4 und K-6) bzw. 289,5 cm (K-9), Länge 386/468 cm, Breite 170 cm, Höhe 185 cm, Eigengewicht 1590/1550 kg, Nutzlast 460 kg. Die Produktion lief 1998 aus.

SsangYong KJ/MJ ❷

Ab 1995 wurde das Programm durch Lizenzkomponenten von Mercedes-Benz verjüngt. Ende der 1990er erhielten Exportautos die Bezeichnung SsangYong KJ (für den späteren Dreitürer Korando) und MJ (für den Fünftürer Musso mit längerem Radstand). Die Namen der jüngeren Modelle tragen seit 1998 auch die Codebuchstaben KJ/MJ.

SsangYong Korando/KJ – 2. Generation ❷

Auf der Londoner Autoshow debütierte 1995 der Prototyp einer komfortableren Korando-Generation, dem ein Jahr später ein Serienmodell folgte. Ab 1998 wurde es auch als Daewoo verkauft. Am Urkonzept

des dreitürigen Hard-/Softtops änderte sich nichts, doch die Karosserie wich vom Jeep ab; es gab auch eine nüchterne Militärversion. Der Prototyp führte den 4V-Diesel Mercedes E 602 (2874 cm³, 95 PS, 4000 U/min), die Serienversion außerdem den Benziner E 20 (1998 cm³, 150 PS, 4000 U/min, 16V, 170 km/h), den E 661/601 D (2299 cm³ 80 PS, 4000 U/min, 16V, 150 km/h), den E 662 L/EL D (2874 cm³, 100 PS, 4100 U/min, 160 km/h), den Benziner E 23 (2295 cm³, 160 PS, 3800 U/min, 180 km/h) und den E 32 (3198 cm³, 210 PS, 4000 U/min, 24V, 210 km/h). Der Korando hat AWD oder RWD und entweder Fünfgang-Handschaltung oder Viergang-Automatik (Daimler-Benz); auf Wunsch gibt es Zweigang-Untersetzung, ein Sperrdifferential (hinten) und ein ABD. Die Vorderachse besitzt Einzelradaufhängung mit Torsionsstäben nebst Stabilisator, die starre Hinterachse Blattfederung nebst Panhardstab. Gegen Aufpreis gibt es Scheibenbremsen, ABS und ABD. Merkmale: Radstand 248 cm, Länge 425

SsangYong Korando Family, Paris–Dakar 1994

cm, Breite 185,5 cm, Höhe 184 cm, Bodenfreiheit 19,5 cm, Steigung 40,3 °, Seitenneigung 44°, Überhangwinkel 28,5/°35°, Wattiefe 50 cm. Das Auto siegte 1999 bei der Pampas Rallye (Argentinien) und bei der Baja Rallye (Mexiko). 2000 kam eine Version mit offenem Heck heraus.

SsangYong Korando Family ❷

Der Korando Family war ein komfortabler Fünftürer-Kombi mit üppiger Ausstattung. Anfang der 1990er gingen einige nach Europa (z. B. nach Frankreich). Der Wagen ist eine überholte Version des älteren Generation des Isuzu Trooper. Er kam im März 1990 heraus. Von diesem Dreisitzer gab es die Modelle R und RS. Am Leiterrahmen hatten die Vorderräder Einzelaufhängung mit Torsionsstäben nebst Stabilisator, die starre Hinterachse Blattfedern nebst Panhardstab. Der Motor – ein 2,2-l-Diesel – entsprach dem des Korando 4x4 (70 PS, 4000 U/min); alternativ hatten manche den Peugeot-D XD (2498 cm³, 79 PS, 4500 U/min). Es gab Fünfganggetriebe, Untersetzung und wahlweise 4x4 oder 4x2-Antrieb. Radstand 264 cm, Länge 451 cm, Breite 168 cm, Höhe 177 cm, Bodenfreiheit 20 cm, Eigengewicht 1680 kg, Nutzlast 560 kg; Steigung 38°, Seitenneigung 38°, Überhangwinkel 38°/28°. Der Family belegte 1994 in Dakar Platz 8. Neben den Modellen R (Basic) und RS (Sport) gab es später den RV (Luxus, Diesel), den RX 2.6i (Sport-Luxus, Benziner) und den Nutzwagen VAN. Neben dem alten 2,2-l-Motor (R und RS; heute 68 PS, 4300 U/min) führt der RX 2.6i auch einen 4V-Benziner von Isuzu (2559 cm³,

SsangYong Korando Family, 1994

120 PS, 5000 U/min) und der RV den 4V-D XD3P (2498 cm³, 79 PS, 4500 U/min) von Peugeot. Die Hinterradaufhängung ist nun fünfteilig (u. a. Stabilisator und Spiralfedern). Steigung 42,5°, Seitenneigung 38,9°. Ab 1995 gab es die „Generation" Family II (New Family), die vom Vorgänger nur in Details abwich – außer beim lizenzierten 4V von Mercedes (2299 cm³, 154 PS, 4000 U/min). Das Auto war bei gleichem Radstand 452 cm lang, 175 cm breit und 186,5 cm hoch; Bodenfreiheit 20 cm, Eigengewicht 1805 kg. Es fasste 7–9 Personen. Die Produktion lief um 1998 aus.

SsangYong Musso ❷

Das Luxusmodell Musso will durchaus mit dem Rover konkurrieren; es ersetzt den Family, von dem es abgeleitet ist. Die Mechanik teilt es mit dem Korando. Musso ist das koreanische Wort für Nashorn. In Korea kam das Auto im August 1993 heraus, in

SsangYong Musso, 1998

Europa 1994 auf der NEC, wo es einen Designpreis gewann. Seit 1998 trägt es auch das Markenzeichen Daewoo. Sein Designer Ken Greenley arbeitete für Aston Martin und Rolls-Royce. Es gibt die Varianten Basic, SE und GSE. Die Motoren entsprechen denen des Korando: ein E 32/EX 32 (3,2 l, 220 PS), ein E 23/EX 23 – (2,3 l, 140 PS), ein TD 602 EL (2874 cm³, 120 PS, 4000 U/min, 156 km/h), ein D 602 EL (2,9 l, 98 PS) und ein D 601 (2,3 l, 77 PS, 3800 U/min, 135 km/h). Das Auto hat Fünfganggetriebe, und die Benziner lassen sich mit Viergang-Automatik (Daimler-Benz) koppeln. Der Musso besitzt permanenten AWD nebst Untersetzung. 2001 erhielt er ein Facelifting. Es gab Varianten mit 2-l-Benziner (129 PS, 5500 U/min, 16V, 155 km/h), TD 602 (2874 cm³, 120 PS, 4000 U/min) und 5V-TD 601 (2299 cm³, 101 PS, 4000 U/min); man führte auch neue Getriebe ein: 5 Gänge (Borg Warner oder TRE-MEC), Viergang-Automatik (BTRA) und eine Option auf den 4x2-Modus. Das Chassis blieb wie beim

SsangYong Musso, 1998

Korando, jedoch mit elektronisch einstellbaren ECS-Stoßdämpfern. Die STICS-Optimierung des Chassis wirkt mit dem ABS zusammen. Radstand 263 cm, Länge 464 cm, Breite 185 cm, Höhe 185 cm, Bodenfreiheit 19 cm, Eigengewicht +1930 kg, Nutzlast 585 kg; Steigung 90 %, Seitenneigung 44°, Überhangwinkel 34°/2/°, Wattiefe 50 cm. Der Musso kam 1994 bei der Pharao's Rallye in der Kategorie 4x4 auf Platz 2; 1995/96 war er in Dakar unter den ersten Zehn.

SsangYong Rexton ❸

Rexton ist ein Kunstbegriff aus lateinisch „rex" (König) und englisch „ton" (Tonne). Das Luxus-SUV – das erste aus Korea – kam im Januar 1998 als Prototyp Y200 heraus; im Frühjahr 2002 folgte ein Serienmodell. Die Hälfte der 20000 (2001) bzw. 70000 Autos (2002) ging nach Europa. Die Karosserie des Fünftürer-Kombis ist aus Stahlblechen geschweißt. Wärmedämmung, Heizung und Klimaanlage sorgen für bequemes Fahren – selbst bei Außentemperaturen von unter –40°C oder über 50°C. Das verstärkte, versteifte Chassis stammt vom Musso. Für die bessere Kommunikation zwischen Antrieb und Chassis sorgt das digitale CAN-BUS-System. In Europa gibt es folgende 4x4-Modelle: E32 (Benziner, 3199 cm³, 220 PS, 6500 U/min); 602TD (2874 cm³ 120 PS, 4000 U/min) und E23 (Benziner, 2295 cm³, 150 PS, 6200 U/min). Der Typ hat Fünfgang-Handschaltung oder Viergang-Automatik (BTRA) mit optionalen Antriebsmodi wie „Power" (Gelände), „Normal" und „Winter". Radstand 282 cm, Länge 472 cm, Breite 187 cm, Höhe 176 cm, Bodenfreiheit 19,5 cm, Eigengewicht +1862 kg.

Steyr-Daimler-Puch

(Österreich)

1899 begann Johann Puch im steirischen Graz mit dem Bau von Fahrrädern; später kamen Motorräder und schließlich Autos hinzu. Vor dem Krieg arbeitete man mit Hans Ledwinka zusammen, der für die mährische Autofirma Tatra das geniale Konzept des Zentralrohrrahmens entwickelt hatte. Bekannt wurde Steyr-Puch durch die Produktion von Lkws, Waffen und Fiat-Autos (in Lizenz). Heute gehören die Firmen Steyr-Daimler-Puch, Magna Steyr und Eurostar zu DaimlerChrysler. Jede Firma hat eine andere Aufgabe: Eurostar produziert europäische Versionen des MPV Chrysler Voyager und des PT Cruiser. Magna Steyr liefert v. a. 4x4-Fahrzeuge, die die Firma für sich selbst und für fremde Firmen entwickelt: den Alfa Romeo 164Q4/33 S 16 Permanent 4/155 Q4, den Audi A3/S3/TT Quattro/TTS/V8L, den Fiat Panda 4x4/Ducato 4x4/Citroën C25 4x4/Tempra 4x4, den Ford Galaxy 4x4, den Lancia Y10 4WD/Dedra und Delta Integrale, den Renault Scenic RX4, den Jeep Grand Cherokee, den Mercedes G/M/ML/E 4Matic, den Opel Vectra und Calibra 4x4, den Seat Leon 4x4, den Skoda Octavia 4x4, den VW Golf Country/Golf/Bora 4motion sowie den Sharan 4x4/Van T3/T4. Ihre Erfahrungen beim Bau von Geländewagen halfen der Firma, eigene Modelle zu entwickeln, u. a. den von Porsche gebauten Steyr

Steyr Pinzgauer mit TD-Motor

270 1500/A. Davon gingen 1941–1944 12 500 Stück an die Wehrmacht; weitere übernahm Auto Union. Das Achtsitzer-Cabrio und der 1,5-Tonner hatten 4x4-Antrieb, luftgekühlte V8-Benziner (OHV, 3517 cm³, 85 PS, 3000 U/min), Vierganggetriebe nebst Zweigang-Hilfsuntersetzung (mit auskoppelbarem FWD) und hinten eine Differentialsperre. Die Vorderachse besaß Einzelradaufhängung (Torsionsstäbe), die starre hintere Blattfederung. Die Wehrmacht übernahm 1200 Stück des offenen Fünfsitzers Steyr 250 (4x2) mit Boxermotor (1158 cm³, 25 PS), Vierganggetriebe und Untersetzungen.

Steyr Haflinger ❷

1959 startete der nach einer kräftigen alpinen Pferderasse benannte Geländewagen Haflinger 700 AP. Er war von Ledwinkas Originalentwurf abgeleitet. Das offene 4x4-Auto diente als Transporter (4 Soldaten), Ambulanz, Waffenträger oder Zivil-Pick-up mit Fiberglaskabine. Kraft spendete ein luftgekühlter 2-V Boxermotor (OHV, 643 cm³, 24 PS, 4500 U/min; ab 1967 27 PS). Es gab Vier- bzw. ab 1966 Fünfganggetriebe mit Schongang. Der FWD war auskoppelbar. Die Radnaben wirkten als Untersetzung. Die Räder waren einzeln an Gelenk-Halbachsen mit Spiralfedern aufgehängt. Merkmale: Radstand 150 cm (ab 1962 auch 180 cm). Länge 283 cm, Breite 135 cm, Höhe 136–174 cm, Bodenfreiheit 24 cm; Eigengewicht 650 kg, Nutzlast 500 kg, Steigung 100 %. Nach 16 Jahren lief die Produktion 1974 aus; es wurden 16 647 Stück gebaut.

Steyr Pinzgauer ❷ ❾

Der Pinzgauer kam 1971 als Nachfolger des Haflinger heraus (ab 1967 gab es schon 10 Prototypen). Das Auto war größer und konnte schwerere Lasten ziehen. Es war als reines Nutzfahrzeug vollkommen auf die Bedürfnisse des Militärs zugeschnitten.

Steyr Pinzgauer, 1997

Seinen Namen verdankt es einer kräftigen Pferderasse aus den Alpen. Es ist rund um einen Ledwinka-Zentralröhrenrahmen mit Gelenk-Halbachsen und Spiralfederung gebaut. Die 6x6-Modelle haben hinten Blattfedern. Die 4x4 und 6x6 besitzen AWD mit auskoppelbarem FWD. Alle Achsen verfügen über Differentiale mit 100 %-Sperren. 1985 debütierte auf der IAA eine TD-Version, die seit 1986 gebaut wird. Der originale 4V-Benziner hatte 2,5 l. Der 6V-TD (2383 cm³, 105 PS, 4250 U/min, 122 km/h) stammte von VW. Es gibt Fünfgang-Handschaltung oder Viergang-Automatik, dazu Untersetzung und bei 4x4 ein System, das für gleich bleibende Bodenfreiheit sorgt. Neben dem Chassis für Spezialaufbauten fertigte man Softtops, 3- und 5-türige Kombis, Ambulanzen, Feuerwehrautos und Rettungswagen. Die Autos fassen 2–14 Personen. Merkmale: Radstand: 240 cm (4x4)/220 bzw. +98 cm (6x6), Länge 448/526 cm, Breite 180 cm, Höhe 204,5 cm, Bodenfreiheit 33,5 cm. Leergewicht +2000/+2500 kg, Nutzlast 1500/2000 kg, Tankvolumen 145 l, Wattiefe 70 cm, Steigung 100 %, Seitenneigung 36°, Überhangwinkel 40°/45°. 1991 gab es einen Auftrag vom britischen Militär; daraufhin lieferte man ca. 400 Autos, die in Großbritannien montiert wurden. S-T-P rüstete die Armeen von 24 Ländern mit Pinzgauern aus. Die Soldaten können Modelle mit 1,5 m Wattiefe oder den gepanzerten Protector wählen.

Chassis des Steyr-Puch G, 1993

Steyr-Puch G Fire Engine – langer Dreitürer-Kombi, 1993

Puch G/Mercedes-Benz G

Aufgrund eines Vertrages von 1973 halfen die Österreicher Mercedes beim Bau von Mercedes-Geländewagen, die sie jetzt auch selbst bauen. Die Serienversion kam Ende 1978 heraus. „Zivil" sind ein kurzes Cabrio mit Hardtop-Fahrerkabine, ein Drei- bzw. langer Fünftürerkombi, ein kurzer/langer Van, ein verglaster Van, ein Pick-up mit langer Kabine, eine Ambulanz und ein Feuerlöschfahrzeug. 1992 rollte der millionste Wagen vom Band; einige exportierte man als CKDs. In 7 Ländern der Erde heißen sie

Mercedes, in 5 anderen Puch; die Franzosen montierten sie (mit Peugeot-Motoren und -Getrieben) als Peugeot P4. Bis 1996 übernahm die Schweizer Armee 5300, die Bundeswehr bis 1992 12000 und das niederländische Militär gleichzeitig 3200 Stück. Den Serien G 460/G 461 folgten die modernisierten 463er-Generationen. Steigung 80 %, Seitenneigung 54°, Überhangwinkel 34°/29°.

Die Firma entwickelte und baut in Partnerschaft mit VW den (v. a. militärischen) Geländewagen Steyr Noriker (Basis: VW LT) mit 1500–2000 kg Nutzlast und 260 oder 290 cm Radstand.

Steyr-Puch G Pick-up

Subarus auf der IAA 1995; von links nach rechts Justy, Impreza, Legacy und Libero; im Vordergrund der SVX

Subaru

(Japan)

Die Fuji Heavy Industries Ltd. betätigt sich auf vielen Industriesektoren. Ihre Autos tragen den Markennamen Subaru. Die Anfänge der Firma reichen bis zur Gründung der Nakajima-Flugzeugforschungslabors 1917 zurück. 1945 entstand daraus die Fuji Sangyo Ltd. Sechs ihrer zwölf Abteilungen fusionierten 1953 zu Fuji Heavy Industries. Subaru entstand erst im Juli 1953. Die Firma ist nach einem Stern der Plejaden benannt (dies sind die nach der griechischen Mythologie in ein Sternbild verwandelten 7 Töchter des Atlas). Das erste Auto der Firma – das Modell 360 (4x2) – entstand 1958. Es hatte einen 2V-Heckmotor (360 cm³). Der FF-1 (977 cm³) von 1966 war das erste 2x4-Fahrzeug. Der wichtigste „Trumpf" der Firma waren später Pkws mit Boxermotoren und 4x4-Antrieb. 4WD erhielt man durch einen Auftrag der Tohoku Electric Supply Company, die Honshu (Hondo) mit Energie versorgte. So entstand im September 1972 der Kombi Leone Station Wagon AWD. Der Allradantrieb beruht auf folgendem Prinzip: Sobald die Räder einer Achse ins Rutschen geraten, ändert sich automatisch das Verhältnis, in dem die Kraft auf die Achsen übertragen wird; die auf die rutschende Achse wirkende wird verringert, die auf die sichere gerichtete erhält ein höheres Drehmoment.

Subaru 4x4-Limousinen ❶

Subaru konzentrierte sich ganz auf 4WD-Straßenwagen, die auch auf kaum passierbaren Bergstraßen fahren konnten. Als kleinstes Modell gibt es den Rex (1972), ferner den Rex 700 (1986), den Vivio (Mai 1992 bis Herbst 1999; Handschaltung oder CVT-Zentrifugal-Automatik mit 2WD oder 4WD) und den Justy (einen 1983 in Tokio und 1995 auf der IAA gezeigten Prototyp mit 2WD und 4WD). Seit 1971 baut die Firma auch die Leone-Limousinen, -Kombis und -Coupés, die seit 1974 für Normalkunden AWD haben. Das erste Subaru-Modell war ein großer Exportschlager. Die 2. Generation kam 1979 heraus, die 3. (mit neuen Karosserien) 1984. Nicht alle Autos – am wenigsten die für den Export – hatten RWD-Option (über das Hilfsgetriebe) – ganz anders als die „normalen" 2x4-Wagen. 1987 erhielten

Subaru SVX, 1993

dann einige Modelle wieder permanenten 4x4. Diese Fünftürer-Kombis hießen 4WD. Im Frühjahr 1985 gingen aus dem Leone/4WD der schnittige Subaru XT Coupé/Alcyone (4x4) mit TD (1,8 l, 120 PS, 200 km/h) bzw. 6V-TD (2,7 l, 150 PS, 220 km/h) hervor. Gezeigt wurde auch ein Prototyp des neuen Coupé SVX (Tokio 1989) mit permanentem AWD und 6V-Boxermotor (3319 cm³, 220/233 PS, JIS, 230 km/h). Das Auto besaß ein Zwischenachs-Planetendifferential mit Viskokupplung (eine weitere an der Hinterachse) mit gleitender Drehmomentaufteilung zwischen Vorder- und Hinterrädern. Dazu kam Viergang-Automatik. Im Oktober 1992 wurde der Leone vom Impreza mit FWD oder AWD (Zentraldifferential, Viskokupplung) abgelöst. Jener saß auf einem verkürzten Legacy-Fahrgestell. Die selbsttragende Karosserie gibt es als Limousine, Sport-Kombi oder Coupé. Hand in Hand mit dem auf Rallyes sehr erfolgreichen Modell kam der attraktive Impreza WRX3 mit fantastischen Straßeneigenschaften auf den Markt; der Impreza WRX STi von 2002 hatte maximal 265 PS.

Subaru Legacy/Outback/Lancaster ❶

Der Legacy kam 1989 heraus. 1997 folgte der Fünftürer-Kombi Outback/Lancaster. Der originale 4V-Motor (1,8 l) wurde ab Herbst 1991 in Europa durch einen 2-l-Motor (125 PS, 5600 U/min, 188 km/h

Subaru Legacy als Ambulanzfahrzeug, 1993

oder 155 PS, JIS) oder TD (280 PS, 6500 U/min, JIS; mit Viergang-Automatik 260 PS) ersetzt. Neben der Automatik war auch eine Fünfgang-Handschaltung im Angebot. Angetrieben wurden die Vorder- oder alle Räder. Das Auto hatte ein Zwischenachssdifferential mit Viskokupplung (jene auf Wunsch auch hinten). Das Drehmoment verteilte sich im Verhältnis 1:1. Alternativ gab es auf Wunsch eine Zweibereichsschaltung mit normalen und „langsamen" (Gelände-)Gängen. Der stärkste Motor war ein 4V-Boxer (2457 cm³, 156 PS, 5600 U/min, 208 km/h) mit beiden Schaltoptionen und Zweibereichs-Untersetzung (je nach Fahrdynamik). Den Legacy gibt es als Limousine und Kombi (jeweils fünftürig). Die Räder sind einzeln an McPherson-Federbeinen aufgehängt (hinten mit Stabilisator). Die mikroperforierten Scheibenbremsen haben ABS. Merkmale: Radstand 265 cm, Länge 472 cm, Breite 174 cm, Höhe 158 cm, Bodenfreiheit 20 cm, Eigengewicht +1450 kg, Nutzlast 445 kg, Wattiefe 30 cm, Überhangwinkel 22°/17°. Im Jahr 2000 kam der Outback H 6 – 3.0 mit 6V-Boxermotor (16V, 2999 cm³, 209 PS, 6000 U/min, 210 km/h, 220 PS, JIS), Viergang-Automatik und Dual Range heraus. Der Kombi Outback gilt als eigenständiges Modell.

Subaru Forester ❶ ❸

1995 zeigte die Firma auf der IAA einen Prototyp des Subaru Streega – die neue Version eines Gelände-Kombis mit Boxermotor (2 l, 250 PS), permanentem 4x4 und ABS. Am Ende des Sommers 1997 kam das SUV Forester nach Japan. Ebenso wie im Folgejahr konnten sich die Kunden dort über einen

2-l-Motor mit 2 Turboladern (250 PS, 6500 U/min, JIS) freuen. Der fünftürige, erhöhte Kombi führte den bekannten Boxermotor (2 l, 16V, 125 PS, 5600 U/min), dessen TD-Version (170 PS, 5600 U/min) oder einen 2,5-l-Boxermotor (16V, 150 SP, 5600 U/min). Das Zweibereich-Getriebe, die selbsttragende Stahlkarosserie und die Radaufhängung sind ähnlich wie beim Outback. Merkmale: Radstand 252,5 cm, Länge 446 cm, Breite 173,5 cm, Höhe 160 cm, Bodenfreiheit 19 cm, Eigengewicht +1450 kg, Nutzlast 425 kg, Wattiefe 30 cm, Überhangwinkel 23°/19°. Im März 2000 wurde das Auto aufpoliert, und 2002 zeigte man auf der NEC die 2. Generation. Der Motor war stärker (1994 cm³, 125 PS, 5600 U/min; TD 177 PS, 5600 U/min, 202 km/h oder 250 PS, 6500 U/min, JIS). Die Fünfgang-Handschaltung oder Viergang-Automatik und die McPherson-Achsen blieben erhalten. Das neue Auto ist 2,5 cm länger und 2 cm niedriger.

Subaru Forester 20XT bei der Weltpremiere, NEC 2002

Subaru Baja ❷ ❻

Subaru erinnerte sich an die 1970er – damals baute die Firma Pick-ups (den Leone und den „barocken" Brat) auf der Basis der 1. Generation des Leone. 2001 zeigte man in Los Angeles einen Prototyp des eleganten Freizeitwagens Baja. Sein „jugendliches" Outfit und angenehmes Fahrverhalten wirkten einnehmend. Anders als die US-Konkurrenz basierte er nicht auf einem Nutzfahrzeug, sondern auf einem Pkw mit Einzelradaufhängung. Er hatte einen flachen 4V-Gegenkolbenmotor (DOHC, 2457 cm³, 162 PS, 5600 U/min), dazu Fünfgang-Handschaltung oder Viergang-Automatik. Der permanente AWD besitzt ein Zwischenachsdifferential mit Viskobremse (Handschaltung) oder eine elektronisch gesteuerte Mehrscheibenkupplung (Automatik). Es gibt überall Stabilisatoren und Spiralfedern. Das Auto ist 474,5

cm lang, 175,4 cm breit und 158,9 cm hoch; Eigengewicht 1589 kg, Nutzlast 477 kg. Das leuchtend gelbe Modell mit umlaufenden Kunststoffschutzwülsten wurde 2002 in Paris vorgestellt; die Europa-Kampagne ist in Vorbereitung.

Subaru Rex Combi, E 10/12 ❽

Seit den 1960ern baut Subaru kleine Vans, die in den späten 1970ern auch in Europa auftauchten. Einige waren vom Rex, Justy oder Leone abgeleitet. Es gab sie auch mit 4x4. Die ersten Modelle waren der Rex Combi und eine größere Serie des E 10/E 12; es folgten der Sambar Truck, der Pleo Van und der Leone Van. Als Karosserien gab es v. a. kleine schmale Vans, Kleinbusse, Kombis und Pick-ups.

Subaru Baja, Brno/Brünn (Tschechien), 2003

Suzuki LJ20, 1972

Suzuki

(Japan)

Suzuki LJ20 – der erste Kombi, 1973

Suzuki ist seit 1956 als Motorradproduzent bekannt. Die Anfänge der Firma reichen bis 1909 zurück: damals gründete Michio Suzuki im japanischen Hamamatsu die Suzuki Loom Works. Ihr erstes Vierradfahrzeug war im Oktober der Suzulight, ein Auto mit 2V-Zweitaktmotor (360 cm^3). Es folgten zahlreiche Automodelle, und die Produktion von Motorrädern wurde in den Montagewerken Iwata, Toyama, Osuka und Kosai angekurbelt. Im August 1981 bildete Suzuki mit General Motors eine strategische Allianz für den Vertrieb der sparsamen japanischen Autos in den USA. General Motors erhielt 5 % der Suzuki-Aktien; weitere 3,5 % gingen an Isuzu, eine andere japanische Erwerbung von GM. Suzuki ist wohl der weltweit erfolgreichste Produzent leichter Geländewagen. Seit den 1990ern gehören zur Produktpalette auch die kleinen Alto-Geländewagen mit 4x4, vor allem jedoch Minivans: der Wagon R+ (ab 1999, 4x2, 4x4), der Ignis/Swift (ab 2000, 2x4, 4x4) und der Liana (ab 2001, 2x4, 4x4).

Suzuki Ignis Rallye, 2001

Suzuki Jimny, 1998

Suzuki Jimny/LJ
(Japan, Spanien) ❷

Die Arbeit an diesem vom Jeep inspirierten Geländewagen begann 1968, als Suzuki von der am Rand des Bankrotts stehenden Hope Motor Company die Rechte am altertümlichen Geländewagen HopeStar ON 360 erwarb. Zuerst kam 1970 eine Serie von LJ-Modellen namens Jimny und Brute IV auf den (Inland-)Markt. „LJ" steht für „Light Jeep", und der

Suzuki SJ410, 1982

Name „Jimny" beruht auf einem Missverständnis: als die Suzuki-Vertreter zum ersten Mal Schottland besuchten, beschlossen sie, das neue Auto „Jimmy" zu nennen, aber irgendwo auf dem Übermittlungsweg von Schottland nach Japan wurde der Name verfälscht … Das offene, komfortlose Auto hatte 3 Sitze und ein Reserverad hinter dem Vordersitz bzw. neben dem hinteren Notsitz. Die mit Reißverschlüssen versehenen Türöffnungen sollten Leinwand-„Türen" aufnehmen. Der Zweitakter-Motorradmotor (360 cm³, 25 PS, SAE) hatte Luftkühlung. Den LJ10 gab es nur als Kombi. Sein Markenzeichen sind die Horizontalrippen des Kühlergitters. Die ersten Autos gingen an die Techniker eines Energieversorgers, die in waldigen Gebirgen Stromleitungen und Wasserstraßen kontrollierten. Der LJ20 ist eine verbesserte Version des LJ10 mit wassergekühltem Motor (28 PS, SAE) und Hard- oder Softtop-Karosserie. Der LJ20A und der LJ20E haben andere Heckleuchten, alle LJ20-Wagen haben vertikale Kühlergitterleisten. Sie wurden als erste Autos exportiert. Ein Motorradmotor genügte zwar für den Binnenmarkt, aber nicht für den Export. Deshalb führte man ein stärkeres 0,55-l-Modell mit Luftkühlung ein. Der LJ20 mit 3V-Motor (539 cm, 26 PS) wurde von der Firma IEC in die USA importiert, aber 1973 erzwangen strenge

Abgasbestimmungen einen Importstopp. Der LJ50 (ab 1976) verkaufte sich in Australien (wo man ihn ab 1974 als LJ20 einführte) sehr gut als Freizeitwagen. Er wurde als LJ50/55 (oder Jimny 550/SJ10) – Hardtop, Softtop oder Cabrio – angeboten. Die Australier interessierten sich auch für den größeren LJ80 (ab 1977, in Australien 1 Jahr später; 2. Generation ab 1979) mit luftgekühltem 4V-Motor (797 cm³, 41 PS, 5500 U/min, SAE). Er hatte ein leicht verändertes Kühlergitter. Es gab ihn als Hard- oder Softtop, LJ80V (Kombi) und LJ81K (Pick-up). Er wurde als erster Suzuki-Lkw in die USA exportiert. Die 2. Softtop-Generation hatte durchweg Metalltüren. 1978 kamen die ersten Suzuki-Geländewagen nach Europa. Sie waren auch als Eljo bekannt. Die 4x4-Autos von Suzuki überschatteten schon bald alle anderen Modelle dieser Marke. Ihr Radstand betrug bis 1982 193 cm (Hope: 195 cm); das Auto war 317 (299,5) cm lang, 139,5 (129,5) cm breit und 169 (176,5) cm hoch; es wog 600–745 (625) kg.

Im Herbst 1981 debütierte eine größere überarbeitete Version mit neuem Innenraum und weicherem Chassis. Kraft spendeten 3V-Zweitakter: der SJ30 (539 cm³, 28 PS, 5000 U/min, SAE), der Jimny 550 (547 cm³, 34 PS; 6500, JIS) und der 4V-Viertakter SJ410 (970 cm³, 45 PS, 5500 U/min). Merkmale: Radstand 203 cm (SJ410: 237,5 cm), Länge 319,5 cm (SJ410: 343–401 cm), Breite 139,5 cm (SJ410: 146 cm), Höhe 169 cm. Vom Frühjahr 1990 bis 1999 gab es den Jimny 660, ein Ersatz für den Jimny 550. Er besaß einen 657-cm³-Motor (55 PS, 5500 U/min, JIS). Ab Herbst 1992 betrug die Motorleistung 58 PS; ein Jahr später bot man ihn unter dem Namen Jimny an, ab 1999 als Samurai. Gleichzeitig konnte man die Vorderräder mit Freilauf ausrüsten lassen. Der SJ410 fand seinen Weg auf neue Märkte: In Großbritannien wurde die LJ-Serie 1979-1981 angeboten und ab Juni 1982 von der SJ-Serie abgelöst. Es gab auch Action-Modelle wie den Rhino (mit Nashorn-Logo), den Sport, den Style und den Tobago (alle England), deren 1. Generation man bis 1990 baute.

Die 2. Generation des Jimny kam in Japan im Herbst 1998 unter dem Slogan „Elegant in der Stadt, hart in der Natur" heraus. Sie löste die ältere, klassischere Samurai-Serie ab. Die Entwicklung folgte den gleichen Regeln wie die des Jimny (ab 1988) – größerer Radstand (und damit größere Länge), mehr Komfort und Platz, stärkere Motoren, RWD mit FWD-Option. Ende 2000 kam in Japan eine abgespeckte Variante des Jimny J2 heraus; sie hatte nur 4WD und einen 3V-Motor (12V, 658 cm³, 64 PS, 6500 U/min, JIS). Merkmale: Radstand 225 cm, Länge 339,5 cm, Breite 147,5 cm, Höhe 166,6 cm, Eigengewicht 930 kg.

Was die Mechanik angeht, hatte das Auto einen robusten Leiterrahmen und eine Karosserie aus Stahlformblechen. Die starren Achsen hatten vorn halbelliptische und hinten Querblattfedern. 1972 baute man ein Vierganggetriebe nebst Untersetzung ein. Ab dem Modell Jimny 550 haben bis heute fast alle Wagen ein Fünfganggetriebe nebst Untersetzung; Ausnahmen waren der Jimny SJ 410 (1981–1998, 4 Gänge nebst Untersetzung), der japanische Jimny (2WD, ab 1998) und der Jimny der 2. Generation (Wide) mit Wahl zwischen Fünfgang-Handschaltung nebst Reduktion und Viergang-Automatik. Das Gesamtgewicht beträgt 1140 kg (LJ 80), oder 1300–1395 kg (SJ 410), die Höchstgeschwindigkeit 107–113 km/h, die Bodenfreiheit der 4x2-Autos ab Herbst 1998 19 cm (4x4: 18,5 cm), die Steigung 90 %, die Seitenneigung 45° und die Wattiefe 50 cm. Gebaut wird der Jimny in Venezuela (Chevrolet, seit 2000), Spanien (Santana Canvas Top Cabrio; seit 1999 ist Spanien einziger Produzent der Modelle Jimny und Jimny Cabrio) und Indien (Maruti Gypsy auf der Basis der 1981er Generation, seit 1985). Der Jimny ist ein preiswertes Freizeitauto für die Stadtfahrten und Wochenendausflüge junger Leute.

Die Arbeit an der 3. Generation des Jimny wird seit 1998 in Japan nur in einer Mazda-Fabrik betrieben, deren Mazda A-Z – Offroad wie der Jimny aussieht. Den Namen Jimny Wide kennt man seit 1997 – nur in Japan; in Europa heißt der Typ schlicht Jimny. Auf dem Pariser Autosalon debütierte 2002 ein Prototyp des Jimny Oxbow (einer bunten Beach-Version; gleichzeitig kündigte die Firma den Start des limitierten Jimny Maori 4x4 mit geschlossener und offener Karosserie an.

Suzuki Samurai/SJ
(Japan, Spanien, Indien) ❷

Die Samurai-Serie mit gleichem Radstand wie beim Jimny (oder noch größerem) wurde ein Hit. Der Samurai SJ 413 war bei 203–237,5 cm Radstand 343–401 cm lang, 146 cm breit und 169 cm hoch; Eigengewicht +920 kg; Bodenfreiheit 22,4 cm (manchmal 21 cm), Steigung 90 %, Seitenneigung 45°, Wattiefe 50 cm. Es gab 4V-Motoren – 1325 cm³ (64 PS, 6000 U/min) und 1298 cm³ (69 PS, 6000 U/min). Andere Modelle hatten 657 cm³ (58 PS, JIS), 970 cm³ (45 PS, 5500 U/min) oder einen Peugeot-TD (1905 cm³, 63 PS, 4300 U/min, ECE). Der Typ debütierte im Herbst 1984; die Produktion lief 1998 aus. Er hatte Fünfganggetriebe nebst Untersetzung. Nach einem Facelifting des Jimny (1981) sah der Samurai anders aus und bot mehr Komfort. Die starren Achsen und Blattfedern des Jimny behielt man bei. Es gab Fünfganggetriebe mit Untersetzung. 1984 kamen vorn Scheibenbremsen hinzu. Das Auto wurde breiter und damit stabiler. Der erste Samurai hieß SJ 413. Bis heute nennt die Firma ihn Samurai oder SJ (Code) – je nach Marktlage und Zeit. Manchmal vermischten sich die Jimny- und Samurai-Serien. Genau wie beim Jimny verweist die Zahl im Namen auf die Motorleistung: So hat z. B. der SJ413 einen 1,3-l-Motor. Das Gesamtgewicht beträgt laut Firma +1330 kg (SJ413), die Höchstgeschwindigkeit 125–140 km/h. Das Erfolgsmodell wurde weltweit in über 100 Länder verkauft. Außer in Japan baute man es (als Maruti Gypsy) in Indien. Den europäischen Bedarf deckt seit 1985 meist die Produktion des spanischen Suzuki-Zweigs Santana, der allmählich zum einzigen Lieferanten wurde. Der Jimny 1300 4x4 wird in Malaysia vom dortigen

Suzuki Grand Vitara, 1998

Suzuki-Zweig gefertigt; in Pakistan baut man den Suzuzki-PAK als Potohar-Kombi; auf den Philippinen produziert man den offenen Suzuki Jimny, während der Kombi in Indonesien als Suzuzki Katana bekannt ist. Er erntete auch in den USA großes Lob, wo er als „robuster 4x4 für wenig Geld" galt und von einer Zeitung „Stadtspaß" tituliert wurde. Die kleine britische Autofirma Scamp nutzt die (oft sogar aufpolierten) Chassis zum Bau von Autos oder Kit Cars, die dem offenen Geländewagen Rowfant Roadster aus den 1930ern und dem Mk3 GT 4x4 (einem kleinen Zweisitzer-Geländecabrio oder -kombi) ähneln.

Suzuki Vitara/Escudo, X-90
(Japan, Spanien) ❷

Im Sommer 1988 kam der Vitara heraus – ein stärkerer, „zivilerer" Geländewagen. Er war in Japan als Escudo (auf die 1. Generation von 1988–1997 folgte die erfolgreiche 2.) und in den USA als Geo Tracker (kurze Version) bekannt. Geschichte machte er als

Suzuki Samurai, 1996

erster Geländewagen in Europa und den USA, den einfach jeder haben wollte. Der Vitara besaß einen modernen 4V-Motor aus Aluminium (1590 cm³, 95 PS, 5600 U/min, ECE) und ab 1996 einen mit 1995 cm³ (136 PS, 6500 U/min, ECE). Ab September 1994 gab es den Vitara V6 mit V6-Motor (1998 cm³, 136 PS, 6500 U/min, ECE) und ab 1996 mit einem anderen V6 (2495 cm³, 160 PS, 6500 U/min, ECE) und Dieselmotoren – entweder 1905 cm³ (68 PS, 4600 U/min) oder TD (1998 cm³, 87 PS, 4000 U/min, ECE). Anfangs (1988–1999) baute man in Autos mit 4V-Motoren (1,6 und 2 l) Dreiganggetriebe ein, aber ab 1994 bekamen jene mit V6-Motoren und später alle die französische GM-Viergangautomatik oder Fünfgang-Handschaltung nebst Untersetzung. Für mehr Luxus sorgten die Einzelaufhängung der Vorderräder (mit Stabilisator), der Ersatz der Blatt- durch Spiralfedern (beide Achsen) und die standardmäßige Lenkhilfe. Bodenfreiheit 19,5/20 cm, Steigung 80 %, Seitenneigung 40°, Wattiefe 45 cm, Radstand 220 oder 248 cm, Länge 356–365 cm, Breite 168,5 cm, Höhe 165 cm. Neben der Kombiversion gibt es als echte „Spaßfabrik" ein kurzes Cabrio. Das attraktive Äußere und der Überrollbügel laden zu Fahrten am Strand ein. Das Modell X-90 wurde 1995 auf der IAA präsentiert und 1995–1999 in Serie gebaut. Danach wurde es Teil der „Palette" Vitara/Grand Vitara. Es gab die Action-Modelle Mustique (1992), Rossini (1994), SE Executive (1990), Sport Verdi (1994) und X-EC (1993). Bis Anfang 1998 wurden 1,4 Mio. Vitara verkauft, die auf dem europäischen Markt die beliebtesten Geländewagen waren und 13 Weltpreise einheimsten, u. a. in Deutschland, Griechenland und Chile. Man

importierte sie aus Japan (1988–1997) oder Spanien (ab 1990). Ihre Produktion lief 1999 aus. Weitere Modelle entstanden in Ecuador, Ägypten (Chevrolet Vitara), Malaysia (Kombi Vitara 4x4), auf den Philippinen (Cabrio), in Taiwan (Kombi Escudo, 3 oder 5 Türen), Indonesien (Sidekick 4x2) und China (Tonggong bzw. TG 2020H JA, ein dreitüriger Vitara mit 1,6-l-Motor, der seit 2000 gebaut wird).

Suzuki Vitara 4u², London, 1999

Suzuki Grand Vitara, XL-7, (Grand Escudo)

 ❸

Der Grand Vitara wurde im Herbst 1997 als Nachfolger und 2. Generation des Vitara präsentiert. Auf einigen Märkten gibt es beide Serien; mechanisch stehen sie einander sehr nah. Wie den Vitara gibt es auch den Grand Vitara (zumindest in einigen Ländern) mit 4x4 und 4x2. Beachtung verdient sein Motor – ein moderner 4V-Diesel HDi Peugeot/Citroën Common Rail (1997 cm³, 109 PS, 4000 U/min, ECE). Weitere Modelle: 1590 cm³ (94 PS, 5200 U/min, ECE), 1995 cm³ (128 PS, 6000 U/min, ECE), 2494 cm³ (144 PS, 6200 U/min, ECE) und TD (1998 cm³, 87 PS, 4000 U/min, ECE). Radstand 220 cm, Länge 386 cm, Breite 170 cm, Höhe 169 cm, Eigengewicht +1220 kg. 1999 feierte man in London ein interessantes Model, den Grand Vitara GV2000 4x4, mit 2-l-Benziner (16V) und kurzem Radstand (Dreitürer-Kombi oder Targa-Roadster-Karosserie). Neben den älteren drei- und fünftürigen Kombis zeigte man in Tokio (2000) und Detroit (2001) das SUV Suzuki XL-7, eine Siebensitzer-Kombiversion des Grand Vitara. Merkmale: Radstand 280 cm, Länge 466,5 cm, Breite 178 cm, Höhe 162,5 cm; V6-Motor (2xDOHC, 24V, 2737 cm³, 173 PS, 5500 U/min, SAE). Auch ihn gibt es mit RWD oder permanentem AWD und Zwischenachs-Viskokupplung. Er besitzt Fünfgang-Handschaltung oder Viergang-Automatik nebst Untersetzung. Bodenfreiheit 19,5 cm (SWB) oder 20 cm (LWB); Steigung 70 %, Seitenneigung 40°, Wattiefe 50 cm. 2002 konnten man in Paris den Grand Vitara XL-7 Edition Limitée bewundern, ein Sondermodell mit vielen Verbesserungen. In Japan baut man für den Inlandsmarkt u. a. den Escudo/Grand Vitara (Kombi und Cabrio) und den Grand Escudo/Grand Vitara XL-7. Erwähnung verdienen auch die 2000 in Tokio gezeigten Modelle Grand Vitara Van und Grand Vitara Pick-up. Ab 1998 rollten im gemeinsamen Montagewerk von GM/Suzuki – CAMI in Kanada mehrere Versionen der „Zwillinge" Grand Vitara und Chevrolet Tracker (4x2 und 4x4) vom Band. Gebaut werden die Autos ferner u. a. in Ecuador, Argentinien (4x2, 4x4) und Taiwan.

Suzuki Vitara GV 2000, 2000

Skoda

(Tschechien)

Skoda Popular 1100

Am 30. September 1895 gründeten Václav Laurin und Václav Klement in Jung-Bunzlau (Mladá Boleslav) eine Firma. Sie bauten erst Fahrräder und ab 1899 Motorräder. Auf der Prager Motorenausstellung zeigten sie 1905 den Voituretta – erst nur als Motor, Ende 1905 als komplettes Auto. Die Wagen von L & K waren für ihr innovatives Design und ihre verlässliche Konstruktion berühmt. Das Pilsener Skoda-Werk – einer der Industriegiganten Europas – baute ab 1919 Lkws für Landwirte, Industrie und Militär, Lokomotiven, Flugzeuge (nebst Motoren) und Waffen und ab November 1924 (in Lizenz) das Luxusauto Hispano-Suiza. 1925 fusionierte es mit L & K; ab diesem Zeitpunkt trugen die Laurin-Autos den Namen Skoda („Adler") und das Logo mit dem gefiederten Pfeil. 1945 wurde Skoda selbstständig und 1991 Teil des VW-Konzerns. 1938–1941 lieferte man 54 Popular – leichte Geländewagen auf Limousinenbasis – u. a. an die Armeen Ungarns und Deutschlands. Der SV-Motor wurde im Krieg zum OHV (1089 cm³, 32 PS). Der Popular (4x2) hatte Vierganggetriebe und 248,5 cm Radstand. Von 1941 bis 1943 baute Skoda 1631 Autos auf der Basis des zivilen Superb 3000. Der 4x2-Mittelklassewagen hatte einen 6V-OHV (3140 cm³, 80 PS), Differentialsperre, Einzelradaufhängung mit Querblattfedern und 341,5 cm Radstand. Der schwere, offene Typ 903 (6x4; Basis: Superb 3000) diente v. a. als SS-Waffenträger, Stabcabriolet und Ambulanz. Er hatte

3 Achsen, Vierganggetriebe und Untersetzung. Radstand 339 + 92 cm, Länge 515 cm, Breite 180 cm, Höhe 190 cm, Leergewicht +2200 kg. Man testete außerdem eine 6x6-Variante und baute 45 Stück. Ähnliche offene Sechssitzer-Karosserien hatten auch andere schwere tschechische Sechsrad-Stabswagen, darunter der Tatra und der Praga AV (1936–1939; ca. 400 Stück; 6x4, 6V-Motor Praga, 3468 cm³, 70 PS; Radstand 296 + 92 cm; Länge 510 cm, Breite 175 cm, Höhe 185 cm; Eigengewicht 2180 kg).

Skoda – Geländewagen
(Tschechoslowakei)

1946–1950 belieferte das Werk die Armee mit dem offenen Skoda 1101 VO/P (Leinwand-Faltverdeck, RWD mit Vierganggetriebe). Die 4x4-Version hatte

Skoda 1101 P; Brno/Brünn (Tschechien), 2001

Skoda 973, Brno/Brünn (Tschechien), 2003

Skoda Trekka

Untersetzung. Der Radstand betrug 248,5 cm. Das Auto war 393 cm lang, 150 cm breit und 158 cm hoch; es wog 960 kg. 1951 diente die Limousine Skoda 1200 als Basis für modernisierte Prototypen mit 4V-Aluminiummotoren (1,5 l): ein 403,5 cm langes Rettungsfahrzeug (4x2) und ein 358 cm langes (4x4) mit Gelände-Untersetzung. 1953 schrieb der Warschauer Pakt einen leichten Geländewagen für seine Armeen aus. Der Skoda 973 (4x4; Spitzname „Babeta" nach einem Musikfilm, in dem er vorkam) bestand alle Tests, als er Hügel erklomm oder durch zähen Schlamm und tiefen Sand fuhr. Man bereitete sich auf die Serienproduktion vor, aber in Moskau entschied man sich für die langsameren, schwereren GAZ/UAZ-Modelle – trotz ihrer schlechteren Geländeeigenschaften. 1952–1956 produzierte man über 30 Stabs- und Verbindungswagen mit Leinenverdeck, permanentem RWD und FWD-Option. Sie hatten 4V-Motoren (1491 cm³, 52 PS, 4200 U/min, 90 km/h) und Vierganggetriebe (Gänge 3–4 synchronisiert) nebst Untersetzung und Verteilergetriebe. Die Differentiale mit mechanischer Kugelsperre sind

ein tschechisches Patent; das hintere Differential hat eine Kardanbremse. Die Räder waren einzeln an Trapez-Torsionsstäben aufgehängt. Merkmale: 350 cm, Breite 167 cm, Höhe 178,5 cm, Bodenfreiheit 38 cm, Eigengewicht +1190 kg, Nutzlast 500 kg, Wattiefe 60 cm, Steigung 100 %, Überhangwinkel 55°/55°: Einzigartig waren 5 Schwimmwagen (Typ 972) mit 1221-cm³-Motoren (45 PS, 4200 U/min, 85 km/h), Antriebsschraube und Lenzpumpe, die durch die Untersetzungswelle angetrieben wurden. Das Amphibienfahrzeug (4x4) hatte 220 cm Radstand (frühere Versionen waren kürzer); Länge 452 cm, Breite 173,5 cm, Höhe 177, Eigengewicht 1350 kg, Nutzlast 450 kg. In den späten 1950ern bereitete man unter dem Markennamen Puch Haflinger 23 offene Trambus-Prototypen des Skoda Agromobil vor; die Serienfertigung unterblieb. Sie nutzten Teile des 4x2-Vans Skoda 1203.
In Neuseeland montierte der Importeur Motor Industries LTD (MI LTD) ab 1966 – v. a. aus tschechischen Teilen – eine kleine Anzahl des Modells Skoda Trekka. Der Jahresausstoß des Werks belief sich auf

Skoda Superb 3000 4x2

1200 Stück. Man nutzte ein verkürztes Chassis des Octavia Combi (4x2); heraus kam ein „Enkel" des Skoda 973. Der Trekka (4x2, 4V-OHC, 1221 cm³, 47 PS, 4500 U/min, 115 km/h), Vierganggetriebe (Gänge 2–4 synchronisiert) bekam auf Wunsch ein neuseeländisches Balanced-Traction-Differential mit Sperre. Alle Räder hatten Einzelaufhängung. Es gab 6 Karosserietypen, u. a. Pick-up, Kombi und Beachcar (alle aus geschweißten Stahlblechen mit Fiberglasaufbauten). Merkmale: Radstand 216,6 cm, Länge 337,3 cm, Breite 160 cm, Höhe 190,5 cm, Bodenfreiheit 19 cm, Eigengewicht +718 kg, Nutzlast 500 kg. Ab 1971 exportierte man Trekkas als CKDs nach Indonesien. 1968–1971 bauten Skoda und Pakistan den Skopak als leichten Lkw, Pick-up und Kombi auf der Basis des Octavia Combi (Nutzlast 500 kg). Ähnliches geschah in der Türkei, jedoch auf der Basis des Minivans/Pick-ups Skoda 1202. Der Pick-up Skoda 1202 Kamyonetleri hatte eine türkische Stahlkarosserie und konnte 710 kg Last ziehen. Die politischen Ereignisse in der Tschechoslowakei und weltweit setzten diesem Projekt 1968 ein Ende; außerdem ging Skoda zu Autos mit Heckmotor über. Anfang der 1970er baute man den Viersitzer Buggy 736 mit Motoren des Skoda 100/110.

Skoda Octavia 4x4 Kombi ❶

Der Skoda Octavia 4x4 Kombi kommt auch auf fast unpassierbaren Straßen, Schlammpisten oder Sumpfwiesen mit halbwegs festem Boden durch. Er debütierte im Herbst 1999 mit 4V-TD (1896 cm³, 100 PS, 4000 U/min, 184 km/h). Die Kombi-Limousine mit permanentem AWD hat eine elektrisch gesteuerte Haldex-Kupplung in Ölbad. Die Kraft wird erst auf die Vorderräder übertragen; sobald sie durchdrehen, wird die Haldex aktiviert: sie überträgt

allmählich Kraft auf die Hinterräder, bis 50:50 erreicht ist. Es gibt Sechsganggetriebe. Andere Octavia haben TD (1896 cm³, 90/110 PS, 4000/4150 U/min), 4V-Benziner (1984 cm³, 116 PS, 5200 U/min, 198 km/h) oder Turbomotoren (1781 cm³, 150 PS, 5700 U/min, 219 km/h) jeweils mit Fünfgang-Handschaltung oder Viergang-Automatik. Das Auto hat ASR. Die selbsttragende Karosserie hat vorn McPherson-Federbeine nebst Stabilisator, hinten ebenfalls Einzelaufhängung mit Stabilisator und Spiralfedern. Es gibt Scheibenbremsen mit ABS, ESP und EDS. Merkmale des Skoda Octavia 4x4: Radstand 252 cm, Länge 415,3 cm, Breite 173,1 cm, Höhe 148,1 cm, Bodenfreiheit 15,1 cm, Eigengewicht 1510 kg, Nutzlast 440 kg. Der Skoda Octavia WRC, erfolgreicher Teilnehmer an Worldcup-Rallyes, verfügt über RWD-Spitzentechnik. Sein Nachfolger, der Skoda Fabia WRC, wurde 2003 in Genf vorgestellt. Junge Leute genießen ihre Freizeit im Zweisitzer-Pick-up oder 2+2-Sitzer-Cabrio (im Ladebereich des Pick-ups gibt es unter dem Leinwandverdeck 2 weitere Sitze). Der Skoda Felicia Fun (2x4) mit seiner attraktiven Lackierung kam Ende der 1990er heraus.

Skoda Felicia Fun, 1999

Tarpan, Honker

(Polen)

Die Firma FSC Lublin baute bis in die 1960er GAZ-Feuerwehrautos und 1958–1998 den 4x2-Van Zhuk (Schuk). Seit 1993 tragen die Autos den Markennamen Lublin. Im Mai 1995 erwarb Daewoo Motor Polska (DMP) 61 % der Aktien; Ende der 1990er waren es 90 %. 1998–2000 montierte man den Geländewagen SsangYong Musso und den Korando. Ende 2001 zeigte Andoria s. a. – ein Dieselmotorbauer aus Andrychów – Interesse an den Marken Lublin und Honker, der nun insolventen DMP. Die Transaktion erfolgte am 1. Februar 2003. Andoria Mot übernahm das Werk Lublin. Der Lieferwagen Lublin 3 (auch als 4x2, gegen Aufpreis mit hinterer Differentialsperre), der neue Achtsitzer-Kombi, der Doppelkabiner Brigade (monatlich 300 geplant) und der Geländewagen Honker besitzen Andoria-Dieselmotoren. Nach jüngsten Informationen wurde die Marke von der russischen Firma Kamaz gekauft, doch soll die Produktion weiter in Polen erfolgen.

Die Polen benötigten einen Wagen für schlechte Landstraßen. Auf der Syrena-Limousine basierende Prototypen der Minivans Tarpan und Warta wurden Ende 1971 präsentiert. Der Tarpan wog 1170 kg (Nutzlast 500 kg). Beim Warta (Warthe) betrug das Gewicht 1250 kg, die Zuglast 600 kg. Beide nutzten Komponenten des Fiat 125p und des Lieferwagens Nysa (Neiße). Der spätere Prototyp Warta-2 konnte 3 Personen und 750 kg Gepäck oder 6 Personen befördern. Er wurde 1972 präsentiert und besaß einen 2,1-l-Motor (50 PS, 3600 U/min). Leiterchassis und Teile der Karosserie stammten vom Zhuk, Antriebsmechanik und Einzelradaufhängung von der Limousine Warszawa (Warschau). Die starre Hinterachse

des Pick-ups Warszawa hatte halbelliptische Federn; Länge 512,5 cm, Radstand 270 cm. Gebaut wurde er bei der Wielkopolskie Zaklady Naprawy Samochodów im Posener Stadtteil Antoninek. Ende 1972 rollte bei WZNS die erste 25er-Serie vom Band. Im Mai 1973 verlagerte man die Produktion in die Lubliner Firma Fabryki Samochodów Ciezarowych, die ab November 1975 Zaklad Samochodów Rolniczych (FSR) hieß und in Poznán (Posen) ansässig war. Das Auto übernahm immer mehr Teile des Fiat 125p. 1973–1976 baute man 8533 Tarpan 233 (Pick-ups, Minivans, Kombis) mit 4V-M20 (2417 cm^3, 70 PS, 4200 U/min) oder S-21 (OHV, 1481 cm^3, 70 PS, 5400 U/min) mit FSO-Viergangetriebe und (ab 1978) Differentialsperre. 1978 debütierte in Posen der Tarpan 235 mit 1 t Zuglast, neuem Chassis, Vorderradaufhängung und überarbeiteter Karosserie. 1977 wurden über 5000 Stück gebaut, 1978 mehr als 6000. Der Motor stammte vom Fiat 125p. Um 1980 baute FSR den Prototyp eines Geländewagens mit FSO-Komponenten – den italienischen Fiat („Tarpaniello"). Er nahm den Honker voraus. 1991 lief die Produktion des 237 zugunsten des Honker aus.

Tarpan Honker, 1993

Tarpan Honker ❷

In Polen wurde nur ein Geländewagen in Serie ge-baut: Er hieß Tarpan (nach eine zähen Pferderasse aus der Tatra). Prototypen entstanden im Warschauer Technikinstitut und einer ähnlichen Einrichtung des Militärs in Sulejowka. Als Produzent wählte man FSR aus. Der PW1 (Pojazd Wielozadaniowy), Proto-typ eines kantigen Gelände-Kombis, debütierte 1980 mit Polonez-Motor (1,5 l, 75 PS); ferner testete man einen in Andrychow gebauten Andoria-Motor. Der zweite Prototyp PW 2 mit permanentem AWD ent-

stand 1983; die Serienfertigung lief 1988 in der War-schauer PW-Fabrik an. Ab 1994 war er der Öffent-lichkeit als Tarpan Honker (Modell 4011) bekannt; er sollte bei Militär und Polizei die veralteten UAZs ersetzen. 1988 verlagerte man die Produktion in das Posener FSR-Werk, wo 233 Tarpan Honker vom Band rollten. Etwa ab 1990 baute man den Typ dort mit drei verschiedenen Motoren: AA (1,5 l, 75 PS), AB (1,6 l, 82 PS) und CB (1,6 l, FSO Polonez, 86 PS). Später wurden andere Motoren eingeführt (alle mit Fünfganggetriebe). Man testete auch Diesel-motoren. Später kam ein 2,5-l-Diesel (75 PS) zum

Tarpan 233, 1977

Einsatz, danach ein TD (100 PS). Man übernahm Teile des Lublin-Lieferwagens. Die schlichte, auf ein Chassis aus U-Profilen geschweißte Karosserie wurde später verändert. Die Fahrgäste schützte ein Dach aus Polyester-Laminat oder ein Klappverdeck aus Polyamid. Merkmale (PW 2/4011): Radstand 280 cm, Länge 456,5 cm, Breite 190 cm, Höhe 215 cm, Leergewicht 1670 kg, Nutzlast 1000 kg (Straße) bzw. 850 kg (Gelände). Die meisten Serienwagen waren für Militär und Polizei ausgelegt; der seltene zivile 4012 ähnelte dem Polizeimodell. Selten war auch die Version 4022 für verschiedene Berufssparten. Die Autos faßten 8+2 oder 6+2 Fahrgäste oder 1000 kg Gepäck. Steigung 68%, Seitenneigung 42°, Überhangwinkel 44°/42°, Wattiefe 80 cm. Der Prototyp 4032 mit kürzerem Radstand (221 cm) ging nicht in Serie. Anfang der 1990er beteiligte sich FSR mit der tschechischen Firma ROSS an einer Ausschreibung der tschechischen Armee. Die Produktion lief im Januar 1996 aus, aber im folgenden März wieder an, nachdem das Lubliner DMP-Werk eine Lizenz erworben hatte.

Honker ❷

Im Juni 1997 kam der Tarpan Honker heraus; er hatte einen moderneren Antriebsstrang nebst Getriebe und den TD 4CT 90-1 (2417 cm, 90–100 PS, 4100 U/min). Gebaut wurde er in der Fabrik von Daewoo WSW in Andrychów. Man veränderte u. a. die Sitzanordnung, und er bekam ein Sonnendach. Seit 1999 wird der Honker 2324 als Daewoo verkauft.

Militärversion des Tarpan Honker als Nachschubfahrzeug der tschechischen Armee auf der IDET Brno, 1994

Honker II ❷

Der Honker II kam 1999 mit neuer Radaufhängung, neuem Getriebe und dem Innern des Lublin 3 heraus. Er hat ein Zwischenachsdifferential (mit Sperre), permanenten AWD und starre Achsen mit Luftfederung. Es gibt die Standard-Sitzanordnung (2+2) oder die „Service"-Variante, bei der sich hinten je 2 Fahrgäste gegenübersitzen, außerdem einen Achtsitzer, der noch max. 230 kg Gepäck fasst. Merkmale: Radstand 284 cm, Länge 468 cm, Breite 196 cm, Höhe 219 cm, Eigengewicht 2070 kg (mit Zuladung 2900 kg), Höchstgeschwindigkeit 120 km/h.

Die Firma bietet den Honker II als preiswerten Ersatz für echte Geländewagen an. Leider ist das Schicksal des Projekts angesichts der erheblichen Finanzprobleme von Daewoo und des polnischen Marktes besiegelt. Im Jahr 2000 wurden 206 Autos gebaut.

Honker 2000 ❷

Im Jahr 1999 hatte der Honker II sein Debüt, der Honker 2000 (die Spezifikation Honker 2000 gilt sowohl für die ursprüngliche als auch für die neue Version), mit Vorderrad-Einzelaufhängung und italienischem VM-TD (2499 cm³, 100 PS, 4000 U/min) oder polnischem TD (2,4 l, 95 PS). Neu sind Fünfganggetriebe und Kupplung (Borg-Warner). Neben der Version mit permanentem 4x4 gibt es auch RWD mit FWD-Option. Merkmale: Radstand 284 cm, Länge 464 cm, Breite 175,5 cm, Höhe 198 cm, Eigengewicht 2660 kg; Steigung 68 %, Seitenneigung 20°, Überhangwinkel 44°/42°, Bodenfreiheit 22 cm, Wattiefe 80 cm.

Tarpan Honker, 1993

In Posen debütieren 2003 der Pick-up Honker 2000 und der Pritschen-Lkw 2000. Im ersten Halbjahr 2003 wurden 320 Stück gebaut; 220 gingen an die Armee, 50 an die Miliz und einige in den Export.

Honker 2000, Poznan/Posen (Polen), 2001

Honker – Modell 2003 – auf der IDET Brno/Brünn (Tschechien), 2003

Tata Telcoline, 2002

Tata

TATA

(Indien)

1868 gründete Jamsetji Nusserwanji Tata eine Firma mit dem Ziel, Indien zu industrialisieren. Heute wird der Betrieb in der 6. Generation von einem Familienmitglied geleitet; der Industriekonzern hat heute 250 000 Mitarbeiter. Am 15. Oktober 1932 entstand die Fluglinie TATA Airlines, ein Vorläufer von Air India; Sir Dorab Tata flog die erste Luftpostmaschine von Indien nach Pakistan. Ab 1945 hieß die Holding TELCO. 1945 begann die Produktion von Lizenz-Mercedes. Busse und Lkws der Firma liefen bis 1971 unter der Marke Tata-Mercedes-Benz; später hießen sie Tata. Etwa ab 1980 baute man Pick-ups und begann mit der Montage von Land Rovern (kurzer und langer Radstand). Die Allianz mit Mercedes endete 1969; sie ging auf die Tata Engineering and Locomotive Company (TELCO) über, an der Mercedes mit 10 % beteiligt ist. In Indien entstanden weitere Werke: Pune (Poona), Jamshedpur und zuletzt Laknau. Pune ist auf die Montage von Mercedes der E-Klasse für Indien und Asien spezialisiert. Original-Tatas gibt es seit 1991. Der Fünftürer-Kombi Estate ist seit ca. 1993 v. a. in Indien auf dem

Markt; Vorbild war der T-Mercedes (2-l-Diesel, 68 PS). 7 von 10 Mittelklassewagen und Lkws auf Indiens Straßen sind heute Tatas. Seit 2001 montiert man die Pick-ups in Malaysia und Ägypten. Für die 4x4-Version baut Tata das Borg-Warner-Getriebe „Super Select 4 Wheel Drive" mit „Shift on the Fly", das bis 60 km/h automatisch den FWD aktiviert.

Tata Tatamobile 207, Telcoline, Pick-up ❻

1988 kam der Zweitürer-Pick-up Tatamobile 207 (SC, „Single Cab") heraus; ihm folgte 8 Jahre später der Tatamobile 207 Crew Cab (CC) mit 4 Türen und 2 Sitzreihen für 5 Personen. In Europa heißt er Pick-up oder Telcoline, in England Loadbeta Pick-up (seit Oktober 1994). Die Mercedes-Techniker haben auch ihn geprägt. Weitere Karosserien: Chassis, Muldenkipper und Variante mit erhöhtem Fiberglasdach über der Ladezone. Das Auto hat ein Leiterchassis. Bei der 4x4-Version kann man den FWD

Tata TelcoSport, Spanien, 2002

Tata TelcoSport, 1996

elektrisch aktivieren. Es gibt Fünfganggetriebe (bei einigen Modellen mit Untersetzung). Die Vorderräder sind einzeln aufgehängt, doch die hintere Salisbury-Achse ist starr. Die SC-Version hat zwei Optionen für den Radstand und drei für die Länge, die CC-Variante verfügt nur über einen Radstand und zwei Längen. Steigung 32 % (4x2) oder 75 % (4x4), Bodenfreiheit 17/16 cm.

Tata Sierra/TelcoSport ❷ ❸

Das dreitürige SUV rollt in Pune seit 1991 vom Band; es hat zwei Diesel und einen Benziner und wird als TelcoSport nach Asien und Afrika, innerhalb Europas v. a. nach Spanien, in die Beneluxstaaten und nach Griechenland exportiert. In England heißt das SUV Gurkha (nach dem berühmten Kriegerstamm aus dem Himalaja), in Italien Tata Sport. Im Jahr 2000 kamen der stärkere Sierra Rage und der Sierra Sport (2x4 oder 4x4) heraus. Sie haben Stahlkarosserien, verstärkte Leiterrahmen, klassischen Antrieb und Fünfganggetriebe. Die 4x4-Version besitzt elektrisch aktivierbaren FWD nebst Untersetzung. Steigung 71 % (Originalversion) oder 76 % (jüngere Varianten), Bodenfreiheit 16 cm. Die Vorderräder sind einzeln aufgehängt (Freiläufe mit Sperrautomatik); die Hinterachse ist starr. Nutzlast 1800 kg.

Tata Telcoline, Genf 2001

Tata Sumo ❷

Der Sumo ist ein „breitschultriger" Kombi für Arbeiten im Gelände und eng mit dem Mercedes G verwandt. In Europa kann man ihm u. a. in Spanien begegnen. 2000 kamen in einem Modernisierungsprogramm der Tourin (1,9-l-Diesel, 68 PS) und der Spacio (3-l-Diesel, 90 PS) heraus. 2001 folgten Modelle mit veränderter „Nase" – der Sumo SA (10 Personen), der Sumo SE und der Sumo DS (8 Personen). 2002 kam der aufpolierte Sumo Premia (2-l-Diesel, 68 PS) auf den Markt. Neben dem klassischen 4x2-Antrieb gibt es eine RWD-Option nebst Untersetzung. Der Sumo hat vorn Einzelradaufhängung (Sperrautomatik an den Naben), hinten eine

Tata Sumo, 2001

starre Achse. Eigengewicht 1880 kg, Bodenfreiheit 16 cm, Steigung 72 %. Mit 6–9 Fahrgästen, dem Fahrer und normalem Gepäck bringt er es auf max. 115 km/h.

Tata Safari ❸

Das kleine SUV Safari war ab Ende 1997 lieferbar und v. a. für anspruchsvollere Kunden im Ausland bestimmt. Das Montageband erhielt Pune von Nissan Australia. Das Design entstand im britischen IAD-Studio. In Europa präsentierte man den Safari 1998 auf der NEC, wo das Publikum ihn taufen sollte: Es entschied sich für den Namen Leisure (Muße, Freizeit). Der Safari Blazer sollte 2002 auf den Markt kommen. Der Leiterrahmen trug eine moderne Stahlkarosserie. Die Gänge (Nr. 5 dient als Schongang) entsprechen dem Vorgänger – bis auf die neue Differentialsperre. Das Auto fasst neben dem Fahrer max. 6 Personen; Nutzlast 2040 (4x4) oder 1920 kg (4x2). Bodenfreiheit 20,5 cm, Steigung 30 % (4x2) oder 80 % (4x4). Mithilfe des 2-l-TD kommt der Typ auf 154 km/h. Alternativ gibt es seit 1999 auch einen Benziner. Ein dreitüriges Modell ist in Arbeit.

Tata Safari, 1999

Tatra

(Tschechien)

Das erste funktionstüchtige Auto Mitteleuropas entstand 1897 in der Fabrik von Ignác Schustala, die zuvor Pferdekutschen baute. Man taufte es Präsident. 1898 unternahm es eine Fahrt von Koprivnice (Nesselsdorf, Mähren) nach Wien. Im gleichen Jahr baute die in Nesselsdorfer Wagenbau-Fabriksgesellschaft umbenannte Firma den ersten Lkw. Nach 1919 nahm sie den Namen Tatra an (als Erinnerung an einen Ausflug in das höchste Gebirge der Tschechoslowakei). Ihre Fahrzeuge tragen die Handschrift von Ing. Hans Ledwinka; das betrifft v. a. den Zentralröhrenrahmen, die Gelenk-Halbachsen und die luftgekühlten Motoren. Bis heute sind die weltberühmten Tatra-Lkws im Gelände fast unschlagbar. 1940–1943 belieferte das Unternehmen die Wehrmacht mit dem V809, einem Mittelklasse-Geländewagen mit luftgekühltem OHV-Motor (2470 cm³, 50 PS), Vierganggetriebe und Zweigang-Untersetzung. Auf rauen Strecken ließ sich der FWD aktivieren. Die Räder hatten Einzelaufhängung mit Querblattfedern. Der Radstand betrug 280 cm. 1946 baute man geschlossene V8-Autos für Armeeoffiziere. Zu einer höheren Klasse gehörte der schwere Tatra 82 (6x4) mit flachem luftgekühltem 4V-Motor (2490 cm³, 55 PS) und der gleichen Mechanik. Radstand 336 + 92 cm, Länge 560 cm, Breite 200 cm, Höhe 195 cm, Eigengewicht 2500 kg. 1935–1936 wurden 325 Tatra 82

gebaut. Noch robuster war der Tatra 93 mit luftgekühltem 8V-Motor (3981 cm³, 74 PS). Der Radstand betrug 327 + 94 cm. Weitere Merkmale: Gesamtlänge 549,5 cm, Breite 200 cm, Höhe 261 cm, Eigengewicht 2800 kg.

Tatra 82, 1935

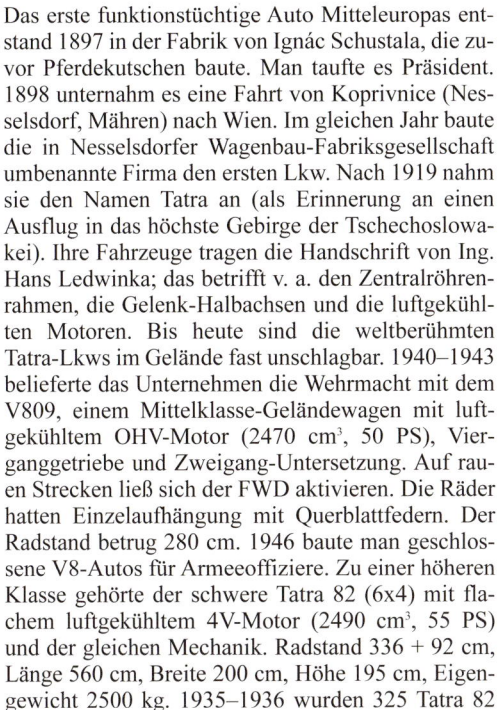

Tatra 93, 1941

Dieser Tatra 805 Fire Engine (Baujahr 1955) wartet darauf, restauriert zu werden

Tatra 805 und 803 ❷ ❾

1953 brachte die Firma den leichten Lkw Tatra 805 (Spitzname „Ente") heraus. Vorübergehend baute man ihn bei Skoda. Der 1,5-t-Trambus mit verschiedenen Karosserien bewährte sich im militärischen und im zivilen Sektor. Er hatte auch auf Expeditionen Erfolg. Die tschechischen Forscher Zikmund und Hanzelka fuhren in silbernen Tatras rund um die Erde. Dank der in der Zentralröhre verborgenen Antriebswelle war das Auto im Gelände unschlagbar. Kraft spendete ein luftgekühlter 8V-Benziner (OHV, 2545 cm³, 75 PS). Der FWD war auskoppelbar. Die Räder waren einzeln an Achsen mit Torsionsstäben aufgehängt. Merkmale: Radstand 270 cm, Länge 472 cm, Breite 219 cm, Höhe 260 cm, Bodenfreiheit 40 cm, Eigengewicht 2750 kg, Nutzlast 1700 kg. 1955–1960 wurden 7214 Stück gebaut.

Zur gleichen Zeit wie die „Ente" entstand ein Prototyp des leichten Kommandeurs-Geländewagens Tatra 803. Er sollte als Leichtauto für Luftlandetruppen, Ambulanz, Kasten-Lkw oder Zugmaschine dienen (luftgekühlter 8V-Motor, Radstand 200/260 cm. Es gab zwei Prototypen, die man jahrzehntelang ge-

heim hielt. Autoliebhaber aus Brno bauten aus der Limousine 613 einen 805er in einen 803er mit V6-Tatra (OHC, 2622 cm³, 125 PS) um. Der erfolgreiche Nachbau wurde 2000 in Brno ausgestellt. Das nach dem lokalen Starkbier Cerveny drak (Roter Drache) benannte Auto war an sich speziell für Gelände-Langstreckenrennen konzipiert worden.

Tatra 803 „Cerveny drak", Brno/Brünn, Tschechien 2002

Tempo

(Bundesrepublik Deutschland)

Tempo

Eines der ersten Exemplare des Tempo 88

Oscar Vidals Firma Tempo baute 1933–1956 in einem Hamburger Vorort Dreiradmobile und Lieferwagen. 1955 verkaufe Vidal 55 % seiner Anteile an Rheinstahl-Hanomag, die 1965 100 % besaß und 1970 Teil von Daimler-Benz wurde. Tempo-Lieferwagen gab es noch bis 1977 unter dem Markennamen Mercedes. Der BGS brauchte Sechssitzer-Geländewagen. Er wählte den Land Rover, ohne jedoch die langen Lieferzeiten zu akzeptieren. 1952 unterzeichnete man einen Lizenzvertrag über 250 Stück und importierte britische Chassis in das Werk Harburg, wo die Autos montiert wurden und Ganzstahlkarosserien von Herbert Vidal & Co. (der Firma von Vidals Bruder) bekamen. Vom LR unterschied sich der Tempo durch den höheren Aufbau und die Kästen auf den Vorderkotflügeln. Ein Teil der ersten Staffel des 80″-Modells entstand bei Minerva (Belgien). Im April 1953 übernahm der BGS die ersten Wagen. Nach Lieferung von 190 Stück ging man im August zur 86″-Version über (58 Stück). Sie hatte eine Alu-Karosserie. Die letzten Autos wurden 1955 geliefert, aber Tempo gewährte noch 10 Jahre Service-Garantie und verkaufte so lange auch neue LR.

Tempo 88

Tempo Land Rover

Tempo Land Rover

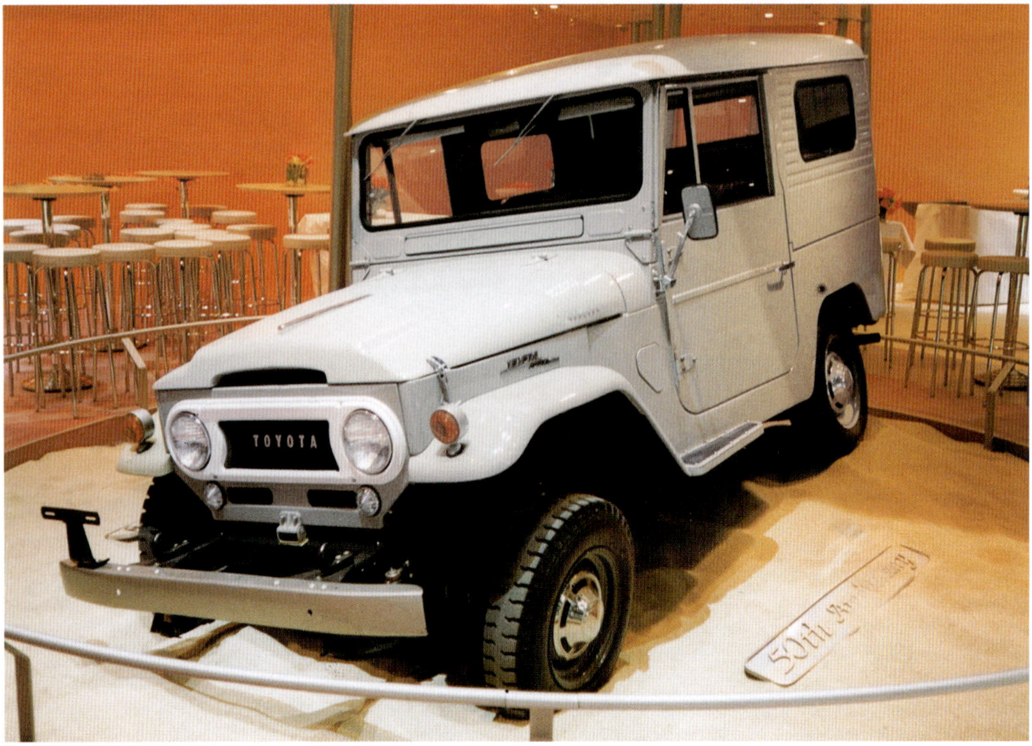

Toyota

(Japan)

1918 gründete Sakichi Toyota eine Weberei. Sein älterer Sohn Kiichiro bereicherte die Webstühle um zahlreiche Verbesserungen und verkaufte seine Patente an eine britische Firma. Mit dem Erlös machte er 1926 aus seiner Firma, die moderne Webstühle baute, die Toyota Automatic Loom Works Ltd. 1933 gründete Kiichiro als Ableger des väterlichen Betriebs die auf Autos spezialisierte Toyota Motor Co. 1935 produzierte er den ersten Toyota-Lkw G1 und den Pkw A1. Nach 65 Jahren war die Firma einer der weltweit wichtigsten Autobauer. 1967 kaufte sie den Konkurrenten Daihatsu und 1968 den Nutzwagenbauer Hino. 1988 gründete sie Lexus. Außerhalb Japans baut sie in 21 Ländern Autos.

Im Zweiten Weltkrieg produzierte Toyota für die Armee einen Fünfsitzer, den AB (4x2) mit 6V-Motor (OHV, 3389 cm³, 65 PS). Nach Kriegsende brachte man einen Nachbau des Dodge WCD52 heraus, den Dreivierteltonner (4x4) FQ10 mit 6V-Motor (OHC, 3878 cm³, 125 PS), Vierganggetriebe, Hilfsgetriebe, RWD und FWD-Option. Er hatte starre Achsen mit Blattfedern. Merkmale: Radstand: 300 cm, Länge 510 cm, Breite 205,7 cm, Höhe 232 cm, Eigengewicht 2810 kg. Anfang der 1960er gab es den

Toyota 2FQ15L mit nahezu gleicher Mechanik bzw. Merkmalen. Er diente in großer Zahl bei den Streitkräften von Japan, den USA, Südvietnam und Südkorea. Der Lkw KCY (4x4) war wie sein Ableger, der Schwimm-Lkw KCY/SUKI, ein Kind des Krieges. 1942 erhielten japanische Techniker einige Beute-Jeeps, die sie als Modelle für den Bau von 5 Exemplaren des AK-10 verwendeten, eines Vierteltonners mit 4x4-Antrieb. Das unansehnliche Auto besaß einen kurzen Leiterrahmen, Lkw-Achsen und ein Gewicht von 2 t. Nachdem der Krieg jedoch auch die Heimatinseln des japanischen Imperiums erreicht hatte, wurde die Entwicklung eingestellt.

Im Krieg war Japans einziger kleiner 4x4-Geländewagen der Kurogane (Kuro = Metall, gane = schwarz = Stahl), den die Firma Rikuo 1936–1937 baute. Der zweitürige Soft- oder Hardtop-Pick-up hatte einen luftgekühlten 2V-Motor (1399 cm³, 33 PS, 3400 U/min), Dreiganggetriebe und permanenten 4x4-Antrieb. Zum Auskoppeln des FWD diente ein Einganggetriebe. Die selbstständige Vorderachse hatte Spiralfedern, die starre hintere Blattfederung. Merkmale: Radstand 200 cm, Länge 355 cm, Breite 155 cm, Höhe 167 cm, Bodenfreiheit 23 cm, Eigengewicht 1060 kg, Nutzlast 190 kg. Es wurden insgesamt 4775 Stück gebaut. Die modernen Toyotas bieten eine große verwirrende Auswahl an Modellen, die sich teilweise überlappen.

Toyota Land Cruiser ❷

Der über 50 Jahre alte Land Cruiser gehört zu den besten „Allradern" der Welt. Im August 1950 begann die Arbeit an einem Geländewagen, da man auf lukrative Aufträge der US-Armee und der japanischen Armee hoffte, die ab 1951 neue Vierteltonner mit 4x4 suchten. Ein Prototyp mit SB-Lkw-Rahmen, starren Achsen und 6V-Benziner (OHV, 3386 cm³, 85 PS, 2400 U/min) war nach fünf Monaten fertig. Der Motor (1938) war im 1,5-Tonner GB (Code „B") mit Vierganggetriebe und extrem kurzem 1. Gang verwendet worden. Das jeepartige Modell hieß J und später – als Kombination beider Namen – BJ; es war der erste Serien-Toyota für Militärs und Zivilisten. Leider wählte Japans Armee den von Mitsu-

bishi in Lizenz gebauten Willys Jeep, so dass Toyota bis 1953 nur 298 Stück verkaufte (u. a. an die Polizei). Nicht einmal eine Werbepräsentation am heiligen Berg Fudschijama konnte den Umsatz ankurbeln. Der Radstand betrug 240 cm. Den Wagen gab es nur als Softtop mit „B"-Motor (3,4 l, 86 PS). Seine detaillierte „Genealogie" könnte ein ganzes Buch füllen. Daher beschränken wir uns auf die wichtigsten Modelle. (Es handelt sich – falls nicht anders angegeben – immer um Zweitürer.)

Die 2. BJ-Generation (J2/J3) kam 1954 heraus. Die neue, schnittigere Karosserie bestimmte bis Mitte der 1980er das Äußere der Autos. Der Radstand maß nun 228,5 cm. (Ab 1958 gab zwei Radstände zur Auswahl.) Die Leinwand- wurden durch Stahltüren ersetzt und es gab eine Längsblattfederung von der Crown-Limousine. Das Modell BJ 25 (Softtop,

Der erste Toyota BJ in Paris, 2000

Hardtop oder Pick-up) wurde exportiert und genoss international Anerkennung. Es trug auch den Namen Land Cruiser. Spätere Modelle waren der FJ 25 (1955) mit 6V-Benziner (3,9 l, 105 PS) und der FJ 28 (1958–1960), ein Hard- oder Softtop mit 234,5 cm Radstand. Der FJ 35 (1956–1960) mit 265 cm Radstand und Hardtop-Aufbau war der erste Viertürer. Bis 1983 baute man neue „F"-Motoren. Diese Modelle trugen den Namen J3.

1964 kam als Ersatz für den früheren J2/J3 die 3. Generation J4 (später J40 genannt) auf den Markt. Der J4 wurde als starkes, unverwüstliches Arbeitspferd zur Legende; man baut ihn in Brasilien bis heute fast unverändert unter dem Namen Toyota Bandeirante. Er hatte Geländeuntersetzung, allerdings nur mit Dreiganggetriebe. Der F-Motor leistete dank stärkerer Kompression 125 PS. Die Namen spiegelten die große Anzahl der Radstände wider. Komplette Autos dieser Generation baute man bis 1985, Chassis bis 1986. Modelle: FJ 40 (Radstand 228,5 cm, Hard- oder Softtop-Kombi mit 6V-Rei-

henbenziner „1F" (25 PS); BJ 40 mit 4V-Diesel „1B" (3 l, 75 PS; der heute für Diesel verwendete Code „B" war hier reiner Zufall); FJ 40 (1975) mit 6V-Reihenbenziner „2F" (4,2 l, 136 PS); BJ 41 (1979) mit 4V-Diesel „2B" (3,2 l, 84 PS); BJ 42 (1982) mit 4V-Diesel „3B" (3,4 L, 90 PS); FJ 43, Softtop oder Kombi mit 243 cm Radstand und „1F"-Motor (125 PS); BJ 43 mit „1B"-Motor (75 PS); FJ 43 (1975) mit „2F"-Motor (136 PS); BJ 44 (1979) mit „2B"-Motor (84 PS); BJ 46 (1980) mit „3B"-Motor (90 PS); FJ 45, Soft-/Hardtop oder Pick-up mit 295 cm Radstand und „1F"-Motor (125 PS); FJ 45 (1975) mit „2F"-Motor (136 PS); HJ 45 (1972–1980) mit 6V-Diesel „H" (3,6 l, 90 PS); HJ 47 (1981) mit 6V-Diesel „2H" (4 l, 103 PS) und BJ 45 (1982) mit „3B"-Motor (90 PS). 1968 rollte der einhunderttausendste Land Cruiser vom Fließband. 1972 gab es ein neues Vierganggetriebe, das 1982 auf den meisten Märkten einer Version mit fünf Gängen wich. 1980 ersetzten runde Scheinwerferrahmen die rechteckigen, und die Dreiecks-Lüftungsfenster der Vordertüren verschwanden. 1965

Toyota Land Cruiser Wagon G, 1986

kam neben der J4-Serie der Kombi Station J5 heraus. Der Land Cruiser war nun kein grobes Arbeitspferd mehr; immer mehr amerikanische Kunden suchten nach einem modischeren Fünftürer-Geländewagen für private Zwecke, der auch ein Höchstmaß an Komfort bot. Die Sicherheit wurde verstärkt. Der FJ 55 hatte das gleiche Chassis wie der J4, aber eine elegantere Kombi-Karosserie (meist mit Zweifarb-Lackierung), die ihn vom schlichten J4 abgrenzte. Er hielt sich bis 1979. Der Schwanengesang dieser Generation war der BJ 55 (1979–80) mit 4V-Diesel „2B". Es gab die Modelle FJ 55 (Viertürer-Kombi, Radstand 270 cm, 6V-Reihenbenziner „1F", 3,9 l, 125 PS), FJ 55 (1975) mit „2F"-Motor (135 PS) und BJ 55 (1979) mit „2B"-Motor (84 PS).

1980 ging die 14-jährige Produktion des J5 mit dem Start der 6. Generation – dem Viertürer-Kombi J6 – zu Ende. Der Neuling bot mehr Luxus, ein moderneres Design und die Option zwischen zwei Motoren. Anfang 1985 wurde der veraltete „F2"-Motor vom stärkeren, verjüngten „F3" (Modell FJ 60) abgelöst. 1986 brachte Toyota als weltweit erste Firma einen Geländewagen mit Diesel-Kompressor auf den Markt: Man montierte auf den lang bewährten „H"-Motorblock einen neuen Zylinderkopf mit Turbolader; der Motor „12H-T" erzeugte 136 PS und ein viel höheres Drehmoment. So wurde der Land Cruiser HJ 61 bis 1986 zum schnellsten 4x4-Auto mit TD-Motor. 1987 wurde er geliftet (u. a. ersetzte man die beiden runden durch rechteckige Scheinwerfer).

Toyota Land Cruiser J6

Die Karosserie erhielten die meisten Vertreter dieser Generation. 1988 bekam der „3F" auf Wunsch eine Lambdaprobe und einen Katalysator (155 PS). Modelle: FJ 60 (Viertürer-Kombi, 273 cm Radstand und „2F"-Motor, 135 PS; ab 1985 4-l-Motor „3F", 137 PS); FJ 62 (1988) mit 6V-Reihenbenziner „3F-E" (4 l, 155 PS); HJ 60 mit „2H"-Motor (103 PS); HJ 61 (1986) mit „12H-T"-Motor (136 PS) und BJ 60 (1981) mit „3B"-Motor (90 PS).

Nachfolger des J4 war 1984 die Baureihe J7. Das Baukastensystem der Karosserie ermöglichte es, viele Varianten zu entwickeln, die sich in zwei Kategorien gliedern. Ein bis auf Ausnahmen identischer Leiterrahmen wurde im ersten Fall von starren Achsen mit Blattfedern getragen. Das robuste Auto bot wenig Komfort, aber dafür exzellentes Fahrverhalten auf schlechten Straßen. Im Gegensatz dazu hatte die andere Kategorie starre Achsen mit Spiralfederung (in Japan: Prado), Längsstäbe und einen Panhardstab für die in Europa und den USA vorherrschenden Asphaltstraßen. Erstere hieß „Heavy Duty", Letztere

„Light Duty". Sie unterschieden sich durch ihre „Nasen": Der LD hat eine breite Kühlerfront mit integriertem Blinker; die Kotflügel sind vorn in die Front einbezogen und reichen bis zur Stoßstange; der HD hat eine vorn deutlich schmalere Kühlerhaube mit seitlich vorstehenden Parkleuchten und Blinkern sowie vorn offene Kotflügel. Der LD besaß zwei 4V-Motoren (2,4 l) – den Benziner „22R" (105 PS, später 110 PS) und den atmosphärischen Diesel „2L" (71 PS), ab 1986 einen „2L-T" mit Turbo (86 PS, ab 1990 90 PS); Mit der PS-Steigerung bekam der LD eine breitere Motorhaube und rechteckige Scheinwerfer. 1993 wurde der „2L-T"-Motor (90 PS) von den neuen, dynamischen 3-l-TD-Motoren „1KZ-T" und „1KZ-TE" abgelöst. 1988 kamen die Varianten LJ/RJ 73 mit größerem Radstand heraus. In Europa sind die zweitürigen Soft- und Hardtops GFK im Angebot, andernorts Viertürer mit 265 cm Radstand namens J77, J78 und J79 (je nach Motor), die erst 1993 auf den Alten Kontinent gelangten. Vom Modell Light Duty J7 gibt es den RJ 70 (Soft- oder Hardtop) mit 231 cm Radstand und „22 R"-Motor (105 PS, ab 1985 110 PS) oder „22 R-E" (2,4 l, 113 PS); den LJ 70 mit „2L"-Motor (2,45 l, 72 PS; ab 1986 „2L-T"-Turbo, 97 PS); den KZJ 70 oder KJ 70 (1993) mit „1KZ-T"-Motor (125 PS); und den KZJ 71 (1993) mit „1KZ-TE"-Motor (129 PS). Der „L2" wurde 1985–1996 nicht geliefert; die anderen Motoren blieben wie bei den 231-cm-Modellen. Neue Codenamen waren „73" statt „70", „74" statt „71" und „76" statt „72" (dies war ein Hard- oder Softtop mit 260 cm Radstand). Der Viertürer-Kombi RJ 77 (1990–1996) hatte 273 cm Radstand mit „22R" (110 PS) oder „22R-E" (114 PS), der LJ 77 (bis 1993) den TD „2L-TII" (2,45 l, 90 PS), der LJ 79 besaß einen „3L" (87 PS), der LJ 78 (1991–1993) hingegen den „2L-TE" (95 PS), der KZJ 77 (1993) den „1KZ-T" (125 PS) und den KZJ 78 (1993) den „1KZ-TE" (129 PS). 1990 wurde der zweimillionste Wagen verkauft.

Die Baureihe J7 Heavy Duty (1984) erlebte noch das neue Jahrtausend. Sie wurde rechtzeitig schwerer und war in noch mehr Varianten erhältlich. Das Ausgangsmodell FJ 70/73 startete mit den Motoren der 4. Generation; 1985 kamen die langen FJ/HJ 75 heraus (Letzterer mit dem „H"-Motor des HJ 60). 1990 wurden die „B"- und „H"-Motoren vom 6V-Diesel „1HZ" (Spitzname „Lasre"; 4,2 l, 129 PS) und dem 5V-Diesel „1PZ" (3,5 l, 116 PS) abgelöst. 1993 gab es zusätzlich Benziner; dabei wich die veraltete Serie „F" den moderneren 6V-Reihenmotoren „1FZ-F" (DOHC, 4,5 l, 24V, 190 SP) und „1FZ-FE" (Einspritzer, 213 PS). 2000 wurden viele HDs erheblich

umgebaut. Die starre Vorderachse (teils vom J8) besaß schon Spiralfedern, Längslenkarme und Panhardstäbe. Der Radstand des Pick-ups wuchs auf 318 cm; die Heckmarkierungen änderten sich wie folgt: aus HZJ 70 wurde HZJ 71, aus HZJ 73 HZJ 74 und aus dem Expeditionskombi HZJ 75 der HZJ 78 und der Pick-up HZJ 79. Zu den Modellen Heavy Duty J7 gehörten: der FJ 70 (Softtop und Kombi) mit 231 cm Radstand und „3F"-Motor (137 PS); der BJ 70 (bis 1990) mit „3B"-Motor (90 PS); der BJ 71 (1987–1990) mit „13B-T"-TD (3,4 l, 124 PS); der PZJ 70 (1990) mit „1PZ"-Motor (114 PS); der HZJ 70 (1990) und der HZJ 71 (ab 1999) mit „1HZ"-

Motor (132 PS) sowie der FZJ 70 (1993) mit „1FZ-F"-Motor (190 PS) oder „1FZ-FE"-Motor (215 PS). Ab 1984 gab es die gleichen Motoren wie bei 231 cm Radstand, doch aus 70 wurde 73 und aus 71 74 (ein Soft- oder Hardtop mit 260 cm Radstand). Ferner gab es den Viertürer-Kombi PZJ 77 (1990, 273 cm Radstand und „1PZ"-Motor, 116 PS) sowie den HZJ 77 („1HZ"-Motor, 132 PS). Ein Pick-up wurde nur 1985–1999 angeboten. Die Motoren waren die gleichen wie bei 231 cm Radstand, doch der 70 wurde zum 75 und der 71 zum 78; der Radstand dieses Softtop-Kombis oder Pick-ups betrug 295 cm. Beim HZJ 70 oder HZJ 79 betrug er ab 1999 318 cm; die Modelle hatten Pick-up-Aufbauten und „1HZ"-

Motoren (132 PS), der FZJ 79 den „1FZ-F" (190 PS) oder den „1FZ-FE" (215 PS).

1990 wurde der J6 nach nur neun Jahren vom J8 abgelöst. Alles daran war brandneu – Karosserie samt Vorder- und Heckfront, Spiralfeder-Chassis und Getriebe samt Motor. Der J8 war der erste Toyota mit permanentem AWD, Handsperre und Zwischenachs-differential (später auch Viskokupplung). Der neue, sparsame 6V-TD mit Direkteinspritzung „1HD-T" leistete zunächst max. 166 PS; er wurde von Anfang an mit Erfolg auch beim HD J7 verwendet. Anders als der HZJ 80 mit seinem „1HZ"-Diesel wies der HDJ 80 ein gutes Verhältnis zwischen Leistung und Verbrauch auf. Als dritten Motor gab es den altern-

Toyota 4-Runner Sporty

den Benziner „F", den man 1993 durch den „1FZ-F"und den Einspritzer „1FZ-FE" (FJZ 80) ersetzte. 1995 bekam der TD einen neuen Zylinderkopf mit 4 Ventilen, der es ermöglichte, die strengen Abgasbestimmungen zu erfüllen. Der Motor hieß „1HD-FT", das Modell HDJ-FT. Zur Serie J8 gehörten: der FJ 80 (bis 1993), ein Kombi mit 285 cm Radstand und „3F"- (4 l, 137 PS) oder „3F-E"-Motor (155 PS); der FJZ 80 (ab 1993) mit „1FZ-F" (4,5 l, 190 PS) oder „1FZ-FE" (215 PS); der HJZ 80 (1990) mit „1HZ" (4,2 l, 132 PS); der HDJ 80 mit „1HD-T" (4,2 l, 170 PS; ab 1992 159 PS) und der HDJ 81 (1995) mit „1HD-FT" (170 PS).

Ein Neuling von 1996 – der Land Cruiser J9 – löste den Light Duty J7 ab. Er war der erste Land Cruiser mit einzeln aufgehängten Vorderrädern und mehr Fahrkomfort. Die Mechanik (manuelle Zwischenachsdifferentialsperre) kam vom J8. Den 4V-Benziner „3RZ-F" (2,7 l) gab es bei ausgewählten Modellen (beim kurzen RZJ 90 und langen RZJ 95). Der 3-l-TD (KZJ 90/95 und KJ 90/95) besaß – anders als die Baureihe J7 – eine elektronisch gesteuerte Einspritzpumpe und den Codenamen „1KZ-TE". 2000 lief der „Doyen" unter den Motoren aus; 2001 wurde er durch einen 4V-Diesel (Common Rail, 3 l, 16V) ersetzt. Erster Motor der Baureihe Land Cruiser war der „5VZ-FE" (3,4 l, 24V; nur mit Viergang-Automatik). Die Krönung der Serie bildete der VZJ

90/95. Zur Baureihe J9 gehörten: der Dreitürer-Kombi RZJ 90 mit 236,5 cm Radstand und „3RZ-F" (131 PS) oder „3RZ-FE" (151 PS); der VFJ 90 mit „5VZ-FE" (177 PS), der LJ 90 mit TD „3L" (2,8 l, 87 PS); der KZJ 90 und KJ 90 mit TD „1KZ-T" (3,0 l, 125 PS oder „1KZ-TE" (132 PS) sowie der KDJ 90 (2001) mit TD „1KD-TE" (3 l, 163 PS). Modelle mit 236,5 cm Radstand führen die gleichen Motoren; das „95" in ihren Namen ist durch „90" ersetzt, und sie haben fünftürige Kombi-Karosserien. 2003 wich der J9 der Generation Land Cruiser 300/Prado, die nicht mehr als Geländewagen, sondern als SUV gilt. 1998 erschien die 10. Generation des Land Cruiser. Der J10 löste den J8 ab. Abermals gab es zwei Kategorien mit unterschiedlichen Chassis. Der Heavy Duty hat ein J8-Chassis mit nur im Detail verschiedenen Motoren („1FZ-F", „1FZ-FE" und „1HZ"). Der noch komfortablere Light Duty Land Cruiser 100 wird in Europa und andernorts angeboten. Er ist robuster als der J9 und hat vorn Einzelradaufhängung, ein von Hand oder automatisch regelbares Chassis (gegen Aufpreis), verstellbare Bodenfreiheit mit hydropneumatischer Federung und den ersten V8-Motor „2UZ-FE" (4,7 l, 235 PS) bei diesem Modell (UJZ 100). Er stammt vom Toyota Majesta („1UZ-FE"). Der „1HD-FTE" ist die neueste Version eines TD-Direkteinspritzers (4,2 l, 204 PS) mit vier Ventilen pro Zylinder. J10-Modelle sind der

de-Gang) oder Dreigang-Automatik. Die McPherson-Vorderachse mit tieferen Lenkarmen und Stabilisator gab es schon bei anderen Corollas, während die starre Hinterachse – anders als jene – Längslenkarme, einen Panhardstab nebst Stabilisator und Spiralfedern besaß. Der Radstand betrug 243 cm. Die europäischen Versionen waren 417,5 cm lang, 161,5 cm breit und 151 cm hoch; Bodenfreiheit 17 cm, Eigengewicht 970 kg. Das damals konkurrenzlose Auto fand in den Alpenländern viele Käufer.

Ab August 1984 rüstete Toyota auch die Corolla-Limousinen mit 4x4 aus. Bis dahin waren 212 000 4x4-Kombis gebaut worden. Im Frühjahr 1988 kam der neue Toyota Corolla RV 4WD heraus. AWD besitzen auch einige Vorzugsexemplare des Corolla und des Celica Rallye WRC.

Toyota MPV – Picnic/Ipsum, Model F, Previa/Estima, Ace ❼ ❽

1983 startete das Siebensitzer-MPV Space Cruiser (2x4) mit 1812-cm³-Motor (78 PS, ab 1998 87 PS). Es machte keinen großen Eindruck. Etwa um 1990 kam der Toyota Model F auf den Markt, der mit seinem 4x2- oder 4x4-Antrieb die Herzen der Schweizer Kunden eroberte. Sein erfolgreicher Nachfolger (Prototyp 1989, Serienfertigung ab Frühjahr 1990) hieß in Japan Estima und in Europa Previa. Der in Längsrichtung montierte Motor trieb über eine Fünfgang-Handschaltung oder Viergang-Automatik die Hinterachse, bei einigen Modellen alle vier Räder an. Ab Frühjahr 2000 gab es bei der 2. Generation auch quer liegende Motoren: 4V-Benziner (2362 cm³, 16V, 156 PS, 5600 U/min, 185 km/h), einen TD

Toyota Picnic, Genf 1997

Toyota Previa 4WD, 1994

(1995 cm³, Common Rail, 116 PS; 4000 U/min, 175 km/h) und einen V6 (2995 cm³, 220 PS, 5800 U/min, 180 km/h). Der noch luxuriösere Alphard sollte 2003 herauskommen; er war 5 oder 10 cm länger und besaß 4x2- oder 4x4-Antrieb (ausnahmslos mit Viergang-Automatik). Der fünftürige Sechssitzer-Minivan Ipsum debütierte im Mai 1996, der Picnic 1996 in Paris. Für den Inlandsmarkt gab es eine Version mit AWD, Zwischenachsdifferential, Viskokupplung und Torsen-Differential an der Hinterachse. 1967 brachte die Nutzfahrzeugabteilung die Serie „Es" (Ace) heraus, von der es drei Parallelserien von Kleinbussen und Minivans in verschiedenen Größen gab (jeweils nebst Kombi-Ablegern). Sie hatten Benzin- oder Dieselmotoren. Die Ace-Autos eroberten sich in Japan 23 % ihres Marktsegments. Einige

würden heute als MPV gelten. Es gibt die Modelle Lite-Ace, Hi-Ace, Master-Ace/Town-Ace.

Toyota J7 Heavy Duty, Annecy (Frankreich) 2003

Toyota Hi-Ace 4WD Jubilee, 1994

Toyota Caetano

(Portugal)

Die portugiesische Firma Salvador Caetano aus Vila Nova de Gaio, einem Vorort von Porto, baute modifizierte Toyotas, die aber niemals in den japanischen Katalogen auftauchten.

Toyota Land Cruiser ❷

Der Land Cruiser (Generation J7, Modell BJ 73) war vor allem für Kunden in Japan, Italien und den Mittelmeerländern gedacht. Kennzeichen des Dreitürer-Hardtops sind starre Achsen mit Blattfedern, v. a. aber der VM 66A, ein italienischer 5V-TD (2493 cm³, 108 PS, 4200 U/min) mit Fünfgangautomatik nebst Untersetzung. Merkmale: Radstand 260

Toyota Land Cruiser T (Softtop), 1990

cm, Länge 434,5 cm, Breite 169 cm, Höhe 195,5 cm, Bodenfreiheit 18,5 cm, Eigengewicht 1835 kg, Nutzlast 675 kg; Wattiefe 70 cm, Steigung 45°, Überhangwinkel 32°/28°.

Toyota Caetano Land Cruiser 250 TD, Spanien 2001

Trishul Tourer, 1990

Trishul

(Indien)

Trishul Tourer ❶

Die Firma Trishul Autocrafts war 1982–1991 aktiv. Sie baute jeepartige 2x4-Autos mit Metallkarosserie auf geschweißten Rahmen. Im schwülheißen Indien lag ein offenes, türloses Fahrzeug nahe. Angeboten wurde es als Softtop, Viertürer-Kombi Hardtop – wie auf dem Foto – und Taxi. Der Trishul kann sechs (sehr leichte) Personen oder 450 kg Last befördern. Kraft spendete ein italienischer Lombardi-Diesel (510 cm³, 12 PS, 3000 U/min, 65 km/h) mit Vierganggetriebe. Die starren Achsen hatten Längsblattfedern. Merkmale: Radstand 185 cm, Länge 297 cm, Breite 122,5 cm, Höhe 165 cm, Bodenfreiheit 14 cm, Eigengewicht 600 kg, Tankvolumen 15 l. In der ersten Hälfte der 1990er wurde Trishul von Phooltas übernommen.

Trishul Tourer, 1990

UAZ

(UdSSR und Russland)

UAZ (Uljanovskij Avtomobilnyi Zavod, „Autowerk Uljanowsk") war der größte Produzent leichter Geländewagen in Osteuropa. 1941 beschloss man die Verlagerung der Industrie in den Osten – außerhalb der Reichweite der Deutschen. Im August 1941 sandten die Moskauer ZIS-Autowerke ein Erkundungsteam voraus. Es schlug einen Standort an einem Eisenbahndreieck an der Wolga vor. Die ersten Moskauer Arbeiter trafen Ende Oktober 1941 ein und gingen direkt an die Arbeit – für 16- bis 17-jährige Jungen und Mädchen 14 Stunden pro Tag. Es ging pausenlos voran. Trotz unmenschlicher Bedingungen und Maschinenmangels wurden im Mai 1942 die ersten fünf ZIS-5-Pritschen-Lkws montiert. Mit

UAZ (GAZ-A)

dem Ausbau der beiden Fabriken wuchs auch die Stadt Uljanowsk. Die Firma GAZ Molotow in Gorki (bis 1817 und heute Nischny Nowgorod) konnte damals den Bedarf nicht decken. Ein Auftrag von Ende 1944 verlagerte die Produktion der GAZ-Geländewagen nach Uljanowsk und jene der UAZ-Lkws in ein Werk im Ural. Ab Frühjahr 1945 baute man in Uljanowsk den Kastenwagen GAZ-AA (bis 1952), zunächst mit Importteilen; das Ergebnis hieß GAZ-MM. Die Modelle GAZ-69 und GAZ-69A wurden 1954–1955 vorbereitet. Ab Sommer 1955 spezialisierte sich UAZ auf Befehl des Sekretärs für Autoindustrie auf Geländewagen mit geringem Tankvolumen. Mitte der 1950er wuchs das Angebot um den UAZ-450D – den ersten und lange Zeit einzigen UdSSR-Kleinbus. Beide bildeten – laufend modernisiert – bis 2002 die Standbeine des Programms und sahen weiter aus wie in den 1960ern. Daran änderte nicht einmal die erhebliche Modernisierung des UAZ-31520 (Ende 2001) etwas. Das erste durchweg neue Modell war 1997 der UAZ-3160. Er wurde zur Ausgangsbasis mehrerer Pick-ups, MPVs und anderer Autos. Man richtete auch ein Design-Center ein. 1992 wurde UAZ eine AG. 2000 gingen 68 % der Aktien an den Severstal-Konzern. Dieser investierte über 100 Mio. US-Dollar in den Umbau der Werkshallen, um modernere Teil zu fertigen und den UAZ-3160 und UAZ-3162 vorzubereiten. 2001 – im 60. Jahr der Firma – kündigte man das Planziel von 100 000 Autos p. a. an. Bis dahin waren 3,7 Mio. von den Fließbändern gerollt. Wichtigste Abnehmer waren die Armee und andere Hoheitsträger der UdSSR, die Staaten des Warschau-

UAZ (GAZ)-69

UAZ-469 auf einem Podest vor der Firmenzentrale

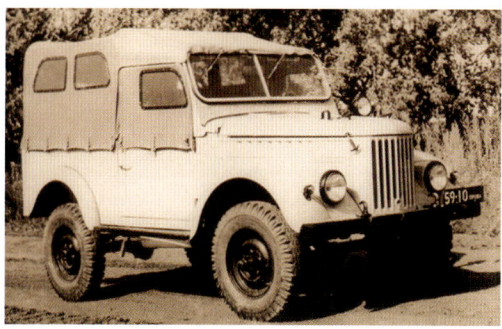

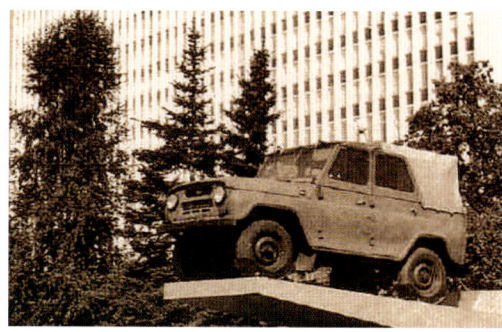

er Pakts und befreundete Länder. Die schlichte Konstruktion ohne Elektronik erwies sich auf westlichen Märkten in den 1990ern als Flop: Die Importeure mussten Motoren bekannter Hersteller einbauen. Eine harte Nuss waren auch die strengen Sicherheitsbestimmungen. Größere Exporterfolge scheiterten an Kapitalmangel und Zulassungsproblemen. UAZs werden in Weißrussland, der Ukraine, in Ägypten (ab 2001), Venezuela (ab 2002), Vietnam und Nordkorea montiert. Getreu der sowjetischen Tradition gibt die Firma ihren Modellen Codenamen, allerdings ohne erkennbares logisches System. In den letzten 25 Jahren wurden 1,3 Mio. Autos gebaut, die in den ersten Jahren nach Produktionsbeginn in Uljanowsk „gaziks" hießen.

UAZ-69 (UdSSR) *bis UAZ-31520* ❷

1954 begann GAZ mit dem Bau der 2. Generation des Autos, die es aber bald UAZ überließ. Die fraglichen Modelle waren der GAZ-69 (8 Sitze) und der GAZ-69A (5 Sitze). Beide hatten den 2,2-l-Motor GAZ M20 SV des Pkw GAZ Pobjeda. Die UAZs besaßen RWD mit FWD-Option, Dreiganggetriebe und Zweigang-Untersetzung. Ihre Bodenfreiheit betrug 21 cm. Ab 1956 hießen die Autos UAZ-69 (der UAZ hatte eine flache Hecktür, der GAZ eine gewölbte). 1965 bereitete man eine modernisierte Version des GAZ-69 vor, der aber nicht in Serie ging, da der UAZ-469 grünes Licht bekam. Ab März 1965 fuhr der UAZ-69 auch für die Rote Armee; ihm folgten später Kombis (UAZ-468) und Cabrios (UAZ-469).

UAZ-469 auf der IDET in Brno/Brünn (Tschechien), 2003

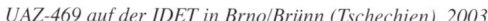

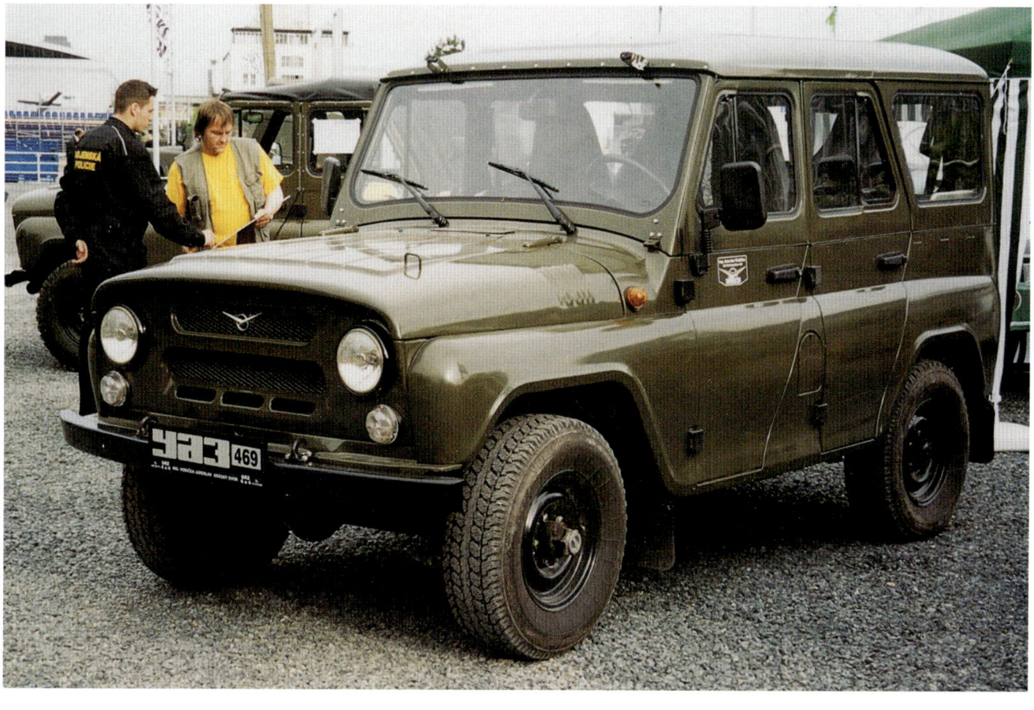

Bis Ende 1972 baute man in 2 Werken in Uljanowsk 634 000 UAZ-69. Man montierte sie auch in Rumänien und Nordkorea. Im Januar 1967 beschlossen das Automobilministerium und das staatliche Planungsbüro GOSPLAN eine Modernisierung. Chefdesigner wurde im März 1971 P. I. Schukow. Der Codename UAZ-469 stand für die 2. Generation des UAZ, der ab dem 15. Dezember 1972 vom Band rollte. Sein Aussehen entsprach dem Trend. Die Entwicklung dauerte 10 Jahre. Das erste Serienauto steht nun auf einem Podest vor der Firmenzentrale. Der Typ fasste 2 Personen und 600 kg Last oder 7 Fahrgäste. Er besaß den Motor der Limousine GAZ-Wolga (2,5 l, OHV, 100 km/h) und Vierganggetriebe vom UAZ-452; im Gelände verbrauchte er 30 % weniger Sprit. Die Bodenfreiheit stieg um 7 cm; er hatte größere Fenster, eine stärkere Heizung und eine größere Fahrgastzelle. Später gab es 2,5-l-TD (Peugeot-Citroën) und 2,1-l-Diesel (Citroën). Vom UAZ-469 leitete man den chinesischen Beijing 4x4 ab. Laut Firmenangaben „fuhr der UAZ-469B 1974 am Elbrus bis auf 4000 m über NN und dann über den Grat zwischen den beiden Gipfeln … eine ähnliche Leistung gelang nur 1997 dem Land Rover, als er nach dem Weltrekord strebte."

Der Wagen wurde ab 1980 modernisiert. Er bekam Teleskopstoßdämpfer, eine neue Achsaufhängung und Lenkung sowie eine starke Heizung. Für die Armee baute man 1982 den Schwimmwagen UAZ-3907 (Spitzname „Jaguar", 8–10 km/h). Er wurde 1983 getestet und basierte teils auf dem GAZ 3907,

UAZ-3907 Jaguar, 1983

UAZ-3907 Jaguar, 1983

Ein Prototyp des „kurzen" UAZ-3171

ging aber nie in Serie. In den 1980ern wuchs die Nachfrage nach dem spartanischen Sowjet-Auto, das zwar sehr rostanfällig war, aber gute Fahreigenschaften besaß. Zu den wichtigsten Importeuren gehörten die Gebrüder Martorelli. Sie boten in Italien ab 1972 GAZs und UAZs an – i. d. R. mit italienischen TD-VM- oder Peugeot-Motoren (2,5 l, 90 PS). In den späten 1980ern und frühen 1990ern bereitete UAZ für die Rote Armee die 3. Generation vor: Zum langen Softtop UAZ-3172 und zivilen Fünftürer-Kombi kam der kurze UAZ-3171 mit vom UAZ-469 abgeleitetem Motor anderer Leistung (2,9 l, 103 PS). Es gab auch Spiralfedern. Die Testfahrten waren 1993 erfolgreich, aber der Niedergang der Armee stoppte alle Pläne. Der Geländewagen wurde verbessert (manche erhielten vorn Spiralfedern), was sich auch im Namen zeigte: Der UAZ-31512 ist ein ziviler Viertürer-Kombi, der UAZ-3151 eine Militärversion, der UAZ-31514 ein Metall-Hardtop, der UAZ-31514-010 hat Spiralfederung, und der UAZ-31519 ist ein 5- bis 7-sitziger Kombi mit Trennwand zwischen Fahrgast- und Laderaum. Das Luxusmodell UAZ-3159 Bars (Prototyp Ende 1997 oder Anfang 1998; in Serie ab Januar 2001) hat einen ZMZ-409-Motor mit elektronischer Einspritzung. Er ist eine 38 cm längere, fünftürige Neunsitzer-Version des UAZ-3153 (Februar 1997). In Moskau debütierte 1998 ein Prototyp des UAZ-2931 mit 10 cm

Ein Einsatztrupp im Kommandofahrzeug UAZu 469

Eine zivile Version des Prototyps UAZ-3172

Militärversion eines seltenen Prototyps – des UAZ-3172

Prototyp des UAZ-3172 aus den späten 1980er-Jahren

Diesel ZMZ-410 (3 l) bekommen. In Italien erhält er Motoren von UAZ, Peugeot (D) und VM, z. B. die Typen Explorer, Marathon, Marat 12V und Dakar. Andernorts heißt er auch Taiga. Merkmale: Bodenfreiheit 22 cm, Überhangwinkel 50°/40°, Steigung 100 %. Der kurze UAZ-31512 war die Basis des Beachcars UAZ-3150 Schalun mit Leinwandtüren und 2,9-l-Motor (102 PS). Er wurde 1989 vorgestellt, aber erst später produziert. Der ähnliche Sport hat auch einen kürzeren Radstand, aber keine Türen. Die russische Firma Dragon Motor nutzte die früher rein militärischen Werke in St. Petersburg und Aginskoje (Sibirien). Chassis vom UAZ-469 dienten als Basis für den limitierten Jump: Er hat weder Dach noch Türen und eine Laminatkarosserie (oder Reste davon). Der Astero ist ein Luxus-Geländewagen. Als Motoren kamen bei diesen Autos fast alle bei anderen UAZs verwandten zum Einsatz, aber auch der GAZ V8 (200 PS). Da der Entwurf ziemlich veraltet war, ließ die Firma im November 2003 die letzten UAZ-469 bis UAZ-3151 vom Band laufen.

größerem Radstand, 455 cm Länge und ZMZ-Motor (2,7 l, 16V, 144 PS), den 1999 auch der Bars erhielt. Die Autos besaßen ZMZ-Motoren (2,5 l, 16V) oder andere russische und ausländische Typen. Die Entwicklung des Fünftürer-Kombis UAZ-31520 ist im Gange. Er soll einen ZMZ-409-Einspritzer bzw. den

UAZ Dakar, Italien 1994

UAZ–3160 Simbir ❷ ❻

Die Firma setzt nun alle Hoffnung auf den UAZ-3160 Simbir („Leopard") mit neuem Pick-up-Chassis (es dient auch als Basis für einen Minibus und einen Bauernwagen). Ein 1993 gezeigter Prototyp gewann auf der Ausstellung „Europa-Asien-Transit" (Jekaterinburg) eine Goldmedaille. Die Produktion lief jedoch erst am 13. Februar 1997 unter anderen Voraussetzungen an. Vom Fließband rollte zuerst der UAZ-3153 mit größerem Radstand, dann – am 5. August 1997 – ein lang erwarteter Neuling, das Serienmodell UAZ-3160 Simbir. 1997 wurden 150

UAZ-3162 auf der IDET in Brno/Brünn (Tschechien), 2003

Stück gebaut. Der fünftürige Siebensitzer 3160 führt den 2,5-l-Motor des UAZ-469 (aber mit Elektro-Einspritzung). Für den russischen Markt bekommt er einen 2,9-l Vergasermotor mit 115 PS (UAZ-31601) oder 119 PS (UAZ-31605). Es gibt auch Typen mit 90–120 PS (UAZ-31606). Größere Bedeutung erlangten jüngst die russischen ZMZ-409-Motoren (2,5 l, 16V) mit Elektro-Einspritzung (Wolga-Motorenwerk), die Typen 4213 und 420 der Wolga-Fabrik, die italienischen TD-VM (124 PS) und einige Mercedes- und Peugeot-Fabrikate. Eine Diesel-Version des UAZ-31604 gibt es seit Juni 1998. Anders als sein Vorgänger hat der Simbir Spiralfederung. Seit 1998 baut man in kleiner Stückzahl auch den Softtop-3160. Ferner ist seit 2000 der optisch aufpolierte, 36 cm längere, fünftürige Sechs- oder Neunsitzer-Kombi UAZ-3162 lieferbar. Versionen mit ZMZ-Motoren (2,7 l, 144 PS) tragen die Plakette UAZ-31622, jene mit UMZs (2,9 l, 119 PS) heißen UAZ-31625 und die mit Toyota-D (3,4 l, 205 PS) unter der Haube UAZ-3162T. 2001 zeigte man in Moskau einen modernisierten Simbir 3162 – den UAZ-31622 (ZMZ, 2,7 l, 137 PS, 150 km/h). Auf der Basis des Kombis UAZ-3162 Simbir baute die Firma den Doppelkabiner-Pick-up UAZ-2362 Nukan (Motor und Innenausstattung vom UAZ-3160 und UAZ-3162; Nutzlast max. 800 kg). Präsentiert wurde er 2000 in Moskau. Andere Versionen sind der UAZ-33035 und der UAZ-33036. Den Pick-up gibt es als verglastes Laminat-Hardtop. Außerdem stellte man 1996/97 den Prototyp eines Pick-ups für 2–3 Personen und 1000 kg Nutzlast vor: Der UAZ-2315 Pikap übernahm Kabine und Frontpartie vom

UAZ-2315

Modell 3151. Er sollte als GAZ-Gegenstück zum Konkurrenten Burlak dienen. 2001 zeigte man in Moskau einen Fünftürer-Kombi mit Frontscheinwerfern. Der fünfsitzige, viertürige Hardtop-Pick-up UAZ-2363 (ZNZ-Motor, 2,7 l, 137 PS) und der UAZ-23632 sollten 2003 herauskommen. Zu dieser Reihe gehören auch der UAZ-27722 (Ambulanz für 6 Fahrgäste und eine Bahre) und der Minivan UAZ-2760 Furgon mit erhöhtem Laminatdach. Erwähnung verdienen ferner der UAZ-2772 – ein siebenbis neunsitziger 4x4-Pick-up mit neuem Outfit – und der 4x4-Pick-up UAZ-2365 mit Leinenverdeck über der Ladezone. Alle haben Fünfganggetriebe, geschweißte Leiterrahmen und starre Achsen mit Spiralfedern oder Torsionsstäben (vorn) bzw. halbelliptischen Längsblattfedern (hinten). Die Exportvarianten mit TD (2,5 l, 110 PS) heißen UAZ-3160 und UAZ-3162. Um 2000 gab es sensationelle Berichte um einen Vertrag zwischen UAZ und dem italienischen Luxus-Autobauer DeTomaso: Der Simbir sollte in einer neuen Fabrik im süditalienischen Gioa Tauro gebaut werden. In Paris präsentierte der neue Importeur UAZ Europa (Modena) einen der 200 für Italien geplanten, bei DeTomaso in Modena montierten Simbirs. 2003 sollten 1350 entstehen, und 2004 der Umzug der Fertigungslinie in eine neue Fabrik in Crotone erfolgen (Gioia Tauro hatte man schließlich aufgegeben). Das Werk in Kalabrien soll im ersten Jahr 3000 Wagen liefern, 2006 dann 10000 und schließlich 20000 Autos p. a. Angeblich will man in diese Fabrik 350 Mio. Euro investieren. Das

gezeigte Auto führten den TD IVECO F1A (2,3 l, Common Rail, 116 PS, 3800 U/min, 150 km/h); Bodenfreiheit 22 cm, Wattiefe 50 cm, Steigung 31°, Überhangwinkel 45°/33°.

UAZ-450 (UdSSR) *bis UAZ-3962* ❷ ❼

Die Wurzeln der vielfältigen Baureihe UAZ-450 reichen bis in die 1950er zurück. Der GAZ-69 diente als Basis für einen Prototyp des GAZ-69B (Spitzname „Buchara"). Der Neuling wurde in UAZ umbenannt und 1955 als Krankenwagen UAZ-450A präsentiert. Die Firma beharrt darauf, er sei seinerzeit konkurrenzlos gewesen (geschwungene Stirnseite, Zahl der Plätze für sitzende oder liegende Insassen, weiche Federung). Ab 1957 kam der Pritschen-Lkw UAZ-450D hinzu. Er hatte einen Leiterrahmen mit starren Achsen und Blattfedern. Kraft spendete ein 4V-UAZ-Motor (2,4 l, OHV) mit Dreiganggetriebe (später 4 Gänge, 3–4 synchronisiert) und Zweigang-Hilfsuntersetzung, die alle oder nur die hinteren Räder antrieb. Dazu gab es Scheibenbremsen. Der Pritschen-Lkw fasste 2 Personen und 750 kg Ladung, der Krankenwagen 9 Mann und der Minivan 2 Insassen plus 800 kg Nutzlast. Steigung 30°, Wattiefe 70 cm, Anhängelast 500 kg, Bodenfreiheit 21 cm, Höchstgeschwindigkeit 90 km/h. Im Januar 1961 beschloss man den Bau moderner Versionen des Minivans UAZ-451 und des Lkws UAZ-451D. Dazu wurden 4x2-Autos gebaut. 1965 kam der modifizierte UAZ-452 mit etwas anderem Outfit, Bodenfreiheit (22 cm) und Überhangwinkel (36°/30°) heraus. Nächstes Modell war der Elfsitzer-Kleinbus UAZ-452B. Junge Designer entwarfen auf der Basis des UAZ-451D den „Snjegochod" mit Skiern anstelle der Vorderräder. Eine weitere Kuriosität war der „Snjegobolotoschod" mit 4 Raupenketten für Fahrten durch tiefen Schnee oder Schlamm. Der Minivan UAZ-452D gewann 1966 auf der Moskauer Landwirtschaftsausstellung eine Goldmedaille. Für den Export bestimmt war der UAZ-452DM; es wurden über 1 Mio. Stück gebaut, bevor 1975 der modernere UAZ-452A herauskam. 1974 erneuerte man die Maschinen des Werkes. Der gut isolierte

UAZ-23632 (Hardtop), 2001

UAZ-2360, 2001

UAZ-3303, 2002

UAZ-450D, 1965

Krankenwagen UAZ-452AC war im Hohen Norden beliebt. Er bewährte sich bei Expeditionen in die Sahara (1975) und die Karakum (1979). Eine weitere Neuerung kam 1988 mit dem UAZ-3303. 1997 erschienen ein Auto mit innovativem Outfit (der Kastenwagen UAZ-33035) und der Lkw UAZ-33036 mit Leinenverdeck (Gewicht 2,65–3,05 t, Anhängelast 850–1000 kg). Beide haben UMZ-Motoren (2,4 l, 92 PS oder 2,9 l, 98 PS). Der UAZ-39094 ist ein Doppelkabiner. Auf den UAZ-452 folgten 1985 der UAZ-3741 und der Minivan UAZ-3746 4x4 (Eigengewicht 2,7 t, Anhängelast 850 kg). Die Motoren waren die gleichen wie beim 3303. 4x4-Kleinbusse werden seit 1967 unter dem Code-

namen UAZ-452V gebaut (ab 1988 als UAZ-2206 und ab 1998 als UAZ-22069 mit neuem Outfit für 8 oder 11 Personen). Der Lieferwagen/Kombi (laut Firma Minivan) mit teilverglastem Heck trägt 5 Insassen und 700 kg Gepäck. Dem Zeitgeist entspricht der gepanzerte UAZ-3963 Konalu für Geld- und Werttransporte.

UAZ-39094 Fermer

Der Pick-up UAZ-39094 Fermer (Bauer) ging aus der leichten Langläufer-Serie UAZ-450 hervor. Er ist für Landwirte bestimmt, die mit 76-Oktan-Benzin auskommen müssen. In den späten 1990ern gab es ferner den UAZ-39094 Fermer-1 mit fünfsitziger Trambus- und den UAZ-39095 Fermer-2 mit Schlafkabine. Er bewältigt eine Steigung von 30° und kann 70 cm tief waten.

UAZ-3165 Sima

Ab 1996 arbeitete man bei UAZ an einem 7- bis 9-sitzigen „Multivan" mit 300 cm Radstand. Der UAZ-3165 Sima mit 2,7-l-Motor (16V, 150 PS, 160 km/h) wurde 1999 in Moskau gezeigt. Er sollte mit 4x2- und 4x4-Antrieb 2003 in den Verkauf kommen.

UAZ-3165 Sima, 2001

UAZ-3760, 2001

UAZ-3741, 2002

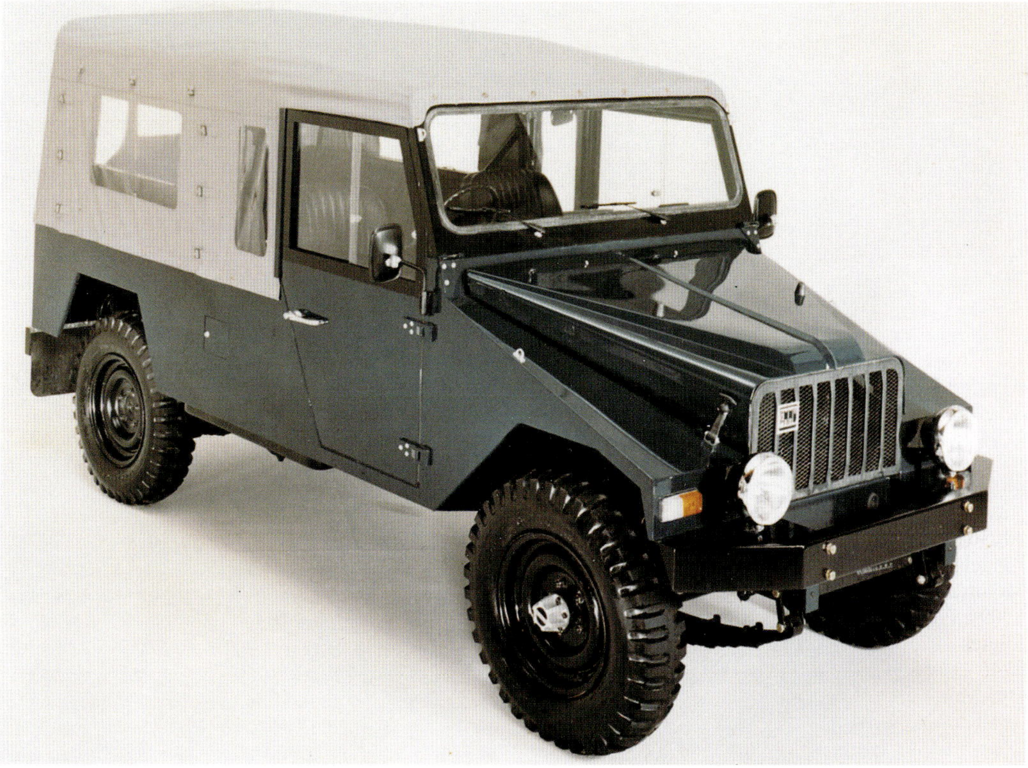

UMM

(Portugal)

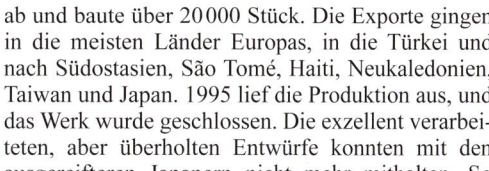

1978 erwarb die Lissabonner Firma Unico Metalo Mecánica, LDA eine Lizenz für die 1. Generation des Cournil-Geländewagens von Simi (Frankreich). UMM wurde 1977 gegründet, um Geländewagen zu bauen. Zu den „Vätern" gehörten der Peugeot- und Alfa-Romeo-Importeur MOCAR, SA (er verkaufte später UMM-Wagen) und die Firma MOBAUTO, die in Setúbal (35 km vor Lissabon) Werkshallen besaß, wo man ab den späten 1950ern Autos von Alfa Romeo, Honda, Nissan, Peugeot und Mercedes montierte, später auch UMMs. Fachleute der portugiesischen Armee halfen bei der Entwicklung der Militärversionen. Man lieferte ab 1979 Autos an die Armee. Sie entsprachen dem NATO-Standard und eigneten sich für Luftlandungen und als Waffenträger. Vom Tagesausstoß (95 Stück) reservierte man im Montagewerk je 20 für das UMM-Projekt. UMM entstand in der Zeit, in der sich der Markt der EU öffnete. Ab den frühen 1980ern nahm man an wichtigen Ausstellungen teil und verfolgte eine aggressive Strategie. Man beteiligte sich an Rallyes à la Paris–Dakar, spielte im Geländesektor eine wichtige Rolle, deckte 60 % der Inlandsnachfrage nach 4x4 ab und baute über 20 000 Stück. Die Exporte gingen in die meisten Länder Europas, in die Türkei und nach Südostasien, São Tomé, Haiti, Neukaledonien, Taiwan und Japan. 1995 lief die Produktion aus, und das Werk wurde geschlossen. Die exzellent verarbeiteten, aber überholten Entwürfe konnten mit den ausgereifteren Japanern nicht mehr mithalten. So

UMM Alter 4x4

UMM Cournil 4x4 Randonneur, 1981

schlug die letzte Stunde für den unbequemen, aber geräumigen Geländewagen. Die Peugeot-Motoren machten mit ihrer Lebensdauer Geschichte, wurden aber als unzureichend bewertet. Dem Ruf der Marke schadeten auch kleine, aber häufige Störungen.

UMM 4x4 Cournil ❷

Der Name UMM 4x4 Cournil wurde 1982 auf UMM 4x4 verkürzt. Die Portugiesen übernahmen das Modell ohne große Änderungen. Der UMM führte einen Indenor-Diesel von Peugeot (2112 cm³, 62 PS, 4500 U/min); er hieß nach dem Motor-Code (z. B. 490) oder wurde – wenn er einen Peugeot-TD (2304 cm³, 67 PS, 4500 U/min) besaß – als 494 angeboten. Er hatte Vierganggetriebe mit nicht synchronisiertem 1. Gang sowie Zweigang-Untersetzung. Vorder- und Hinterachse besaßen Differentialsperren (hinten mit Track Lock). Die Vorderräder hatten Freiläufe vom

Typ „Warner". Die starren Achsen trugen halbelliptische Federn, und es gab Scheibenbremsen. Die Stahlkarosserie war mit dem Leiterchassis verschweißt. UMM bot 3 Varianten mit 2 Radständen an: Den Hardtop-Pick-up Tracteur mit Leinenverdeck über der Ladezone, den Softtop-Pick-up Randonneur (wie der vorige mit 204 cm Radstand und 338 cm Länge) und den Pick-up Entrepreneur (Radstand 252,5 cm, Länge 368,5 cm). Die kurzen Versionen waren 148 cm breit, die langen 157 cm. Entsprechend sah es mit Höhe (197/203 cm), Eigengewicht (1400/1500 kg) und Nutzlast (1200/1100 kg) aus; Bodenfreiheit 23 cm, Höchstgeschwindigkeit 115 km/h (nur der Tracteur war 5 km/h langsamer). Das Auto fasste 2+8 Fahrgäste. Gegen Aufpreis ab es ein Hardtop-Dach aus Vinyl, Polyester oder Metall (mit oder ohne Verglasung). In der Schweiz bot man 1983 ein spezielles „Dakar"-Modell an (Dakary, 73 PS), in Großbritannien 1986 den UMM Trans Cat; 1979 gab es ferner den UMM 4x4 Hiker.

UMM Alter 4x4, Alter II 4x4 ❷

Der in manchen Ländern auch als UMM Alfor bekannte Alter war ein Modell mit 307,8 cm Radstand, 485,7 cm Länge und 23 cm Bodenfreiheit. Er wurde von Herbst 1985 bis 1988 gebaut. Weitere Merkmale: Breite 169 cm, Höhe 195,5 cm, Eigengewicht 1770 kg, Anhängelast 950 kg, Überhangwinkel 48°/28°, Steigung über 90 %, Seitenneigung 40°, Wattiefe 50 cm. Sehr wichtig waren die Motoren, ein Peugeot-D (2498 cm³, 76 PS, 4500 U/min, 120 km/h) und ein TD (110 PS, 4150 U/min, 140 km/h). Der Alter sah moderner aus als seine Vorgänger. Wichtigste Änderung war die Verlagerung der äuße-

UMM Alter Pick Up Long, 1989

ren „Froschaugen"-Scheinwerfer in das Kühlergitter. Die Entwicklung erfolgte phasenweise, und das neue Outfit gab es früher als den Namen Alter. 1987 baute man einen 2.5 L Turbo Incooler mit Fünfganggetriebe ein. Das Auto behielt die Untersetzung bei und besaß hinten eine Differentialsperre. Die Vorderräder waren im Leerlauf von Hand abbremsbar, der FWD auskoppelbar. Es gab weiter die alten Karosserien: Der Wagen bot vorn 2–3, hinten bis zu 6 Insassen Platz. 1998 wurde der Aller vom leicht überarbeiteten Alter II abgelöst, den es ab 1990 auch als langen Doppelkabiner mit Leinenverdeck über der Ladefläche gab.

UMM Alter 2000 ❷

2000 gab es Gerüchte über die erneute Produktion des Alter II, jedoch mit zahlreichen Verbesserungen. Als Motor war ein Peugeot-Zwischenkühler (Common Rail, 2088 cm³, 110 PS, 4300 U/min, 150 km/h) mit Fünfganggetriebe vorgesehen (wahlweise 4x2 oder 4x4). Merkmale: Radstand 256/307,8 cm, Gesamtlänge 413,9/485,7 cm, Eigengewicht 1580/1670 kg. Ansonsten entsprach das Modell in etwa dem Alter II. Hard- und Softtopkarosserie bieten 2–9 Fahrgästen Platz. Die Nutzlast soll über 1050 kg betragen.

UMM Alter als Löschfahrzeug beim 24-Stunden-Rennen von Le Mans, 2002

URO

(Spanien)

Die 1981 in Santiago de Compostela gegründete Firma Vehículos Especiales, S.A. (UROVESA) begann wenige Monate später mit der Produktion von Gelände-Lkws. An diesem Programm hielt man seither fest. Die Serien F1 und F2 mit Semi-Trambuskabinen von 1981 sind eigentlich Kit Cars, die man nach Wunsch der Kunden zusammenbaut. Als Antrieb dient der IVECO-TD (5,9 l, 143 bis 227 PS). Er wirkt auf ein Fiat-Neunganggetriebe (gegen Aufpreis gibt es Viergang-Automatik) mit Zweigang-Untersetzung, Zwischenachsdifferential, Differentialen (hinten und vorn) mit pneumatisch gesteuerten Sperren und anderen Übertragungen auf die Radnaben. Diese 4x4-Autos wurden bei der nicht mehr bestehenden spanischen Firma IPV/MAFSA gebaut.

Ziviler URO Vamtac VAM T4, 2001

URO Vamtac ❷ ❾

URO Vamtac 2PH, 2001

Der Vamtac ist ein seit 1988 lieferbares Gegenstück zum Hummer (den er weitgehend kopiert). Wichtigster Abnehmer ist die Armee; die übrigen Autos gehen an Polizei, Feuerwehren und Rettungsdienste. Sie erfüllen die Anforderungen des spanischen Verteidigungsministeriums: volle Funktionsfähigkeit bei Temperaturen zwischen –20 und +50°C, 1500–2000 kg Zuladung, 1500 kg Anhängelast und 75 cm Wattiefe (mit Zusatzausrüstung bis zu 1,5 m). Der Wagen kann in Chinook-Hubschraubern oder Hercules C-130 transportiert werden. Sein Leiterrahmen trägt leicht zerlegbare Stahlaufbauten. Die Räder haben Einzelaufhängung mit Spiralfedern nebst Stabilisator (vorn). Die vorderen und hinteren Teile von Achsen und Getriebe sind untereinander austauschbar. Es gibt Scheibenbremsen. Der VAM T2 hat einen 4V-TD Fiat-IVECO mit Zwischenkühler (2800 cm³, 122 PS, SAE, 117 km/h) sowie Fünfgang-Handschaltung oder Viergang-Automatik, pneumatisch gesteuerte URO-Zweigang-Untersetzung und ein sperrbares Zwischenachsdifferential. Für zusätzliche Untersetzung sorgen Übertragungen an den Radnaben. Der VAM T4 hat einen 6V-Reihen-TD mit Zwischenkühler von Steyr (3200 cm³, 190 PS, SAE, 130 km/h), einen hydraulischen Drehmoment-Konverter von Allinson und Viergang-Automatik der gleichen Marke. Alles andere entspricht dem VAM T2. Beide haben die gleichen Merkmale: Radstand 338,5 cm, Länge 484,5 cm, Breite 218,9 cm, Höhe (Hardtop) 191 cm; Eigengewicht 2800–3500 kg, Nutzlast +2100 kg, Bodenfreiheit 49,3 cm, Steigung 70 %, Seitenneigung

60 %, Überhangwinkel 51°/52°. Als Grundvarianten gibt es ein Chassis mit Kabine (kurzer Zweitürer 2PH, kurzer Viertürer 3PH und langer, viertüriger Doppelkabiner 4PH), einen Pick-up (2PK, 3PK und 4PK; auch als Softtop erhältlich) und den geschlossenen Geländewagen Cerrados mit Fließheck (4PC) oder -kombi (4PW). Weitere Optionen sind Modelle mit 373,5 cm Radstand und 543,5 cm Gesamtlänge, deren Codenamen ein „L" enthalten (z. B. 2PHL). Die übrigen Merkmale sind – bis auf das Gewicht – gleich. Ein normaler Zweitürer bietet 2 Personen Platz, ein Viertürer 4–6. Andererseits verwendet die Armee Transporter für 10–12 Mann, Minivans mit hohen Dächern (z. B. als Ambulanzen für 2 oder 4 Verwundete) oder Waffenträger. Es gibt auch Versionen mit Leinwandtüren, mit AC und Sondervarianten für Feuerwehren und Rettungsdienste.

URO Vamtac VAM VL, 2001

VAZ/Lada

(UdSSR und Russland)

Um 1960 waren Sowjetautos veraltet, rar und weit verstreut; illegale Nachbauten wurden immer riskanter. Man brauchte neue Technologien, um schnell viele Autos liefern zu können. Am 20. Juli 1966 beschloss der Ministerrat, eine neue Autofabrik zu bauen. Ein guter Standort fand sich beim Wasserkraftwerk Kuybischew/Wolga, etwa 15 km von Nabereschnije Tschelnij und ca. 90 km von Samara entfernt. Bis auf Zündung, Scheinwerfer und Fenster sollte alles vor Ort entstehen. Jährlich waren 750 000 Autos geplant. Die gesamte Infrastruktur – eine Kleinstadt – entstand völlig neu: endlose Zeilen von Fertighäusern auf einem Hang am Wolgaufer. Man taufte sie nach dem in Jalta (Krim) gestorbenen italienischen KP-Führer Togliatti. Seine Partei stand hinter den Verhandlungen zwischen den Russen und Fiat, die Technologie und Auto lieferten. Zum Vertrag kam es am 15. August 1966. Die Wolga-Autowerke (VAZ) gehören zu den größten Fabriken der UdSSR: an den 160 km langen Montagebändern arbeiteten 180 000 Menschen. Binnen 2 Jahren nach Grundsteinlegung baute man 100 000 Autos. Die offizielle Eröffnung war im August 1970, doch schon 1969 rollten 30 000 Wagen vom Band. VAZ erwarb eine Lizenz für den Fiat 124, den man umbaute, um ihn an das russische Klima, die schlechten Straßen und die primitive Infrastruktur anzupassen. Nach sowjetischer Sitte erhielten die Modelle einen Nummerncode und/oder den Namen Schiguli (nach den gewundenen Waldufern der Wolga); die 2. Generation hieß Samara, das Exportmodell Lada. Erst kam die Limousine VAZ-2101, ein Jahr später der Kombi VAZ-2102 heraus. Für das Inland baute man einige Pick-ups mit geschweißten Hecktüren. Die 2. Generation, der kantige VAZ-2108 Samara, kam 1985 heraus. 1995 gab es als 3. Generation den schnittigen VAZ-2110, Ende der 1990er den VAZ-2345 Pikap, eine Kreuzung aus der Vorderpartie des VAZ 210433 und Teilen des 2108 F und 2109 F: Mit 280 cm Radstand fasste er 2 Personen und 600 kg Gepäck. Die Ladefläche hatte ein Laminat-Verdeck. Der Pick-up VAZ-2108 F Tschelnok leitet sich vom VAZ 2108 ab; auch er hat ein Laminat-Dach. Ihm steht der Doppelkabiner VAZ-2109 F Tschelnok nah (4 Türen und 5 Sitze, 300 kg Anhängelast). Er verwendet die „Nase" des VAZ 2108. Alle Modelle werden fast unverändert bis heute gebaut.

Am 15. Januar 1993 wurde aus VAZ die AvtoVAZ-AG. In Genf 2001 informierte sie 2001 auf einer

Lada Niva-2131 Konsul, Deutschland 1996

Lada Elf, 1996

Pressekonferenz über den Vertrag mit GM vom 27. Februar 2001: GM war für die technischen und finanziellen Aspekte zuständig. Die Wolga-Fabrik sollte Motoren, den Opel Astra und später den Geländewagen Niva 2123 (heute Niva II) oder den Chevrolet Niva mit Opel-Benziner oder Fiat-Diesel bauen. AvtoVAZ hoffte, dass auch die Zeit für einen neuen VAZ-Motor kommen werde. Es wurde behauptet, Niva-Modelle liefen in Mexiko und den Vereinigten Arabischen Emiraten genauso gut wie Chevrolets. Die GM-AvtoVAZ gehört GM (41,5 %), AvtoVAZ (41,5 %) und der Europäischen Bank für Industrie und Entwicklung (17 %). Auf den Monitoren der russischen Ingenieure entstand ein neues SUV. Die Produktionstechnologie ist brandneu. Der Chevrolet Niva sollte Ende 2002 in Russland herauskommen und ab Oktober 2003 exportiert werden. AvtoVAZ ist ein Unternehmensverbund aus SeAZ, Bronto und dem Pick-up-Bauer VIS. SeAZ entstand 1939 und baute ab 1953 das dreitürige Behindertenfahrzeug S-1t (Codename „SMZ"). 1996 zeigte man in Paris einen Prototyp des auf dem Dreitürer SeAZ-1113 Oka basierenden Beachcars Lada Elf. 2000 wurden 703 000 Ladas (AvtoVAZ) und 32 000 RosLadas gebaut (darunter 2633 Pick-ups). Der Lada/Niva ist Russlands größter Exportschlager. Er wurde in 145 Länder exportiert (heute sind es noch 60; beim Niva 50). Am 8. Juni 2001 rollte der 20-millionste Lada vom Montageband.

VAZ-2121 – Lada Niva ❷

Bei der Planung der VAZ-Werke rechneten die Ingenieure mit dem Bau eines Geländewagens. Für den Niva schuf man eine „Fabrik in der Fabrik". Konzipiert war er als modernes Auto. Dank selbsttragend-rahmenloser Stahlkarosserie, permanentem AWD (Untersetzung nebst hinterem Sperrdifferential) und verstärkter Spiralfederung kam er auch mit schwie-

Lada Niva, 2001

VAZ Niva-2122 Reka

Lada Taiga, 1996

rigstem Gelände zurecht. Das konnte damals sonst nur der Range Rover bieten. Leiter des Niva-Projekts war Wladimir Sergejewitsch Solowzew, Oberingenieur Valerij Pawlowitsch Semutschkin. Der Radstand des Schiguli-Fahrgestells wurde um 23 cm verkürzt. Als Prototypen gab es 1971 und 1972 Softtop-Cabrio-Karosserien und 1,3-l-Motoren. Der erste Serienwagen wurde am 5. April 1977 montiert (Vorstellung 1976); er hatte einen 1,6-l-Motor (80 PS, 130 km/h) mit Vierganggetriebe und Teilen vom VAZ-2106. Der Niva war 370 cm lang; er hatte 23,6 cm Bodenfreiheit und 16″-Räder. Im Sommer 1973 testete man die Autos in Usbekistan; UAZ half bei der Lösung spezifischer Probleme.

VAZ Niva Bora

Ferner baute man eine militärische Schwimmwagen-Variante des VAZ-2122 Reka („Fluss") mit längerem Boden, aber dem 1,3-l-Motor (60 PS, 115 km/h auf der Straße, 9 km/h im Wasser) der Limousine VAZ-2101. Das Heck besaß ein Leinenverdeck, andere Modelle hatten eine offene Gelände-Karosserie mit Leinwandtüren auf Rahmen und Überrollbügeln. Zwischen den späten 1970ern und 1988 gab es auch Militär-Nivas. Sie bestanden strengste Tests, aber die Rote Armee hatte nie genug Geld. Der Niva wurde 10 Jahre unverändert gebaut; Anfang der 1990er kam der Niva Bora heraus, ein Beachcar-Prototyp ohne Türen mit Aluteilen, der dem Project von 1988 glich. 1993 erhielt der Niva ein Facelifting, u. a. neue, bis zur Stoßstange reichende Hecktüren, Samara-Sitze, Scheinwerfer und ein neues Armaturenbrett. Der 1,7-l-Moor (135 km/h) hatte Einpunkt-Einspritzung. Im Herbst 1985 gab es ein neues Fünfganggetriebe (wieder mit Untersetzung). Bei Exportautos fehlten nun die Dreiecksfenster der Vordertüren. Der Niva hat permanenten AWD mit von Hand sperrbarem Zwischenachsdifferential. Die Vorderräder besitzen Einzelaufhängung mit doppelten Lenkarmen, Spiralfedern und Stabilisator. Die starre Hinterachse verfügt über einen Panhardstab und Spiralfedern. Das Modell trägt 4 Fahrgäste und 380 kg Gepäck. Merkmale: Bodenfreiheit 22 cm, Steigung 89 %, Seitenneigung 48°, Überhangwinkel 39°/36°, Wattiefe 80 cm (einige Quellen erwähnen 45 oder 65 cm Wattiefe und 58 % Steigung). Der lange VAZ-2130 Kedr kam 1992 heraus; ihm folgte 1994 der VAZ-2131 Niva (Wagoon; auch Niva I) mit gleichem Radstand, aber 5 Türen und dem 2-l-Motor UZAM 3320. 1998 wurde über 1 Million Nivas gebaut. In der zweiten Hälfte der 1990er gab es den Pick-up VAZ-2328 Niva mit Zweimannkabine und Aufbau für 300 kg Nutzlast und den Doppelkabiner VAZ-2329 Niva mit 50 cm längerer Kabine und 2 Sitzreihen. Es folgten 2001 der VAZ-23451 VIS Double Cab, der 2345 VIS Pick-up, der 2346 VIS Niva (Pick-up oder Ambulanz) und der Lieferwagen VAZ-2121 F Niva. Einige baute man bei VIS, einem Satellitenbetrieb von VAZ. Der Niva versuchte den Durchbruch auch mit Wankel- (200 PS) und Elektromotoren. Bronto produziert Spezialfahrzeuge auf Niva-Basis. Exportautos haben manchmal Turbodiesel von Peugeot (1,7 l, 75 oder 82 PS). Sie werden seit 2000 in Ecuador

VAZ Niva Project

Lada Niva California 2, 1997

und seit 2001 in der Ukraine montiert. In Österreich und Frankreich kennt man sie als Taiga/Taiga SC oder Tundra. In England gab es ab Mai 1986 das besser ausgestattete Modell Niva Cossack und in Griechenland (ebenfalls 1986) für kurze Zeit das Cossack Cabrio. In der Slowakei bot man den Niva Kasbek an. Italiener konnten sich am bei der Organizzazione Martorelli gebauten Niva Everest mit Peugeot-Diesel (1905 cm^3, 58 PS, 4600 U/min) und am Niva Brio erfreuen, einem Semi-Cabrio mit Rahmen aus starren A- und B-Pfeilern, die oben zentral mit der Windschutzscheibe verbunden waren. In Frankreich führte der Niva ein Eigenleben. Er verkaufte sich in den 1980ern auch mit LPG-Motor sehr gut. In Deutschland gab es 1983 die Modelle Lada Niva UT, Niva E, Niva 5000 und Niva 5000 C und ab August 1998 den Niva 21214 (1,7 l, 80 PS), den Niva 21215 (mit 1,9-l-Peugeot-Diesel, 64 PS) und den Niva California 2 (1,7 l, 80 PS, teurere Ausstattung).
In Frankreich stark überarbeitete Nivas kamen 1981 bei der Dakar-Rallye in der Gesamtwertung auf Platz

3; 1982 und 1983 belegten sie den 2. Rang. Ein Sondermodell mit V8-Ferrari-Motor (300 PS) und mehrfachem Spornriemen-Antrieb gewann beim Italian Cup der Geländewagen Gold. Seit dem 16. September 1999 hält der Niva einen Höhenrekord: Er fuhr in Tibet aus eigener Kraft bis in 5726 m Höhe. Am 17. April 1999 berührte der Niva Marsh (vgl. Bronto) – genauer gesagt dessen Reifen – den Nordpol, nachdem er einen Teil der Strecke im Hubschrauber zurückgelegt hatte. Der Lada Niva war für den täglichen Gebrauch in Gegenden ohne Kunststraßen gedacht, wie es sie überall in der UdSSR gab. Das leichte, billige Auto ist ein lautes, schlichtes, wenig komfortables und nicht gerade optimales Auto mit schlechten Straßeneigenschaften, das aber im Gelände wahre Wunder vollbringt (vor allem auf weichen Böden).

Eine Martorelli-Version des Lada Niva, Turin 1992

VAZ Niva-2329 Pick-up

VAZ-2123 Niva II

Die 2. Niva-Generation kam 1998 heraus – zwei Jahre nach dem Prototyp (September 1996). Erstes Serienmodell war im März 2000 der VAZ-2123 Niva II: Der Fünftürer-Kombi ist rundlicher und keilförmiger als die Vorgänger, hat längliche Front-scheinwerfer, den VAZ-21233 (1,7 l, 80–82 PS, 152 km/h) oder den Diesel VAZ-21235 (1,8 l, 75 PS, 140 km/h) und permanenten 4x4. Die 3. Version führt einen 2-l-Motor (16V, 115 PS). AvtoVAZ zufolge wurde das Auto bis Mitte 2002 als AvtoVAZ-GM gebaut, danach als VAZ. GM will nach und nach „Herz" und „Hülle" austauschen. Am 27. Juni 2001 gab es neue Verträge zwischen GM und AvtoVAZ, und am 23. September 2002 lief die Produktion an. Für 2003 sind 35000 Stück geplant, für 2005 sogar 75000.

VAZ/Lada 2110–2120 Nadjeschda

1989 kursierten Informationen über einen Prototyp der 3. Generation des VAZ-2110. Das Werk kündig-te 1996 die „Großserienfertigung" an. Seit 1999 gibt es den auch als 4x4 erhältlichen Kombi VAZ-2111. 2001 stellte man einen 4WD mit 1,8-l-Motor (110

Lada-Chevrolet Niva, 2002

PS) vor. Der erste russische Minivan, der VAZ-2120 Nadjeschda („Hoffnung") debütierte 1997 in Mos-kau. Er leitete sich vom VAZ 2110 und vor allem vom Niva ab. 1999 wurde er überarbeitet. 2000 er-schien der auf ihm basierende Niva 2131 mit perma-nentem AWD, aber noch ohne Untersetzung (die gab es erst später als Option).

Lada Konsul VAZ-210934 Tarzan, 2002

Lada Niva Kazbek, Bratislava/Pressburg (Slowakei) 2001

Volvo

(Schweden) **VOLVO**

Assar Gabrielsson und Gustaf Larson unterhielten enge Beziehungen zum Kugellagerhersteller SKF. Im Sommer 1924 beschlossen sie die gemeinsame Entwicklung und Produktion von Autos. Zwei Jahre später lag ihnen ein Chassis-Entwurf vor, den sie mit einem jungen Ingenieurteam bauten. Der „Jakob" ÖV 4 machte beim Start im April 1927 einen guten Eindruck. Die finanzielle Absicherung des Montagewerkbaus übernahm SKF. Den Name Volvo („ich rolle") verwendete SKF zuvor für ein anderes Unternehmen. Die Marke wurde bald für ihre hochwertigen, dauerhaften und sicheren Autos berühmt. 1973 erwarb man 33 % der niederländischen Firma Daf, 1975 waren es 75 %. 1991 ging der Rest von Daf an Mitsubishi. 1999 übernahm Ford die Autosparte von Volvo und schlug sie mit Aston Martin, Jaguar und Lincoln der Premier Automotive Group zu. Einige Modelle der Tourenwagen S60 (AWD) und V70 haben AWD, das elektronische Haldex-System und gleitende Verteilung des Drehmoments auf die Achsen (je nach Verkehrslage). Die Limousine S80 wurde zur Basis des schnellen Volvo S80 Ambulance, eines Nachfolgers des V90 Ambulance, den Volvo 2000 (zusammen mit dem Karosseriebauer Wiman)

an britische Gesundheitsdienste lieferte. Der Ambulance hat den gleichen Sicherheitsstandard wie die Limousine, u. a. SIPS und WHIPS-Seitenschutz, 2,4-l-Motor, Handschaltung und Automatik sowie auf Wunsch AWD. Volvo entwickelte auch einen Prototyp für „Abenteuerautos" – das ACC (Adventure Concept Car), einen Vorgänger des späteren SUV AWD. 2001 zeigte man in Detroit den teilweise vom S60 abgeleiteten ACC; ihm folgte im März 2002 der mit dem V70XC verwandte ACC 2.
Nach dem Zweiten Weltkrieg baute die Firma den TPV (4x4), dem sich 1953–1958 720 Stück des moderneren P2104/TP 21 anschlossen. Es gab ihn als Vier- oder Fünfsitzer für Kommandeure und Nachrichtentruppen (9151 und 9152), für Flughafen-Services (265 TL11 und TL12), mit der Karosserie eines robusten Vorkriegs-Taxis (PV 801/802), als Kombi oder Lkw (953). Die Soldaten nannten ihn wegen seines mächtigen, rundlichen Hecks „Suggan" („Schwein"). Das Lkw-Chassis trug einen 6V-SV-Benziner (3645 cm³, 90 PS, 3600 U/min; auch mit 105 oder 115 PS). Es gab Vierganggetriebe mit Zweigang-Untersetzung zum Auskoppeln des FWD. Die Differentialsperren arbeiteten mit Unterdruck. Die starren Achsen hatten halbelliptische Federn. Merkmale: Radstand 268,5 cm, Länge 470 cm, Breite 195 cm, Höhe 215 cm, Bodenfreiheit 25 cm, Eigengewicht 2880 kg, Anhängelast 380 kg.

Volvo ACC, 2001

Volvo ACC 2, 2002

Volvo C 303

Volvo Lappländer PU/HT, C 300/C 200

Der L2304, Prototyp eines 0,8-Tonners mit Trambus-Kabine, entstand Ende der 1950er. Die in der Lkw-Abteilung gebauten Lastwagen gingen v. a. an die Armee, die mit dem „Schwein" (als „Serie 903" 6- und 8-sitziger Transporter, Erkundungs-, Nachrichten- und Feuerlöschfahrzeug oder Waffenträger) unzufrieden war, doch sie gefielen auch zivilen Kunden (als Lappländer). 1961–1970 wurden 7736 offene L3314 (Spitzname „Valpen") und 1116 L3315 mit anderem, geschlossenem Aufbau produziert. Die Firma lieferte auch Sondervarianten für Notärzte und Feuerwehren, geschlossene und Softtop-Aufbauten, Pick-ups und Chassis für Spezialaufbauten. Kraft spendete der 4V-Benziner (OHV, 1990 cm³, 68 PS; 4500 U/min) der Limousine PV 544. Der Typ

hatte neben Vierganggetriebe eine Zweigang-Hilfsuntersetzung zum Auskoppeln des FWD und vakuumgesteuerte Differentialsperren. Die starren Achsen besaßen Längsblattfedern. Merkmale: Radstand 210 cm, Länge 405 cm, Breite 166 cm, Höhe 210 cm, Bodenfreiheit 29 cm, Eigengewicht 1600 kg, Nutzlast 850 kg. Der Pvpjtbil 9031 (Parisär värns pjäs terräng bil) entstand auf Wunsch der Armee; er diente als Selbstfahrlafette für die Bofors-Pak, da der vorher dafür gedachte Lappländer häufig beim Abfeuern umkippte. Der Pvpjtbil war baugleich mit dem L3314, aber niedriger und robuster. Das Reserverad an der Frontseite stand nach unten vor, um bei Bodenkontakt als Dämpfer zu dienen, da das Auto schlecht ausbalanciert war und „mit der Nase nach unten" aufkam. 1963/64 baute Volvo 270 Stück, die nach ihrer Ausmusterung an die chilenische Armee gingen. Es gab einen 1780-cm³-Motor (65 PS, 4500 U/min, 90 km/h). Merkmale: Radstand 210 cm, Länge 440 cm, Breite 170 cm, Höhe 150 cm, Eigengewicht 1870 kg. 1969 wurden Äußeres und Mechanik der Volvos modernisiert. Ab 1972 gab es für zivile Kunden den schwereren Cross Country C 303 4x4/C 306 6x6: der fünftürige „Gelände-Kleinbus" konnte 7–8 bzw. 14 Fahrgäste befördern. Er hatte 2 oder 3 Antriebsachsen und einen 6V-Reihenmotor (2980 cm³, 125 PS, 4250 U/min, 120/80 km/h). Merkmale: Radstand 230 cm (4x4)/272 + 105 cm (6x6), Länge 435/593,5 cm, Breite 190 cm, Höhe 217 cm, Bodenfreiheit 38 cm, Eigengewicht 2100/3100 kg, Nutzlast 1350/2400 kg. 1977 gab es einige Neuerungen; heraus kam damals der leichtere

Volvo C 202 (Kombi)

Volvo C 202 (Ambulanzfahrzeug)

Dreivierteltonner Cross Country C 202 (Soft- oder Hardtop) mit 4V-Motor (2 l, 82 PS, 4700 U/min). Radstand 210 cm, Länge 401 cm, Breite 166 cm, Höhe 214 cm, Bodenfreiheit 28,5 cm, Eigengewicht 1520 kg (offener PU) bzw. 1725 kg (geschlossener HT), Nutzlast max. 1005 kg. Man baute das Modell mindestens bis Mitte der 1980er. 1961–1981 wurden vom Lappländer der 1. Generation 12 000 Stück produziert.

Volvo XC70 Cross Country ❶

Volvos Gelände-Kombi XC70 fand dank verbesserter Geländefahreigenschaften eine positive Aufnahme. Von der 1. Generation des Fünftürers (V70XC) wurden 1997–2000 53 857 Stück gebaut. Dieses Ergebnis erzielte die 2. Generation (XC70 Cross Country, ab Februar 2000) schon nach 12 Monaten. Im Dezember 1996 kam das Modell

Volvo XC70, 2003

S70/V70 (2x4) mit 265 cm Radstand heraus. Anfang 1997 präsentierte man auf der IAA die AWD-Version, den V70 XC auf dem Fahrgestell des Kombis 850. Erweitert wurde die Palette um die 1998 in Paris präsentierte Limousine S70 AWD. Wie schon erwähnt, hatten einige V70-Kombis AWD. Der V70XC mit 5V-Turbo (1983 cm³, 226 PS, 5700 U/min) und 2435-cm³-Motor (193 PS, 5100 U/min) hatte entweder Fünfgang-Handschaltung oder Viergang-Automatik. Permanenter 4x4 mit variabler Kraftverteilung auf Vorder- und Hinterachse begünstigt den FWD und treibt über eine Viskokupplung die Hinterräder an. Zusätzlich gab es hinten eine Differentialsperre. Die Höhe des AWD-Chassis ist verstellbar. Die Karosserien sind selbsttragend; die Räder haben Multilink-Einzelaufhängung. Im Februar 2000 präsentierte man den XC70 Cross Country, einen fünftürigen Fünfsitzer-Kombi (fast ein SUV) mit mächtigen Plastik-Stoßdämpfern. Es gab ihn nur mit 5V-Benzin-Turbo (20V, 2435 cm³, 200 PS, 5100 U/min, 210 km/h) und Fünfgang-Automatik (mit „Normal"- und „Sport"-Modus) oder – gegen Aufpreis – mit Geartronic-Automatik (mit Handschaltungs-Option). Das Chassis verfügt über das TRACS-Antirutschsystem, das DSTC-Antischleudersystem und elektronische EBD-Bremsverteilung.

Merkmale: Radstand 276,3 cm, Länge 473,3 cm, Breite 186 cm, Höhe 156,2 cm, Bodenfreiheit 17 cm, Wattiefe 30 cm, Überhangwinkel 23°/24°. Das Modell Cross Country Ocean Race Edition wurde erstmals im August 2001 anlässlich der Weltmeisterschaften im Segeln präsentiert, bei denen Volvo als Sponsor auftrat.

Volvo XC90 ❸

Der Volvo XC90 wurde im Herbst 2001 in den USA und 2002 in Genf präsentiert. Der fünftürige, relativ hohe Kombi bietet 5 oder 7 Fahrgästen Platz. Anders als der XC70 hat er eine Haldex-Kupplung. Der von einem älteren Modell übernommene 2,5-l-Motor bringt nun 210 PS (5000 U/min) und wirkt auf eine Fünfgang-Automatik. Ein anderer Motor, ein 6V-Reihen-TD mit Zwischenkühler (2922 cm³, 272 PS, 5100 U/min, 210 km/h), arbeitet mit Viergang-Automatik, ebenso der TD Common Rail (2401 cm³, 163 PS, 4000 U/min, 185 km/h). Merkmale: Radstand 286 cm, Länge 480 cm, Breite 190 cm, Höhe 174 cm, Eigengewicht +1900 kg, Nutzlast 450 kg. Das Auto erhielt international viele Auszeichnungen; u. a. wurde es im Wettbewerb des „What Car Magazine" „Bester 4x4 des Jahres 2003".

Volvo XC90, „Bester 4x4 des Jahres 2003" in Großbritannien

VW New Beetle Dune, 2000

VW

(Deutschland)

1934 präsentierte Ferdinand Porsche Hitler den „Volkswagen" (VW, ab 1945 „Käfer"). Nach Mai 1945 wurde die Produktion von einem alliierten Offizier überwacht. Ihre „Volkstümlichkeit" haben die Autos schon lange abgelegt. VW kontrolliert heute viele frühere Konkurrenten: Auto Union (1965), NSU (1969), Seat (1986), Skoda (1991), Bugatti (1998) und – über Audi – auch Lamborghini und Bentley (1998). Man produzierte die Modelle Golf, Jetta, Bora und Passat (jenen optional in der 4x4-Straßenvariante „Syncro", zu dem auch die seit 1986 in Portugal gebauten MPVs Sharan Syncro/Ford Galaxy gehören). Der Touran (Genf 2003) hat 2x4. 4x4 besitzt der Transporter Syncro (als Liefer-

wagen, Kleinbus oder Pick-up; Generationen T3 und T4). Der Lieferwagen VW Caddy hat 2x4, der große LT weiterhin 4x2 (in den 1980ern gab es auch 4x4-Versionen). Die 5. Generation des Multivan (Radstand 300 cm) kam um die Jahreswende 2002/03 heraus und wurde 2003 in Genf gezeigt. Das Auto hat 2x4, doch sind „4motions" in Vorbereitung. Einige Prototypen hatten 4x4 (z. B. der 2000 in Genf vorgestellte schnittige VW New Beetle Dune), andere nicht (so ein Prototyp des Microbus oder der 4x2-Buggy Tarek für Dakar 2003). Der Doppelkabiner VW Fun-Doka für wurde 1999 auf der IAA gezeigt. Kurz nach dem Start des Volkswagens brachte Porsche als leichte Militärversion den „Kübelwagen" KdF/VW Typ 82 heraus. 1939–1945 wurden etwa 52 000 gebaut. Sie dienten als Kommandeurs- und Erkundungswagen; es gab u. a. Varianten mit Kettenantrieb. Die Hinterräder trieb ein luftgekühlter

VW Iltis, Alcocebre (Spanien) 2002

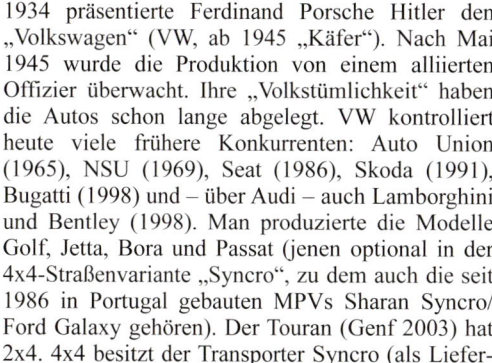

VW Iltis, Alcocebre (Spanien) 2002

4V-Boxermotor an (OHV, 1131 cm^3, 23,5, später 25 PS, 3000 U/min) im Heck an. Der Wagen hatte Vierganggetriebe und eigenständige Achsen mit Torsionsstab-Aufhängung. Seine offene Karosserie bestand aus Stahlblechen mit Leinwandverdeck. Merk-

VW 181, Alcocebre (Spanien) 1994

VW Iltis (Hardtop)

male: Radstand 240 cm, Länge 374 cm, Breite 160 cm, Höhe 165 cm, Bodenfreiheit 29 cm, Eigengewicht 725 kg, Nutzlast 450 kg. Offiziere und Mannschaften der Waffen-SS nutzten den VW 87, einen zweitürigen Käfer mit geschlossener Karosserie und 4x2- oder 4x4-Antrieb. 1942–1944 erschien der auf dem VW 82 basierende „Schwimmwagen" VW 166 K2s, von dem 14265 Stück gebaut wurden. Er hatte Fünfganggetriebe, RWD oder AWD mit zwei selbstsperrenden Differentialen und einer Antriebsschraube. Merkmale: Radstand 200 cm, Länge 382,5 cm, Breite 148 cm, Höhe 161,5 cm, Eigengewicht 910 kg. In den 1960ern wurden Käfer-Fahrgestelle zur Basis von Beach-Buggys, später auch von Nachbauten und Kit Cars.

VW 181

1969–1979 baute VW 90883 Exemplare des VW 181 mit offener Viertürer-Karosserie auf Käfer-Basis. Die Hinterräder trieb ein 4V-Boxermotor (1493 cm^3, 44 PS, 4000 U/min) im Heck an; ab August 1970 war es einer mit 1584 cm^3 (44, später 48 PS, 3800 und 4000 U/min, 120 km/h). Das Auto hatte Vierganggetriebe und Einzelradaufhängung. Merkmale: Radstand 240 cm, Länge 378 cm, Breite 164 cm, Höhe 162 cm, Bodenfreiheit 20,5 cm, Wattiefe 69,6 cm, Eigengewicht 910 kg, Nutzlast 430 kg. Neben zivilen Kunden übernahm die Bundeswehr 15250 Wagen für ihren Kurierdienst und weitere 1000 für Grenzpatrouillen. Der Typ wurde auch in die USA und andere Länder exportiert.

VW Iltis ❷

Das Modell 138 – der VW Iltis von 1978 bis 1982 (9457 Stück) – hatte einen wassergekühlten 4V-Benziner (1695 cm³, 75 PS, 5500 U/min, 130 km/h) und neben Vierganggetriebe einen „langsamen" fünften Untersetzungsgang sowie FWD-Option. Die Differentiale besaßen Sperren. Das Leinenverdeck der offenen Karosserie ließ sich über einen leichten Röhrenrahmen spannen; aus Stoff waren auch die Türen. Die 1979 auf der IAA gezeigte Zivilversion gab es auch mit Laminat-Hardtop. Die Stoßstangen und Seitenwülste aus Kunststoff waren sehr praktisch und milderten den „militärischen" Gesamteindruck. Merkmale: Radstand 201,7 cm, Länge 388,7 cm, Breite 152 cm, Höhe 183,7 cm, Bodenfreiheit 25 cm, Wattiefe 60 cm, Eigengewicht +1330 kg (bei der Militärversion +1550 kg), Nutzlast 670 kg. Die Bundeswehr, die auch an den Tests beteiligt war, übernahm 8800 Stück vom VW Iltis als Ersatz für den DKW Munga. 1980 belegte der Iltis in Dakar die Plätze 1 und 2. VW traf ein Abkommen mit Citroën und bereitete für eine Ausschreibung der französischen Armee eine kleine Serie (10 Stück) des Citroën C-44 vor (eigentlich ein Iltis mit dem 2-l-Motor CX von Citroën). 1983 erwarb die kanadische Firma Bombardier die Lizenz. 1984–1986 lieferte sie 2500 Wagen an die Streitkräfte Kanadas und Belgiens; mehrere Hundert gingen nach Südafrika. Einige hatten TD (1,6 l, 70 PS). Die letzten Iltisse wurden nach 1986 in Genk (Belgien) für die belgische Armee gebaut; einige übernahm später die Bundeswehr.

VW Golf Country
(Deutschland, Österreich) ❶ ❹

Zu den Modellen der 2. Generation – VW Golf (1983) und Limousine Jetta (1984) – gesellten sich im Februar 1986 der Golf Syncro und ab September 1987 der Jetta Syncro mit 4x4-Antrieb, 4V-Motor (1781 cm³, 90 PS, 5200 U/min, 175 km/h), Viskokupplung und Freiläufen an den Hinterradnaben. Sie wurden bei Steyr entwickelt und später auch gebaut. Ab 1989 lieferte VW den Rallye Golf aus – auch mit 4x4-Antrieb, Viskokupplung und 1,8-l-Motor mit G-Spiralkompressor (160 PS, 5600 U/min bei der Rennwagenversion; 210 PS, 6500 U/min beim Tourenwagen Golf G 60 Limited). In Genf startete 1990 der ganz anders gestylte VW Golf Country mit vielen neuen Sicherheitsfeatures, die ihn als Geländewagen auswiesen. Mechanisch (Fünfganggetriebe) entsprach er dem Syncro. Nach 1989 brachten die Motoren die gleiche Leistung (98 PS, 5400 U/min, 163 km/h). – Merkmale: Radstand 248 cm, Länge 425,5 cm, Breite 170,5 cm, Höhe 155,5 cm, Eigengewicht 1640 kg. Der Vorhang fiel für den Golf Country kurz nach der IAA 1991, wo man die 3. Generation des VW Golf präsentierte.

VW Golf Country, 1990

VW Taro
(Japan, Deutschland)

Der VW Taro ist ein Kind des „badge engineering". 1988 schloss VW mit Toyota einen Vertrag über den Bau von 10 000 Toyota Hi-Lux (2x4) CKD-Pick-ups p. a. in Deutschland. Sie rollten ab Januar in Hannover vom Band und hießen VW Taro (nach der Staude *Colocasia esculenta* aus dem Südpazifik, deren stärkehaltige Knollen als Gemüse dienen). 1995 verlagerte man die Produktion nach Emden. Dem Vertrag zufolge musste ein Drittel der deutschen Wagen das Markenzeichen Toyota führen, während einige der im japanischen Tahara produzierten 4x4-Autos VW heißen sollten. Die Deutschen, die auf dem lukrativen und schnell wachsenden Markt für 1-t-Pick-ups

kein eigenes Modell besaßen, profitierten immens von dieser Art Marketing; schon bald wurden jährlich 15 000 Stück produziert.

VW Touareg

Das nach den Berber-Nomaden der Sahara benannte und mit dem Porsche Cayenne verwandte SUV VW Touareg debütierte 2002 in Paris. Der Fünftürer-Kombi hat „4XMotion"-Antrieb mit Antischlupf-kontrolle (gewöhnlich verteilt sich die Antriebskraft 50:50, aber in schwierigem Gelände lassen sich bis zu 100 % einer der beiden Achsen zuweisen). Als Antrieb dient ein V6-Benziner (24V, 3189 cm³, 6400 U/min, 201 km/h; bei Automatik 197 km/h), ein V8 (40V, 4172 cm³, 310 PS, 6200 U/min, 218 km/h)

VW Taro II 4x4, 1995

VW Touareg – Weltpremiere: Pariser Autosalon 2002

VW Magellan

oder ein V10 mit 2 Turboladern (20V, 4921 cm³, 313 PS, 3750 U/min, 225 km/h). Mechanisch ähnelt der Typ dem Porsche. Aus dem SUV Touareg wurde der 2002 in Detroit gezeigte Freizeit-Pick-up VW AAC. Ein Prototyp des VW Magellan gehörte zur neuen „Crossover"-Klasse (in der Genetik bezeichnet „Crossing-over" den Erbfaktorenaustausch zwischen homologen Chromosomen); bei Autos nennt man so eine Synthese aus verschiedenen Modelle – hier eines SUVs, eines Lieferwagens und eines Straßen-Kombis. Das Auto ist nach dem Seefahrer und Entdecker Fernando Magellan (1480–1521) benannt; es sollte ähnliche Eigenschaften wie er haben. Es gab auch einen Anhänger. Als Antrieb diente ein W8-Motor (3999 cm³, 275 PS); ein Tiptronic-Getriebe verteilte die Kraft auf alle 4 Räder.

VW Transporter Syncro, Dezember 1984

Willys-Viasa

(Spanien)

Ab 1956 baute eine Firma aus Saragossa im Pyrenäenvorland Autos mit einer Lizenz der Kaiser-Jeep Corporation, nach 1963 kamen leichte Geländewagen mit Trambus-Kabinen hinzu. Ab 1974 wurden die Viasa-Wagen von der Firma Motor Ibérica S.A. aus Barcelona vertrieben.

Jeep Willys-Viasa, Jeep Ebro Bravo ❷

Nach 1945 brauchte die dünn besiedelte, gebirgige und halb wüstenhafte Pyrenäenhalbinsel Geländewagen. 1980–1981 bauten die Spanier die Serie Willys MB-CJ 3 mit dem CJ-3B (kurzes und langes Modell), beide mit heimischem 4V-D Perkins P-4 (3150 cm³, 60 PS, 3600 U/min). Ferner gab es den spanischen 4V Barreiros (2199 cm³, 51 PS, 3600 U/min, 100 km/h). 1974 entstand der Jeep Ebro Bravo, der neben den erwähnten Motoren auch einen Perkins-D führte (1760 cm³, 57 PS, 3600 U/min, 110 km/h oder 4108 cm³); alle waren mit Drei-, später auch Viergang-Handschaltung verbunden (die Gänge Nr. 2, 3 und 4 waren synchronisiert). Der Jeep besaß Zweigang-Untersetzung und FWD-Option. Die beiden starren Achsen hatten 11 halbelliptische Federn, und es gab Trommelbremsen. Viasa baute Autos mit 203,2/256,5 cm Radstand. Merkmale: Länge x Breite x Höhe: 343,4/396,7 x 145 x 184 cm,

Willys-Viasa Jeep Ebro Bravo auf einer Afrika-Expedition

Bodenfreiheit 58,5 cm, Eigengewicht 1790/2025 kg, Nutzlast 540/725 kg. Den Jeep Bravo gab es nur mit offener Metallkarosserie und Leinwandverdeck. Die kurze Version faßte 2 oder 4 Personen. Modelle: Bravo (Standard), Bravo S („de Luxe" mit besserer Ausstattung) und Bravo L (lange Version, für 2 bis 8 Personen). Motor Ibérica verkaufte den Jeep Ebro Bravo mit dem Slogan „Es gibt nichts, was er nicht kann!" Später wurde das Modell vom Ebro Patrol abgelöst.

Willys-Viasa Jeep Ebro Comando

Jeep Commando, Ebro Comando

1968 machte sich Viasa daran, den Jeepster Commando in Lizenz zu bauen. Vom US-Modell unterschied er sich durch die Motoren: 4V Hurricane F-4 (2,2 l) oder Barreiros C-65 (D, 2 l), später auch der spanische Perkins-1,8-l-Diesel (57,5 PS, 3600 U/min, SAE; noch später 61 PS, 4000 U/min, SAE). In der Ebro-Ära erzeugte der Comando S 49 PS (4000 U/min, DIN) der größere und stärkere Perkins Comando HD (2710 cm³, 3600 U/min, DIN) 65,5 PS. Der Wagen wartet mit dem Design und Teilen des Jeep Bravo auf. Bis Frühjahr 1976 vertrieb ihn Viasa als Bella Bestia Commando; unter der Marke Ebro schrieb er sich dann Comando. Es gab ihn als dreitürigen Ganzmetall-Kombi (Berlina), mit offener Karosserie (Grundmodell) oder Leinwand-Softtop (Convertible oder Canvas top). Merkmale: Radstand 256,5 cm, Länge 427,6 cm, Breite 165,6 cm, Bodenfreiheit 61 cm, Eigengewicht 2025 cm, Nutzlast 525 kg (Softtop) oder 680 kg (Hardtop).

Jeep-Viasa SV

1963 brachte Viasa ein weiteres, nur von spanischen Ingenieuren entwickeltes Modell mit bewährten Jeep- und Perkins-Komponenten heraus. Einige Autos der ersten Produktionsphase hatten 4V-Motoren (3150 cm³, 63 PS, 3000 U/min), Dreiganggetriebe und Untersetzung. Später dominierten 4V-Diesel (3330 cm³, 71 PS, 2600 U/min, SAE) mit Vierganggetriebe, Untersetzung und FWD-Option. Die Trambus-Karosserie war aus Stahl. Merkmale: Radstand 256,5 cm, Länge 442,3 cm, Breite 178 cm, Höhe 132 cm, Bodenfreiheit 59 cm, Eigengewicht 2920 kg, Nutzlast 400 kg (Toledo) bis 1340 kg

Willys-Viasa Jeep Ebro Bravo

(Chassis mit Kabine). Angeboten wurden die Modelle Furgón (Dreitürer), Duplex (Viertürer-Doppelkabiner, 6 Personen und 600 kg oder 5 Personen und 750 kg Gepäck), Campeador (Zweitürer-Pritschenwagen), ein Chassis mit Kabine und der Viertürer-Kleinbus Toledo (9 Sitze, 400 kg Gepäck). Die Höchstgeschwindigkeit lag etwa bei 100 km/h. Es gab die Autos auch unter der Marke Jeep-Avia. Die Produktion lief 1980 nach 17 Jahren aus; es wurden ca. 8000 Viasa SV gebaut.

Viasa SV

Zastava

(Jugoslawien, Serbien)

Die Wurzeln der Firma aus Kragujevac reichen bis in das Jahr 1851 zurück; damals produzierte sie Landmaschinen und leichte Waffen. Bis 1939 wurden Autos gebaut; später montierte man Chevrolet-Lkws und (ab 1953) den Jeep Willys-Overland. Diese Aktivitäten waren kurzlebig. 1954 wurde die Firma Zavodi Crvena Zastava (Werk „Roter Stern") gegründet, die sich auf Montage und Bau von Fiats, Polski Fiats und eigenen Autos spezialisierte. Sie erzielte große Exporterfolge – mit Niedrigpreisen statt Qualität. Ferner baute man leichte Fiat-Nutzfahrzeuge. In den frühen 1990ern litt Zastava unter dem

Embargo gegen Jugoslawien/Serbien, und im Frühjahr 1999 zerbombte die NATO das Werk fast völlig. Nach dem Krieg erhielt Zastava Automobili eine Finanzspritze von 800 000 US-Dollar. Neben Pkws fertigt man heute in Lizenz die Leichtautos Rival und Novi Rival (einen alten und einen neuen IVECO Ducato). Neben Pick-ups, Doppelkabinern, Minivans, Kleinbussen und Kombis gab es den Doppelkabiner Novi Rival 4x4.

Zastava AR51 F

1950–1955 schaffte man Teile des Fiat Campagnola AR51 per Bahn von Turin nach Kragujevac, um sie dort zu montieren – v. a. für die Streitkräfte und den Export nach Indien und in andere Länder. Später gab es einige Wagen auch mit dem (ziemlich schwachen) 4V-Benziner Zastava 101 (1,3 oder 1,4 l).

Danksagungen

Nicht genug danken kann ich meiner Frau Zora und meinem Sohn Marek, die mir auf endlosen Fahrten zu Autoausstellungen, beim Zusammenstellen zahlloser Fachbücher sowie bei deren Auswertung und Katalogisierung behilflich waren, ferner meinem Sohn Marek für seine Unterstützung beim Grafik-Design. Dank gesagt sei auch Chantal Salze für ihre Beiträge. Großen Dank schulde ich außerdem Petr Stross, Jan Martof, Michal Seifert und Martin Janecek für Kommentare und Arbeitsunterlagen sowie den folgenden tschechischen Vertretern ausländischer Autofirmen für ihre hilfreichen Kommentare: Linhart von Ford, Herrn Major von Mitsubishi, Herrn Linhart und Herrn Subrt von Opel, Frau Ivana Zimová von Mazda, Frl. Skalicková von Renault, Herrn Jan Kuhn von DaimlerChrysler, Frau Zorka Masková von VW/Audi/Skoda, Herrn Mark Vodick von Nissan, Herrn Karl Stochl von ARO/Honker, Herrn Picmaus von UAZ, Herrn Hodík von GAZ, dem Stab der Firma CARTec Brno (Land Rover), Herrn Kilián von der Firma Dajbych (neue Santana, Bremach, SCAM) und Frau Petra Dolezalová von Volvo. Außerdem möchte ich an diese Steller allen PR-Abteilungen der Autoausstellungen von Brno (Brünn), Genf, Frankfurt, Paris, Turin, London, Leipzig und Birmingham sowie den Firmen, die dort Modelle zeigten, und allen, die mir Material zusandten, danken.

Bild- und andere Urheberrechte

Die in diesem Buch enthaltenen Fotos stammen entweder vom Autor bzw. aus dessen Archiv oder wurden von den hier behandelten Autofirmen zur Verfügung gesellt. Die zugrunde liegenden Quelleninformationen lieferten ebenfalls das eigene Archiv oder die Pressemitteilungen und Werbeschriften der einzelnen Hersteller. Einige Informationen habe ich auch aus Monographien bezogen, die große Autofirmen herausgeben, aus bekannten Lexika sowie aus den Jahreskatalogen der „Automobil Revue".

Land Rover Defender im Kinofilm „Tomb Raider", 2001

Register